Die Zukunft des MINT-Lernens – Band 1

Jürgen Roth · Michael Baum · Katja Eilerts ·
Gabriele Hornung · Thomas Trefzger
(Hrsg.)

Die Zukunft des MINT-Lernens – Band 1

Perspektiven auf (digitalen) MINT-Unterricht und Lehrkräftebildung

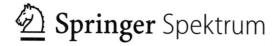

Springer Spektrum

Hrsg.
Jürgen Roth
Institut für Mathematik
Universität Koblenz-Landau
Landau, Deutschland

Katja Eilerts
Mathematik in der Primarstufe
Humboldt-Universität zu Berlin
Berlin, Deutschland

Thomas Trefzger
Lehrstuhl für Physik und ihre Didaktik
Julius-Maximilians-Universität Würzburg
Würzburg, Deutschland

Michael Baum
Didaktik der Chemie, IPN – Leibniz-Institut
für die Pädagogik der Naturwissenschaften
und Mathematik
Kiel, Deutschland

Gabriele Hornung
Fachbereich Chemie
Technische Universität Kaiserslautern
Kaiserslautern, Deutschland

ISBN 978-3-662-66130-7   ISBN 978-3-662-66131-4   (eBook)
https://doi.org/10.1007/978-3-662-66131-4

Die Deutsche Nationalbibliothek verzeichnet diese Publikation in der Deutschen Nationalbibliografie; detaillierte bibliografische Daten sind im Internet über http://dnb.d-nb.de abrufbar.

Planung/Lektorat: Iris Ruhmann
Springer Spektrum ist ein Imprint der eingetragenen Gesellschaft Springer-Verlag GmbH, DE und ist ein Teil von Springer Nature.
Die Anschrift der Gesellschaft ist: Heidelberger Platz 3, 14197 Berlin, Germany

Geleitwort des Publikationsförderers

Die rasante Entwicklung der Technologien im sogenannten MINT-Bereich, also in Mathematik, Informatik, den Naturwissenschaften und Technik, bedeutet für Lehrkräfte eine enorme Herausforderung. Auf welche Fragestellungen der Zukunft sollen sie ihre Schülerinnen und Schüler vorbereiten? Wie offen sind sie selber für Entwicklungen, die das Lehren und Lernen verändern? Oder anders gefragt: Kann es heute überhaupt noch guten MINT-Unterricht geben, wenn man die Möglichkeiten digitaler Werkzeuge und Medien außer Acht lässt?

Diesen und weiteren Fragen hat sich der von der Deutschen Telekom Stiftung initiierte Hochschul-Entwicklungsverbund „Die Zukunft des MINT-Lernens" gewidmet. In einem Think- und vor allem Do-Tank sind dabei innovative digitale Lernumgebungen für die MINT-Fächer entstanden. Zudem konnten wichtige Erkenntnisse gewonnen werden, etwa zum Einfluss der Mediennutzung in der Schule auf die Selbstwirksamkeitserwartung von Kindern und Jugendlichen oder zur Integration der sogenannten 21st Century Skills (allen voran: Kreativität, kritisches Denken, Kommunikation und Kollaboration) in die Fächer. Den Beteiligten von der Humboldt-Universität zu Berlin, der Technischen Universität Kaiserslautern, der Christian-Albrechts-Universität zu Kiel, der Universität Koblenz-Landau und der Julius-Maximilians-Universität Würzburg sei an dieser Stelle herzlich für die großartige Arbeit gedankt. Zumal es nach wie vor alles andere als selbstverständlich ist, dass fünf Hochschulen länderübergreifend so eng miteinander kooperieren.

Die hier vorliegende Publikation nimmt vor allem die Förderung digitaler Kompetenzen bei Lehrerinnen und Lehrern in den Blick. Es wird deutlich, dass dafür ein kontinuierlicher Prozess der Professionalisierung notwendig ist – im Angelsächsischen spricht man von „continuing professional development" (CPD). Und dieser Prozess muss sich durch alle drei Phasen der Lehrkräftebildung ziehen: das Studium, den Vorbereitungsdienst wie auch die Fort- und Weiterbildung.

Digitalisierung bedeutet nicht allein, die technische Ausstattung an Schulen zu optimieren. Zu einer Digitalisierungsstrategie gehören weit mehr als Geräte und WLAN-Ausleuchtung – die gesamten Lehr- und Lernprozesse müssen den Anforderungen angepasst werden. Einer der Schlüssel dafür ist die Aus- und Fortbildung der Lehrerinnen und Lehrer. Denn die nächste Stufe der Digitalisierung, die Digitalität, also die weitergehende Verbindung von Mensch und Technik, von analogen und digitalen Wirklichkeiten, wird noch ganz andere Fragen an Schule und Unterricht aufwerfen. Man denke nur an das Thema künstliche Intelligenz und alles, was damit zusammenhängt.

Ich freue mich, wenn Ihnen diese Publikation Inspiration und konkrete Hilfestellung bietet. Der zweite Band, der zeitgleich erscheint, wirft einen genaueren Blick auf die digitalen Werkzeuge und Methoden für den MINT-Unterricht im 21. Jahrhundert. Beide Bände sind ebenso als Open-Access-Versionen beim Springer-Verlag verfügbar.

Bonn, 14.07.2022   Dr. Ekkehard Winter
Geschäftsführer Deutsche Telekom Stiftung

Inhaltsverzeichnis

1 Die Zukunft des MINT-Lernens – Herausforderungen und Lösungsansätze 1
Jürgen Roth, Katja Eilerts, Michael Baum, Gabriele Hornung
und Thomas Trefzger
1.1   Worum geht es bei der Zukunft des MINT-Lernens? 3
1.2   Kompetenzen 5
1.3   Digitale Technologien und digitale Werkzeuge 21
1.4   Digitale Lernumgebungen als Rahmen für das MINT-Lernen . . . 27
1.5   Ausblick auf die Inhalte des Doppelbandes 34
Literatur 37

2 Critical Thinking – Gelegenheit für MINT-Lernen in der Zukunft? 43
Jasmin Andersen, Michael Baum, Christian Dictus, André Greubel,
Lynn Knippertz, Johanna Krüger, Irene Neumann, Burkhard Priemer,
Stefan Ruzika, Johannes Schulz, Hans-Stefan Siller
und Rüdiger Tiemann
2.1   Einleitung 44
2.2   Theoretische Betrachtung des Begriffes Critical Thinking 45
2.3   Relevanz von Critical Thinking im MINT-Bereich 47
2.4   Abgrenzung gegen andere Konstrukte 48
2.5   Praxisanbindung 50
2.6   Fazit 55
Literatur 56

3 Die Zukunft des MINT-Unterrichts aus der Perspektive der Schulpraxis 59
Mina Ghomi, Stefan Sorge und Andreas Mühling
3.1   Einleitung 59
3.2   Das Rahmenmodell DigCompEdu 61
3.3   Methodik und Datenerhebung 63
3.4   Ergebnisse 66
3.5   Zusammenfassung und Diskussion 68
3.6   Ausblick und Fazit 70
Literatur 71

**4   Entwicklung von Lernumgebungen zum Computational
      Thinking im Mathematikunterricht und ihr Einsatz in
      Lehrkräftefortbildungen**   73
      Steven Beyer, Ulrike Dreher, Frederik Grave-Gierlinger,
      Katja Eilerts und Stephanie Schuler
      4.1   Einleitung..   74
      4.2   Theoretischer Hintergrund............................   74
      4.3   Potenzial einer Lernumgebung zum *Computational Thinking* ...   79
      4.4   Fortbildung zum *Computational Thinking* im
             Mathematikunterricht.................................   84
      4.5   Implikationen der Ergebnisse.........................   87
      Literatur...   88

**5   Eine Untersuchung der Selbstwirksamkeitserwartung von Lehr-
      amtsstudierenden bezogen auf den Einsatz digitaler Technologien
      im Mathematikunterricht aus Perspektive der Control-Value
      Theory**   91
      Frederik Grave-Gierlinger, Lars Jenßen und Katja Eilerts
      5.1   Einleitung..   92
      5.2   Theoretischer Hintergrund............................   93
      5.3   Anliegen der Studie   95
      5.4   Methoden   95
      5.5   Ergebnisse   96
      5.6   Diskussion   98
      Literatur... 101

**6   Untersuchung von Usability und Design von Online-
      Lernplattformen am Beispiel des Video-Analysetools ViviAn** 105
      Christian Alexander Scherb, Marc Rieger und Jürgen Roth
      6.1   Entwicklung und Evaluation einer Online-Lernplattform...... 106
      6.2   Konzeption und Durchführung der Usability-Evaluation 109
      6.3   Befunde zur Nutzung................................. 112
      6.4   Diskussion und Ausblick 118
      Literatur... 120

**7   Ein Beispielansatz zur Vermittlung von digitaler Kompetenz
      im MINT-Lehramtsstudium.** 123
      Clarissa Lachmann, Mina Ghomi und Niels Pinkwart
      7.1   Einleitung.. 123
      7.2   Digitale Kompetenz und professionsspezifische
             Kompetenzmodelle 124
      7.3   Berufsbezogene digitale Kompetenzen Lehramtsstudierender ... 125
      7.4   Dokumentenanalyse................................. 126
      7.5   Konzeption und Evaluation eines Seminars zur Förderung
             der berufsbezogenen digitalen Kompetenzen von
             Lehramtsstudierenden 128

7.6 Diskussion und Ausblick 135
Literatur. 136

8 Fähigkeit zur Beurteilung dynamischer Arbeitsblätter –
Wie lässt sie sich fördern? 139
Alex Engelhardt, Susanne Digel und Jürgen Roth
8.1 Einleitung. 140
8.2 Theoretischer Hintergrund. 140
8.3 Das Lehr-Lern-Labor-Seminar an der Universität in Landau 146
8.4 Forschungsfragen. 146
8.5 Studiendesign. 147
8.6 Fallbeispiel. 149
8.7 Diskussion und Implikationen für das Lehr-Lern-
Labor-Seminar 152
8.8 Ausblick. 153
Literatur. 153

9 Digitale Lernangebote selbst gestalten 155
Sascha Henninger und Tanja Kaiser
9.1 Ausgangslage. 155
9.2 Der KLOOC „Digitale Lernangebote selbst gestalten". 157
9.3 Aus dem KLOOC entstandene Lernangebote 165
9.4 Fazit 166
Literatur. 166

10 Vorbereitung auf ein Physiklehren in der digitalen Welt: Weiter-
entwicklung eines lehramtsspezifischen Elektronikpraktikums 169
Jasmin Andersen, Dietmar Block, Irene Neumann,
Knut Neumann und Arne Volker
10.1 Einleitung. 169
10.2 Konzeption des Elektronikpraktikums. 171
10.3 Beforschung des Elektronikpraktikums. 174
10.4 Fazit 178
10.5 Förderhinweis und Danksagung 179
Literatur. 179

11 Blickdatenanalyse bei der Interpretation linearer Graphen im
mathematischen und physikalischen Kontext 181
Sebastian Becker, Lynn Knippertz, Jochen Kuhn,
Lena Kuntz und Stefan Ruzika
11.1 Einleitung. 182
11.2 Theorie. 183
11.3 Forschungsfrage. 185
11.4 Methodik 186
11.5 Resultate und Diskussion. 188
11.6 Zusammenfassung und Ausblick 190
Literatur. 191

**12 Erste Schritte zur automatisierten Generation von Items
in einem webbasierten Tracingsystem**......................... 193
Morten Bastian und Andreas Mühling
12.1   Einleitung.. 194
12.2   Bisherige Forschung 195
12.3   Testsystem 197
12.4   Vorstudie 198
12.5   Hauptstudie 201
12.6   Aktuelle Studie...................................... 202
12.7   Diskussion 205
12.8   Einschränkungen 208
12.9   Fazit und Ausblick 208
Literatur... 209

**13 Feedbackorientierte Lernumgebungen zur Gestaltung offener
Aufgabenstellungen mit Machine Learning, AR und 3D-Druck** 211
Tim Lutz
13.1   Automatisiertes Feedback in der Mathematikdidaktik 211
13.2   Feedback – eine Definition 212
13.3   Designentscheidungen 214
13.4   Felder mathematikdidaktischer Feedbackforschung für die
Zukunft.. 217
13.5   Fazit 224
Literatur... 224

Glossar 227

Literaturverzeichnis zum Glossar 233

Stichwortverzeichnis.. 235

Die Zukunft des MINT-Lernens – Herausforderungen und Lösungsansätze

1

Jürgen Roth⬤, Katja Eilerts⬤, Michael Baum⬤, Gabriele Hornung⬤ und Thomas Trefzger⬤

Inhaltsverzeichnis

1.1	Worum geht es bei der Zukunft des MINT-Lernens?	3
1.2	Kompetenzen	5
	1.2.1 21st Century Skills für Lernende	6
	1.2.2 Digitale Kompetenz für Lehrende und Lernende	9
	1.2.3 Problemlösen als Facette des Prozesses der Erkenntnisgewinnung	9
	1.2.4 Professionelle Kompetenzen für Lehrende	13
	1.2.5 Kompetenzmodell der Zukunft des MINT-Lernens für Lehrende	18
1.3	Digitale Technologien und digitale Werkzeuge	21
1.4	Digitale Lernumgebungen als Rahmen für das MINT-Lernen	27
	1.4.1 Lernumgebung – Begriffsklärung	27
	1.4.2 Qualitätskriterien für Lernumgebungen	28
	1.4.3 Digitale Lernumgebungen	29
	1.4.4 Beziehung zwischen digitalen Lernumgebungen und digitalen Werkzeugen	30
	1.4.5 Ziele der Nutzung digitaler Lernumgebungen	32
	1.4.6 Adaptive digitale Lernumgebungen	32
1.5	Ausblick auf die Inhalte des Doppelbandes	34
	Literatur	37

J. Roth (✉)
Universität Koblenz-Landau, Institut für Mathematik, Landau, Rheinland-Pfalz, Deutschland
E-Mail: roth@uni-landau.de

K. Eilerts
KSBF/Institut für Erziehungswissenschaften, Humboldt-Universität zu Berlin, Berlin, Deutschland
E-Mail: katja.eilerts@hu-berlin.de

M. Baum
Zentrum für Lehrkräftebildung, Universität Kiel, Kiel, Schleswig-Holstein, Deutschland
E-Mail: mbaum@leibniz-ipn.de

J. Roth et al. (Hrsg.), *Die Zukunft des MINT-Lernens – Band 1*,
https://doi.org/10.1007/978-3-662-66131-4_1

Heute etwas zu lernen, das dabei hilft, die Zukunft zu meistern und adäquat mit den sich dann stellenden Problemen und Herausforderungen umgehen zu können, die sich heute bestenfalls als vage Vorstellungen und Projektionen abzeichnen: Das ist der Anspruch an dem sich Bildung entlang der gesamten Bildungskette messen lassen muss. Das gilt nicht nur für das Lernen in den MINT-Fächern **M**athematik, **I**nformatik, **N**aturwissenschaften und **T**echnik, sondern für jede in die Zukunft gerichtete Bildung. Vielleicht sind aber gerade die MINT-Fächer prädestiniert dafür, in einer vernetzten Zugriffsweise Beiträge zum Umgang mit den sich abzeichnenden Herausforderungen der Zukunft von der Digitalisierung über Fragen einer nachhaltigen Entwicklung bis hin zu einer hoffentlich erreichbaren Weltfriedensordnung zu leisten. In diesem Beitrag werden dazu notwendige erwerbbare Kompetenzen von Lernenden, die häufig unter der Bezeichnung *21st Century Skills* adressiert werden, umfassend zusammengestellt und diskutiert. Sie enthalten Aspekte wie Problemlösefähigkeiten, aber auch Zugriffsweisen zur Aneignung eines vertieften Verständnisses im Rahmen der Prozesse der Erkenntnisgewinnung, wie etwa das forschend-entdeckende Lernen. Auf dem Weg zur Entwicklung derartiger Fähigkeiten und Fertigkeiten benötigen sowohl Lernende als auch Lehrende absehbar mehr und mehr digitale Kompetenzen, die hier aus mehreren Perspektiven heraus zusammengestellt werden. Besonders wesentlich für die Weiterentwicklung des Lernens sind Lehrpersonen, die durch ihr professionelles Handeln dafür Sorge tragen, dass sich aus Lernenden zukunftsfähige Persönlichkeiten entwickeln. Doch was sind die zentralen Kompetenzen für solch ein Handeln und welche Lerninhalte werden für die Herausforderungen von morgen benötigt? Um diesem Desiderat zu begegnen, haben wir als Herzstück des vorliegenden Beitrags ein Kompetenzmodell der Zukunft des MINT-Lernens für Lehrende entwickelt, das handlungsleitend für Lehrkräfte und die Unterrichtsentwicklung sein soll. Es setzt auf dem Kompetenzmodell von Blömeke et al. (2015) auf und integriert an entscheidenden Stellen weitere Modelle, wie etwa das TPACK-Modell nach Koehler und Mishra (2008) oder die zwingend notwendige Meta-Reflexion der Lehrenden im Sinne des ALACT-Reflexionsmodells nach Korthagen und Nuijten (2022).

Lehrpersonen müssen sich jetzt und in der Zukunft in verstärktem Maße mit digitalen Technologien und digitalen Werkzeugen auseinandersetzen, um ein Lernen für eine digitale Zukunft zu ermöglichen. Wir adressieren wichtige Fragen in diesem Zusammenhang und scheuen uns nicht davor, Definitionen für wichtige Begriffe anzugeben. Dies ist uns so wichtig, dass wir gemeinsam mit allen in

G. Hornung
Fachbereich Chemie, TU Kaiserslautern, Kaiserslautern, Rheinland-Pfalz, Deutschland
E-Mail: hornung@chemie.uni-kl.de

T. Trefzger
Lehrstuhl für Physik und ihre Didaktik, Universität Würzburg, Würzburg, Bayern, Deutschland
E-Mail: trefzger@physik.uni-wuerzburg.de

diesem Doppelband versammelten Autorinnen und Autoren ein Glossar erarbeitet haben, um diese Begriffe über beide Bände hinweg einheitlich zu verwenden und zu fundieren. Auf dieser Basis gelingt es auch, Antworten auf die wichtige Frage zu geben, wie (digitale) Lernumgebungen ausgestaltet sein sollten, um lernförderlich zu sein und ein Lernen für die Zukunft zu unterstützen.

Auf diese Weise glauben wir eine Basis gelegt zu haben, auf deren Grundlage die weitere Entwicklung des MINT-Lernens für die Zukunft befördert und beforscht werden kann.

1.1 Worum geht es bei der Zukunft des MINT-Lernens?

Sich mit der „Zukunft des MINT-Lernens" zu beschäftigen stellt für uns vornehmlich ein Weiterdenken der bereits heute in Ansätzen vorhandenen, aber noch bei Weitem nicht großflächig untersuchten oder gar umgesetzten Möglichkeiten des MINT-Lernens für die Zukunft dar. Dabei müssen aktuelle mathematisch-naturwissenschaftliche Methoden der Erkenntnisgewinnung, laufende gesellschaftliche und kulturelle Entwicklungen sowie vorhandene oder erst aufkommende technologische Möglichkeiten und Innovationen in den Kontext der Wissensvermittlung gesetzt werden, um zu ergründen, wie und womit in den vor uns liegenden Jahrzehnten mathematisch-naturwissenschaftliche Inhalte gelehrt und gelernt werden können oder gar sollten. Dies geschieht vor dem Hintergrund des gesellschaftlichen Übergangs von einer Wissenskultur, die vornehmlich durch gedruckte Bücher geprägt ist (McLuhan, 1962), zu einer auf digitalen Technologien und Inhalten beruhenden Praxis (vgl. z. B. Coy, 1995), welcher gemeinhin unter dem Begriff „Digitalisierung" subsumiert wird. Niemand wird sich der immer stärkeren Durchdringung der physischen Welt durch die digitale „Infosphäre" (Floridi, 2017) vollständig entziehen können. Die Dichotomie „online – offline" zur Beschreibung eines persönlichen Zustands wird immer mehr zu einem „onlife" (Floridi, 2017), in dem vernetzte Geräte jederzeit Kommunikation ermöglichen und Informationen bereitstellen. Dadurch ergeben sich nicht nur Veränderungen im Umgang mit Wissen, sondern es entsteht eine ganze „Kultur der Digitalität", die sich vom Privaten über die Arbeitswelt bis ins Politische durch alle Bereiche des Lebens zieht und sich auf diese auswirkt (vgl. Stalder, 2016).

Im Bereich der MINT-Fächer hat dieser Prozess nicht nur das „I" für Informatik hinzugefügt und zu einem beschleunigten weltweiten Austausch von Forschungsergebnissen und der Vernetzung von Forschenden beigetragen, sondern auch in den „klassischen" Disziplinen Methoden und ganze Fachbereiche hervorgebracht, die von Klimamodellierung bis zur Systembiologie, Genomik und anderen „...omiks", von theoretischer Chemie bis zu allen Bereichen der Mathematik nicht (mehr) ohne die Rechenkapazität von Computern auskommen und mit ihrer Hilfe neue Arten wissenschaftlicher Erkenntnisse liefern. Digitale Technologien können aber auch vollkommen neuartige Zugänge zu mathematisch-naturwissenschaftlichen Phänomenen und Lerninhalten bieten und so das MINT-Lernen unterstützen. Darüber hinaus ermöglicht das Internet auch MINT-Lernenden und -Lehrenden jederzeit direkten Zugang zu einer rapide anwachsenden Menge an Informationen und Wissen, die gefunden, bewertet und kritisch eingeordnet werden müssen (vgl. Bergstrom & West, 2020), sowie zu freien Bildungsmedien, die sich zu einer zentralen Komponente der globalen Wissensvermittlung entwickeln (Orr et al., 2015).

Diese Entwicklungen lassen es für angebracht erscheinen, sowohl intensiv darüber nachzudenken, wie das Lernen der Zukunft in Bildungseinrichtungen stattfinden kann, als auch einen Blick darauf zu werfen, was in Unterricht und Lehrkräftebildung gelehrt und gelernt wird. Seit 2018 widmen sich Wissenschaftlerinnen und Wissenschaftler von fünf Universitätsstandorten im von der Deutschen Telekom Stiftung geförderten Verbundprojekt „Zukunft des MINT-Lernens" diesen Fragen im Hinblick auf den MINT-Unterricht an Schulen, die Arbeit in Lehr-Lern-Laboren und die Lehrkräftebildung. Sie wurden dabei von einer internationalen Expertengruppe begleitet, die sich aus Mitgliedern der Mediendidaktik, der Lehr-Lern-Forschung, der MINT-Fachdidaktiken sowie Vertreterinnen und Vertretern aus der Schulpraxis zusammensetzt. Die ausgewählten Standorte eint neben der fachdidaktischen Expertise auch die Tatsache, dass sie allesamt außerschulische Lernorte im MINT-Bereich betreiben, diese als Lehr-Lern-Labore in der MINT-Lehrkräftebildung einsetzen und bereits als Verbund Beiträge zu deren theoretisch fundierten und empirisch abgesicherten Weiterentwicklung geleistet haben (Roth & Priemer, 2020). Die vorliegenden Bände bieten nun einen Einblick in die erfolgten Arbeiten zur „Zukunft des MINT-Lernens", die einen Bogen von der Reflexion des MINT-Unterrichts und der Förderung notwendiger Kompetenzen für das Zeitalter der Digitalität über die Verwendung digitaler Diagnosemethoden bis hin zur Entwicklung und zum Einsatz digitaler Werkzeuge in konkreten Lehr-Lern-Situationen spannen.

In diesem einleitenden Kapitel sollen nun grundlegende Konzepte näher beleuchtet und zentrale Begriffe definiert werden, um einen Rahmen für die in den vorliegenden Bänden dargestellten Aspekte des MINT-Lernens für die Zukunft und die damit verbundenen Fragestellungen zu setzen. Anhand verbreiteter Modelle wird zuerst dargelegt, was der Kompetenzbegriff im Hinblick auf das MINT-Lernen der Zukunft bedeutet, welche Kompetenzen bei Lernenden zu fördern sind, um sie auf das Leben in einer von Digitalität geprägten Gesellschaft vorzubereiten, und welche Auswirkungen dies wiederum auf die benötigten professionellen Kompetenzen von Lehrkräften hat. Zusammengeführt werden diese Überlegungen in Abschn. 1.2.5 in einem "Kompetenzmodell der Zukunft des MINT-Lernens", das insbesondere auch zur Diskussion der Frage beitragen soll, welche (digitalen) Kompetenzen Lehrende und Lernende entwickeln sollten, um den gesellschaftlichen, beruflichen und privaten Anforderungen im 21. Jahrhundert begegnen zu können. Anschließend werden digitale Technologien und insbesondere deren gezielter didaktischer Einsatz als digitale Werkzeuge thematisiert (Abschn. 1.3). Dabei spielen nicht nur die Möglichkeiten, die digitale Werkzeuge für das Lehren und Lernen bieten können, eine Rolle, sondern auch die Anforderungen, die an diese Werkzeuge gestellt werden sollten. Dies wird nicht zuletzt dann deutlich, wenn digitale Werkzeuge bei der Gestaltung von

Lernumgebungen eingesetzt werden (Abschn. 1.4). Neben einem Überblick über generelle Qualitätskriterien für Lernumgebungen werden mithilfe des Begriffs der *Instrumental Genesis* Kriterien und Ziele digitaler Lernumgebungen ausgeführt und einige der sich durch die Verwendung digitaler Werkzeuge ergebenden Möglichkeiten näher betrachtet. Abschließend erfolgt in Abschn. 1.5 ein inhaltlicher Ausblick auf die insgesamt 23 Beiträge, die in diesem Doppelband versammelt sind und in denen verschiedene in diesem Beitrag diskutierte Konzepte in aktuellen Forschungskontexten untersucht und in konkreten Entwicklungen für die Lehrkräftebildung und den MINT-Unterricht ausgeführt werden.

1.2 Kompetenzen

Grundlage der vorliegenden beiden Bände "Die Zukunft des MINT-Lernens" bildet der mehrdimensionale und anforderungsbezogene Kompetenzbegriff von Weinert (2001), wonach Kompetenz eine latente situationsübergreifende Disposition darstellt. Dieses Modell wurde von Blömeke, Gustafsson und Shavelson (2015) um die Perspektive situationsspezifischer kognitiver Fertigkeiten erweitert, die die Transformation von Kompetenz in Performanz vermitteln (Abb. 1.1). Das Modell unterscheidet damit verschiedene kognitive Qualitäten.

In Anlehnung an Shulman (1986) kann die dispositionale kognitive Kompetenzfacette in Fachwissen, fachdidaktisches und allgemeinpädagogisches Wissen ausdifferenziert werden. Kognitionspsychologisch betrachtet handelt es sich vor allem um systematische deklarative Wissensbestände, die während des Studiums erworben werden und die in Praxisphasen mithilfe von Wissenskompilation, -optimierung und -verfeinerung in situationsspezifisch organisiertes prozedurales Wissen überführt werden (Anderson, 1995). Die tatsächliche

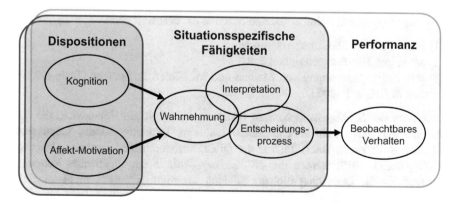

Abb. 1.1 Allgemeines Kompetenzmodell. (Blömeke, Gustafsson & Shavelson, 2015; translated and used with permission from Zeitschrift für Psychologie, © 2015 Hogrefe Publishing, all rights reserved)

Umsetzung von mental repräsentierten Handlungsabläufen bezeichnet dann die Performanz (Krapp & Weidenmann, 2006). Wissensnetzwerke und kognitive Schemata können durch praktische Erfahrung sowie geeignete Fördermaßnahmen erweitert, ausgebaut und ausdifferenziert werden (Krapp & Weidenmann, 2006).

Kompetenz
Kompetenz bzw. kompetentes Verhalten fußt nach dem Kompetenzmodell von Blömeke, Gustafsson und Shavelson (2015) auf zugrunde liegenden latenten kognitiven und affektiv-motivationalen Dispositionen sowie situationsspezifischen Fähigkeiten und wird sichtbar in domänenspezifischer Performanz, sprich dem beobachtbaren Verhalten.

Ausgehend von diesem Kompetenzbegriff entwickeln wir im Folgenden ein Kompetenzmodell für Lehrende, das insbesondere auch die Perspektiven der immer stärker in den Vordergrund tretenden Digitalität des Alltags und die Frage der Relevanz für das MINT-Lernen der Zukunft bei Lernenden adressiert. Dazu werden zunächst verschiedene Theoriestränge vorgestellt und anschließend in unserem Kompetenzmodell zusammengeführt.

1.2.1 21st Century Skills für Lernende

Die durch den Prozess der Digitalisierung geänderten und sich stetig weiter ändernden Anforderungen an die von Lernenden zu erwerbenden Kompetenzen, um in einer immer stärker vernetzten globalen Gesellschaft privat und beruflich agieren und gedeihen zu können, werden häufig unter dem Begriff *21st Century Skills* subsumiert (z. B. Ananiadou & Claro, 2009; Chu et al., 2017). Bereits 2003 erfolgte durch das DeSeCo-Projekt (*Definition and Selection of Competencies*) eine Einordnung von Schlüsselkompetenzen in die drei Kategorien:

(1) Interagieren in heterogenen Gruppen,
(2) autonome Handlungsfähigkeit und
(3) interaktive Anwendung von Medien und Mitteln (z. B. Sprache, Technologie; Rychen & Salganik, 2003).

Den Kern der Schlüsselkompetenzen bildet die Fähigkeit zur Reflexivität, die die Anwendung metakognitiver Fähigkeiten und eine kritische Haltung voraussetzt (Rychen & Salganik, 2003). Im von der OECD veröffentlichten *Learning Compass 2030* (OECD, 2019) werden die *21st Century Skills* in ein allgemeines Rahmenkonzept für die Gestaltung globaler Bildung integriert. Ebenfalls in dieser Entwicklungslinie, wenn auch im *Learning Compass* nicht explizit erwähnt, steht das 4K-Modell, das als zentrale Zukunftskompetenzen jene zur Kollaboration, Kommunikation, Kreativität und kritischem Denken betrachtet (z. B. Siewert, 2021).

Da diese überfachlichen Modelle auch für das MINT-Lernen von Relevanz sind, sollen sie im Folgenden kurz beschrieben werden.

OECD Learning Compass 2030

Die Arbeitsgruppe *Future of Education and Skills 2030* der OECD, in der Forschende, politische Entscheidungsträgerinnen und Entscheidungsträger, Schulleitungen, Lehrkräfte, Lernende sowie zivilgesellschaftliche Partnerorganisationen aus über 40 Ländern vertreten sind, veröffentlichte 2019 den *OECD Learning Compass 2030* (OECD, 2019, seit 2021 auch in einer deutschen Übersetzung vorliegend).

Der *Learning Compass* unternimmt den Versuch, ein dynamisches Rahmenkonzept für die langfristige Weiterentwicklung des Lernens in der Gesellschaft sowie dessen Reflexion und Umsetzung in Bildungssystemen zu formulieren, ohne dabei auf fachspezifische Details einzugehen. Auf Grundlage einer Extrapolation bestehender Trends und Entwicklungen wie der Digitalisierung werden dabei unter anderem Wissensinhalte, Fähigkeiten, Haltungen und Werte dargelegt, die heutige Lernende benötigen werden, um in der Welt von morgen zu leben und zu gedeihen und diese im Hinblick auf Nachhaltigkeit und kollektives Wohlergehen mitzugestalten. Diese erarbeiten sich Lernende in zunehmender Eigenverantwortung unterstützt durch ihr Umfeld und insbesondere ihre Lehrkräfte. Deren Bedeutung wird von der Arbeitsgruppe nach einer Verlagerung des Fokus vom „Lernen für 2030" auf das „Lehren für 2030" derzeit konzeptualisiert, weshalb an dieser Stelle eine Fokussierung auf die im *Learning Compass* dargelegte Lernendenperspektive erfolgt:

Zentral ist die Feststellung, dass sich Lernpfade in einem vielschichtigen Konstrukt aus Lerngrundlagen, Wissen, Fähigkeiten, Haltungen und Werten individuell unterscheiden und Lernende daher in die Lage versetzt werden sollen, ihren Lernprozess auf verantwortungsbewusste Weise selbstständig zu steuern („student agency"), wobei sie mit ihrem sozialen Umfeld und (im Falle von Lernenden) den Lehrenden interagieren und von diesen unterstützt werden („co-agency"). Dieses Ziel kann im Kontext des MINT-Unterrichts bspw. durch die Konzepte des Problemlösens (vgl. Abschn. 1.2.3), des forschend-entdeckenden Lernens (vgl. Abschn. 1.2.3) und des *Critical Thinking* (vgl. Kap. 2 in Band 1) verfolgt werden.

Zu den Lerngrundlagen werden im *Learning Compass* sozial-emotionale, gesundheitliche und kognitive Grundlagen gezählt. Letztere umfassen neben Lese-, Schreib- und Rechenfähigkeiten auch eine auf ihnen aufbauende digitale und datenbezogene Literalität, welche den gezielten Umgang mit digitalen Anwendungen, das Filtern und kritische Bewerten von Informationen sowie die Fähigkeit, Bedeutung aus Informationen abzuleiten und mit diesen zu argumentieren, einschließt. Diese überfachlichen Kompetenzen werden als unerlässlich für Lernprozesse und den Erwerb weiterer Kompetenzen in einer von Digitalität geprägten Gesellschaft erachtet.

In den vorliegenden Bänden finden sich Ansätze zu ihrer Förderung im MINT-Unterricht durch die reflektierte Verwendung digitaler Werkzeuge und die gezielte

Beschäftigung der Lernenden mit Datenerhebung und -auswertung. Dabei bleibt der Erwerb von disziplinärem Wissen als wesentliche Verständnisgrundlage auch für interdisziplinäres, epistemisches und prozedurales Wissen erhalten.

Die überfachliche Perspektive und der ganzheitliche Anspruch des *Learning Compass* wird auch in der Formulierung von Fähigkeiten deutlich, die neben kognitiven und metakognitiven (wie kritisches Denken, Kreativität, Selbstregulierung), praktischen und physischen (wie Umgang mit Technologien, künstlerische Tätigkeiten, Sport) auch soziale und emotionale Fähigkeiten (wie Empathie, Zusammenarbeit, Respekt) beinhalten. Unter der Annahme, dass Computertechnologien in Zukunft mehr und mehr Routine-Aufgaben übernehmen können, sollen diese Fähigkeiten insbesondere zur Bewältigung von Nicht-Routine-Aufgaben und den komplexen Anforderungen des zukünftigen Alltags vorbereiten. Dies gilt es in Zukunft, auch bei der Gestaltung neuer Lerngelegenheiten im MINT-Bereich zu berücksichtigen.

4K-Modell

Als eingängige „Zusammenfassung" der *21st Century Skills* erscheint das auf die *Non-Profit*-Organisation Partnership for 21st Century Learning (2015) zurückgehende 4K-Modell, das als zentrale Kompetenzen jene zur Kollaboration, Kommunikation, Kreativität und kritischem Denken – also vier Begriffe mit „K" – betrachtet (vgl. Fadel et al., 2017). Aspekte dieser vier Kompetenzen finden sich auch in unterschiedlichen Bereichen des *Learning Compass*, so zum Beispiel bei den erwähnten metakognitiven Fähigkeiten, wieder. Das Modell mag auf den ersten Blick wie eine pauschale Simplifizierung auf vier Schlagworte wirken, kann aber bei näherer Betrachtung aufgrund der Vielschichtigkeit der vier Kompetenzen bei der Diskussion um die zukünftige Entwicklung von Unterricht von Nutzen sein.

An der PH Zürich wurde beispielsweise ein Studienmodell für angehende Lehrpersonen entwickelt, das sich am 4K-Modell orientiert (Sterel et al., 2018). Muuß-Merholz (2021) beklagt hingegen einen Mangel an konzeptionellen Grundlagen des 4K-Modells im deutschsprachigen Raum. Er sieht darin zwar den Vorteil der Anpassbarkeit des Modells an individuelle Umstände, aber auch eine gewisse „Beliebigkeit der 4Ks". Um ihre Bedeutung im Hinblick auf konkrete Umsetzungen zu schärfen, müssten sie noch stärker konzeptionell ausgearbeitet und operationalisiert werden (Muuß-Merholz, 2021). Dies wird dadurch erschwert, dass die sehr weit gefassten Kompetenzen in der Praxis teils sehr eng miteinander verwoben sind (vgl. Germaine et al., 2016). So können beispielsweise Kooperation und Kommunikation als zusammengehörig aufgefasst werden (z. B. Soo, 2019) und es existieren Schnittmengen zwischen Kreativität und kritischem Denken (Hitchcock, 2018). Die explizite Implementierung von *21st Century Skills* in die MINT-Fächer setzt – ebenso wie die Überlegung, inwiefern diese bereits implizit vermittelt werden – eine Operationalisierung der Kompetenzen voraus, um in Verbindung mit fachlichen Inhalten bei der Gestaltung konkreter MINT-Lernumgebungen Anwendung zu finden. Andersen et al. (Kap. 2 in Band 1) demonstrieren in ihrem Beitrag zum *Critical Thinking*, wie dies in der Praxis geschehen kann.

1.2.2 Digitale Kompetenz für Lehrende und Lernende

Betrachtet man die Kompetenzen, die im letzten Abschnitt mit Blick auf das MINT-Lernen der Zukunft zusammengetragen wurden, so kann man festhalten, dass insbesondere auch das Zusammenspiel mit digitalen Technologien in jeder Phase des Lehrens und Lernens in der Zukunft eine immer wichtigere Rolle spielen wird. Vor diesem Hintergrund ist es sinnvoll, von digitaler Kompetenz zu sprechen. Eine mögliche Zugangsweise dazu findet sich im Amtsblatt der Europäischen Union:

Digitale Kompetenz
Digitale Kompetenz umfasst die sichere, kritische und verantwortungsvolle Nutzung von und Auseinandersetzung mit digitalen Technologien für die allgemeine und berufliche Bildung, die Arbeit und die Teilhabe an der Gesellschaft. Sie erstreckt sich auf Informations- und Datenkompetenz, Kommunikation und Zusammenarbeit, Medienkompetenz, die Erstellung digitaler Inhalte (einschließlich Programmieren), Sicherheit (einschließlich digitalem Wohlergehen und Kompetenzen in Verbindung mit Cybersicherheit), Urheberrechtsfragen, Problemlösung und kritisches Denken (Rat der Europäischen Union, 2018, S. 9).

Liest man diese Definition, so ist auffällig, wie breitgefächert, das Portfolio der Teilkompetenzen in diesem Konstrukt ist und wie vielfältig die sich daraus ergebenden Aufgaben für alle Bereiche des lebenslangen Lernens entlang der gesamten Bildungskette sind. Auch für die Bildungsforschung beschreibt dies ein weites Tätigkeitsfeld, in dem es erheblicher Anstrengungen in Grundlagen- und angewandter Feldforschung bedarf. Nicht zuletzt muss im Sinne des allgemeinen Kompetenzmodells nach Blömeke, Gustafsson und Shavelson (2015) die digitale Kompetenz nach dafür relevanten Dispositionen, kognitiven Fertigkeiten und Performanz-Aspekten ausdifferenziert werden. Trotz dieses weiten Forschungsfelds, das sich hier eröffnet, kann schon heute festgehalten werden, dass digitale Kompetenz im Bildungsbereich für alle Lehrenden und Lernenden gleichermaßen sowie auf allen Ebenen anzustreben und auszubilden ist.

1.2.3 Problemlösen als Facette des Prozesses der Erkenntnisgewinnung

Zur Erreichung der zukunftsorientierten Bildungsziele der *21st Century Skills* gehören neben dem Fachwissen auch Kompetenzen der Erkenntnisgewinnung, die als „komplexer, kognitiver und wissensbasierter Problemlöseprozess" verstanden werden (Mayer, 2007). Als Teil ihres Professionswissens sollten auch Lehrkräfte über Kompetenzen der Erkenntnisgewinnung verfügen (Lederman & Lederman, 2012). Diesen Anspruch formuliert die Kultusministerkonferenz (KMK, 2019) insbesondere für die erste Phase der Lehrkräftebildung an der Universität für alle Schulformen und Fächer. Problemlösen als eine Möglichkeit, Lernen über Erkenntnisgewinnung anzuregen, hat in allen MINT-Fächern eine Tradition. Im Folgenden wird ausgehend von der Definition eines Problems, der Problemlöseprozess als Teilfacette des Erkenntnisgewinnungsprozesses beleuchtet.

Problem

Ein Problem bezeichnet eine Situation, in der eine Person von einem Ausgangszustand zu einem gewünschten Zielzustand kommen soll, wobei zwischen beiden eine Barriere liegt, die verhindert, dass das Ziel direkt erreichbar ist. Ziel ist stets, einen Übergang vom Ausgangszustand zum Ziel zu finden – die Lösung. Dabei können Ausgangs- und Zielzustand, die Barriere(n) sowie die möglichen Operatoren unklar, unbekannt oder unterspezifiziert sein (vgl. Dörner, 1976).

> **Problem**
>
> Ein *Problem* beschreibt eine Situation, in der eine Person einen angestrebten Zielzustand nicht mithilfe routinierter Denk- oder Handlungsprozesse erreichen kann. Es besteht eine sogenannte Barriere bzw. ein Hindernis für die Erreichung des Ziels (Betsch et al., 2011; Mayer, 2007).

Problemlöseprozess

„Problemlösen bedeutet das Beseitigen eines Hindernisses oder das Schließen einer Lücke in einem Handlungsplan durch bewusste kognitive Aktivitäten, die das Erreichen eines beabsichtigten Ziels möglich machen sollen" (Betsch et al., 2011, S. 138). Beim Lösen von Problemen gibt es eine Vielzahl an Fähigkeiten und Strategien, die das Lösen des Problems vereinfachen oder gar erst ermöglichen.

Mit Bezug auf Polya (1965) wird dem Mathematikunterricht oft die Funktion zugesprochen, Heurismen des Problemlösens zu entwickeln. Bei den experimentellen Fächern bedeutet Problemlösen neben den Arbeitsweisen auch das theoriegeleitete Beobachten als Startpunkt für das Zerlegen des Problems und das Experimentieren zur Überprüfung. Damit werden die Hoffnung und Erwartung verbunden, dass generalisierbare Kompetenzen aufgebaut werden, die auch über die Schule hinaus als Basis für lebenslanges Lernen dienen können. Die verschiedenen Phasen des Problemlösens sind allgemein durch jeweils charakteristische kognitive Aktivitäten gekennzeichnet:

- Problemidentifikation,
- Ziel- und Situationsanalyse,
- Planerstellung,
- Planausführung und
- Ergebnisbewertung.

Problemlösekompetenz wird als eine der Schlüsselkompetenzen der *21st Century Skills* unserer modernen Gesellschaft gehandelt. Durch ihre theoretische Nähe zum Computational Thinking und insbesondere zum algorithmischen Denken wird oft davon ausgegangen, dass Programmiertätigkeiten zu einer verbesserten (digitalen) Problemlösekompetenz führen.

Problemlösen

Als *Problemlösen* beschreibt man die kognitive Aktivität, die zum Überwinden eines Hindernisses und damit zum erfolgreichen Erreichen des angestrebten Ziels nötig ist (Betsch et al., 2011; Mayer, 2007).

Im Kontext dieser Definition des Problemlösens lässt sich Computational Thinking als Synopse aus verschiedenen Argumentationssträngen verstehen. Wichtig hervorzuheben ist einerseits, dass beim Computational Thinking eine Person sich eines realweltlichen Problems annimmt und dieses mithilfe von Algorithmen und weiteren Problemlösestrategien, die dem Computational Thinking inhärent sind, bearbeitet. Dabei ist zunächst nicht entscheidend, ob ein Computer bei diesem Prozess involviert ist oder nicht (Wing, 2006). Vielmehr ist das Computational Thinking eine Art des Denkens (Knöß, 1989, S. 121), die dazu genutzt wird, Probleme zu lösen. Innerhalb des Computational Thinking lassen sich mehrere Teilkomponenten identifizieren, die sich nach Autor und Jahr unterscheiden und unterschiedlich breit ausdifferenziert werden. Während bei Hsu et al. (2018) 19 verschiedene Komponenten im Rahmen eines Reviews zusammengetragen werden, fokussieren Angeli et al. (2016) auf fünf Komponenten, die Problemlöseprozesse im Allgemeinen kennzeichnen: (1) Abstrahieren, (2) Generalisieren, (3) Dekomposition/Zerlegen in Teilprobleme, (4) algorithmisches Denken mit den Unterkategorien Sequenzieren von Algorithmen und Kontrollfluss und (5) Debugging/Umgang mit Fehlern (vgl. Weber et al., 2021).

Im Folgenden wird in diesem Kontext das forschend-entdeckende Lernen fokussiert, welches den Lernenden neben Fachwissen auch Denk- und Arbeitsweisen vermittelt, die typisch für den MINT-Bereich sind, z. B. Erkenntnisgewinnung und Problemlösen. Durch ein hohes Maß an eigener Aktivität und Handlungsorientierung steigen die Problemlösungskompetenz der Lernenden und das vernetzte Denken.

Forschend-entdeckendes Lernen

Nach Huber (2009, S. 11) zeichnet *forschend-entdeckendes Lernen*, welches im englischsprachigen und internationalen Bildungskontext unter dem Begriff *Inquiry-based Learning* weitverbreitet ist, sich vor anderen Lernformen dadurch aus, dass die Lernenden den Prozess eines Forschungsvorhabens, das auf die Gewinnung von auch für Dritte interessanten Erkenntnissen gerichtet ist, in seinen wesentlichen Phasen (vgl. Pedaste et al., 2015) – von der Entwicklung der Fragen und Hypothesen über die Wahl und Ausführung der Methoden bis zur Prüfung und Darstellung der Ergebnisse in selbstständiger Arbeit oder in aktiver Mitarbeit in einem übergreifenden Projekt – (mit-)gestalten, erfahren und reflektieren.

Zentrale Charakteristika des *forschend-entdeckenden Lernens* sind die Partizipation an der Forschung, die Selbstständigkeit beim Forschen(-lernen), die Reflexion sowie ein Theoriebezug und ein inhaltliches Erkenntnisinteresse. „Das Wichtigste am Prinzip des Forschend-entdeckenden Lernens ist die kognitive, emotionale und soziale Erfahrung des ganzen Bogens, der sich von der Neugier oder dem Ausgangsinteresse aus, von den Fragen und Strukturierungsaufgaben des Anfangs über die Höhen und Tiefen des Prozesses, Glücksgefühle und Ungewissheiten, bis zur selbst (mit-) gefundenen Erkenntnis oder Problemlösung und deren Mitteilung spannt" (Huber, 2009, S. 12). Unter dem Begriff Inquiry hat Dewey (1910), neben Fachwissen, Wissen über den Erkenntnisprozess als Teil naturwissenschaftlicher Bildung gefordert. Die Erkenntnisgewinnung wird dabei nach Mayer (2007) als relativ komplexer, kognitiver und wissensbasierter Problemlöseprozess verstanden.

Von der Kultusministerkonferenz wurde der Bereich der Erkenntnisgewinnung als einer der Kompetenzbereiche für den naturwissenschaftlichen Unterricht definiert. Der Weg der Erkenntnisgewinnung in den Naturwissenschaften erfolgt über grundlegende Methoden der Naturwissenschaften (Beobachten, Vergleichen, Experimentieren), die der Logik des hypothetisch-deduktiven Vorgehens folgen. Empirische Untersuchungen im Sinne eines hypothetisch-deduktiven Vorgehens leisten einen wesentlichen Beitrag zum Erkenntnisprozess der Lernenden (Mayer, 2013).

Forschend-entdeckendes Lernen
Forschend-entdeckendes Lernen bezeichnet Vermittlungsansätze, bei denen im Kontext eigenständiger wissenschaftlicher Untersuchungen fachliche Inhalte erarbeitet und zugleich experimentelle Kompetenzen aufgebaut werden (Abrams et al., 2008). Diese lernendenzentrierten Ansätze werden als förderlich für die Entwicklung komplexer kognitiver Fähigkeiten, wie z. B. Problemlösen, angesehen. Im englischsprachigen und internationalen Bildungskontext sind sie unter dem Begriff Inquiry-based Learning weitverbreitet (Abrams et al., 2008).

Zusammenfassend lässt sich festhalten, dass die Fähigkeiten im 21. Jahrhundert vor allem durch das offene Herangehen zum Lösen von Problemen gekennzeichnet sind. Inzwischen prüfen die PISA-Tests neben den drei Hauptbereichen Lesen, Mathematik und Naturwissenschaften auch typische *21st Century Skills* wie *kollaboratives Problemlösen* (OECD, 2016) oder *globale Kompetenz*. Die Bedeutung dieser Kompetenzen wird untermauert durch den Wegfall von physischen und kognitiven Routinearbeiten auf dem Arbeitsmarkt aufgrund der Digitalisierung. Im Weiteren erfordern die Arbeitstätigkeiten zunehmend die Fähigkeiten, Probleme zu lösen, Wissen zu organisieren und zu kooperieren. Ebenso werden wir im Alltag mit einer enormen Menge an verfügbaren Informationen, Fakten und Meinungen konfrontiert, mit denen wir lernen müssen umzugehen. Schülerinnen und Schüler sollen relevante und vertrauenswürdige Quellen erkennen, (multimediale) Informationen verstehen, das Gelesene für eigene Zwecke verarbeiten und die so gewonnenen Erkenntnisse teilen können. Die zentrale Frage in diesem Kontext lautet, wie Lehrkräfte Lernende an selbstgesteuertes Forschen und Problemlösen heranführen können, worauf im folgenden Abschn. 1.2.4 eingegangen wird.

1.2.4 Professionelle Kompetenzen für Lehrende

Um Lernende beim MINT-Lernen jetzt und in Zukunft zielführend unterstützen zu können, benötigen Lehrkräfte eine ganze Reihe von Kompetenzen, die auf ihr jeweiliges Professionswissen aufsetzen. Im Folgenden wird zunächst das TPACK-Modell als Ordnungsrahmen für das Professionswissen von Lehrkräften vorgestellt und kritisch reflektiert, bevor mit dem europäischen Referenzrahmen für die digitale Kompetenz von Lehrenden (DigCompEdu) ein ganzes Kompetenzspektrum aufgezeigt wird, in dem sich Lehrkräfte bewegen und weiterentwickeln, um MINT-Lernen für die Zukunft ermöglichen und ausgestalten zu können. Diese Weiterentwicklung setzt dabei notwendigerweise auch die Reflexion des individuellen professionellen Handelns voraus. Anhand des ALACT-Modells wird aufgezeigt, wie ein solcher Reflexionsprozess idealtypisch abläuft und zu einer iterativen Weiterentwicklung der professionellen Kompetenzen führen kann.

TPACK-Modell

In der folgenden Definition wird das TPACK-Modell von Mishra und Koehler (2006) zunächst knapp zusammengefasst und in Abb. 1.2 ein Überblick über die Komponenten dieses Ordnungsrahmens für das Professionswissen von Lehrkräften gegeben.

TPACK-Modell

Das *TPACK-Modell* („technological pedagogical content knowledge") von Mishra und Koehler (2006) ist ein Ordnungsrahmen für das seitens einer Lehrkraft benötigte Professionswissen, um digitale Technologien lernzielorientiert, effizient und didaktisch begründet in den Unterricht zu integrieren. Das Modell basiert auf einer Ergänzung des Professionswissens nach Shulman (1986) um das technologische Wissen (TK) und die drei dadurch resultierenden Schnittmengen mit pädagogischem (PK), fachlichem (CK) und fachdidaktischem (PCK) Wissen. Anstelle einer Fokussierung auf rein technologisches Wissen, gehen die Autoren davon aus, dass alle drei Wissensbereiche (PK, CK, TK) in Verbindung gebracht werden müssen, um zielgerichtetes Lernen mit digitalen Technologien zu ermöglichen (TPACK).

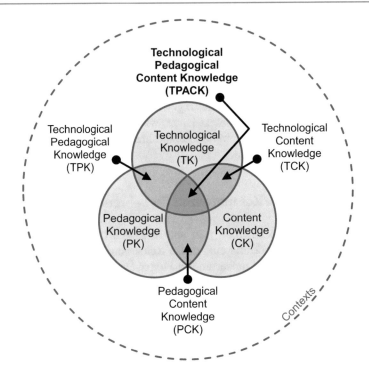

Abb. 1.2 TPACK-Modell

Das technologische Wissen (TK) umfasst nach Mishra und Koehler (2006) das technische Wissen über die Anwendung der vorhandenen bzw. sich neu entwickelnden digitalen Technologien wie Software, Hardware und die Kombination aus beidem. Das technologische Inhaltswissen (TCK) ist das Wissen darüber, wie Technologie und Fachwissen sich gegenseitig beeinflussen. Dazu gehört auch das Wissen über technische Hilfen zur Darstellung von Fachwissen (z. B. die Darstellung von Funktionen mit dem dynamischen Mathematik-System GeoGebra). Beim technologisch-pädagogischen Wissen (TPK) geht es um die Auswirkung des Einsatzes von Technologien auf Lehr-Lern-Prozesse.

Aus fachdidaktischer Sicht ist insbesondere das technologisch-pädagogische Inhaltswissen (TPACK) interessant: TPACK bezieht sich auf das fachdidaktische Wissen zum Einsatz von Technologien beim Erarbeiten fachlicher Inhalte. Es handelt sich dabei um eine Synthese aller oben genannten Wissensbereiche und ist als professionelles Wissen notwendig zur Bewältigung komplexer Unterrichtssituationen. TPACK zeigt sich daran, dass eine Lehrkraft Wissen aus verschiedenen Domänen flexibel aktivieren und diese Wissensdomänen untereinander sowie zum Kontext in Beziehung setzen kann (Koehler & Mishra, 2008, S. 66).

Das TPACK-Modell wird auch deshalb häufig zitiert, weil es verdeutlicht, dass eine ausschließliche Fokussierung auf technologisches Wissen oder Wissen zur Bedienung digitaler Technologien nicht ausreicht, um diese adäquat im Unterricht einsetzen zu können. Das TPACK-Modell ist, wie viele andere Modelle auch, nicht dazu geeignet, die Frage zu beantworten, ob ein und ggf. welcher Einsatz digitaler Technologien für das Erreichen eines Unterrichtsziels adäquat ist.

Die Planung von MINT-Unterricht sollte immer von der Frage ausgehen, welche Inhaltsziele erreicht werden und welche fachlichen Kompetenzen die Lernenden weiterentwickeln sollen. Die Basis einer Planung von MINT-Unterricht bilden also genuin fachdidaktische Fragestellungen, die fachdidaktisches Wissen erfordern. Im Anschluss daran ist die Frage zu klären, wie das Ziel für diese Lerngruppe bestmöglich erreicht werden kann, was die Berücksichtigung der Interdependenz zwischen Medienwahl, Inhalten und Voraussetzungen erfordert (Petko, 2014). Dies legt eine Hierarchie in den TPACK-Wissensdomänen nahe, deren Ausgangspunkt das fachdidaktische Wissen bildet. Einen ähnlichen Ansatz zur Sequenzierung des TPACK-Modells wählen Hammond und Manfra (2009, S. 163).

Durch die gleiche Größe der Komponenten des TPACK-Modells wird eine gleiche Gewichtung aller Wissensdomänen suggeriert, die – zumindest bzgl. der Reihenfolge – nicht mit dem hier beschriebenen Ansatz zur Unterrichtsplanung in Einklang zu bringen ist. Da die Gefahr besteht, dass digitale Technologien Lernende überfordern (van Merrienboer et al., 2003), sollten diese nur eingesetzt werden, wenn die Arbeit mit ihnen lernzieldienlich ist. Darüber hinaus sollte die Arbeit mit digitalen Technologien angeleitet und begleitet werden (Smetana & Bell, 2012, S. 1358). Folglich ist die Fähigkeit zur begründeten Entscheidung für oder gegen den Einsatz digitaler Technologien und ggf. zu dessen Rahmung in Form von Lernumgebungen wesentlicher Bestandteil des benötigten Professionswissens für Lehrkräfte.

Aus empirischer Sicht erscheint das TPACK-Modell problematisch. Das Hauptproblem liegt in der bisher fehlenden Validität und Reliabilität von Messinstrumenten (Drummond & Sweeney, 2017). Eine grundlegende Problematik der meisten Studien besteht darin, dass die Daten nur auf einer Selbstauskunft der Probanden basieren. Zum anderen werden die Selbsteinschätzungen, im Widerspruch zum TPACK-Modell, das damit untersucht werden soll, häufig ohne fachlichen Bezug abgefragt (Drummond & Sweeney, 2017). Hier eröffnen sich vielfältige Forschungsdesiderate.

Zusammenfassend lässt sich festhalten, dass der Einsatz digitaler Technologien primär dem Erreichen von fachlichen Inhalts- oder Prozesszielen dienen soll. Erst wenn sich Lehrende auf der Basis ihres fachdidaktischen Wissens für oder gegen den Einsatz digitaler Technologien entschieden haben, benötigen sie für das weitere Vorgehen eine Form von TPACK (vgl. die Metastudie Smetana & Bell, 2012, S. 1359).

Rahmen für die digitale Kompetenz von Lehrenden (DigCompEdu)

Um das Potenzial digitaler Technologien für das Lehren und Lernen ausschöpfen zu können, benötigen Lehrende nicht nur Wissen, wie es etwa im TPACK-Modell dargestellt wird, sondern auch ein breites Spektrum an Kompetenzen. Einen Versuch der Zusammenschau dieser Kompetenzen stellt der europäische Referenzrahmen für die digitale Kompetenz von Lehrenden (DigCompEdu) dar (Redecker, 2017).

> **DigCompEdu**
> Der europäische Rahmen für die digitale Kompetenz von Lehrenden (*DigCompEdu*) beschreibt in sechs Bereichen die professionsspezifischen Kompetenzen, über die Lehrende zum Umgang mit digitalen Technologien verfügen sollten. Die Bereiche umfassen die Nutzung digitaler Technologien im beruflichen Umfeld (z. B. zur Zusammenarbeit mit anderen Lehrenden) und die Förderung der digitalen Kompetenz der Lernenden. Kern des DigCompEdu-Rahmens bildet der gezielte Einsatz digitaler Technologien zur Vorbereitung, Durchführung und Nachbereitung von Unterricht (Redecker, 2017).

Wie der Definition des DigCompEdu-Rahmens zu entnehmen ist, zielt er im Kern auf Fragen, die sich bei der Vor- und Nachbereitung sowie Durchführung von Unterricht mithilfe digitaler Technologien ergeben. Auch hier wird deutlich, dass für einen gelingenden Einsatz von digitalen Technologien im MINT-Unterricht ein ganzes Kompetenzportfolio bei Lehrkräften erforderlich ist. In ihrem Beitrag (Kap. 3 in Band 1) gehen Ghomi et al. ausführlicher auf die Kompetenzbereiche des Modells ein.

Eine Gegenüberstellung des DigCompEdu-Rahmens und des international häufig zitierten TPACK-Modells von Mishra und Koehler (2006) zeigt, dass das DigCompEdu-Modell im Gegensatz zum TPACK-Modell nicht den Anspruch erhebt, das gesamte Professionswissen von Lehrkräften zu beschreiben. Der Fokus des DigCompEdu-Modells mit seinen 22 Kompetenzen und jeweils sechs Kompetenzstufen stellt eine detaillierte Erweiterung des Professionswissens dar, ohne diese weiteren Bereiche näher zu beschreiben (vgl. Ghomi et al., 2020). TPACK hingegen wurde durch Hinzufügen des technischen Wissens (TK) zu Shulmans PCK-Modell entwickelt, welches das Professionswissen von Lehrkräften mit den drei Bereichen des Fachwissens (CK), des pädagogischen Wissens (PK) und des pädagogischen Fachwissens (PCK) darstellt (vgl. Mishra & Koehler, 2006; Shulman, 1986).

Reflexionskompetenz

Die Entwicklung professioneller Kompetenzen – nicht nur von Lehrkräften – ist wesentlich davon geprägt, eigenes (Unterrichts-)Handeln zu reflektieren und mit den (Lern-)Ergebnissen (der Lernenden) abzugleichen. Diese reflektierende Haltung wird mit Blick auf einen Unterricht, der MINT-Lernen für eine durch technologisch-gesellschaftlichen Wandel geprägte Zukunft organisieren will, vermutlich noch wichtiger. Was macht Reflexion aber aus? Für Dewey (1909) konstituiert sich Reflexion im bewussten Nachdenken über eine Unsicherheit mit dem Ziel, diese aufzulösen. Für den Unterricht kann dies etwa bedeuten, dass Lehrkräfte alternative Handlungsoptionen erkunden, wenn sie Lernschwierigkeiten bei Schülerinnen und Schülern feststellen, Handlungsoptionen in ihr präferiertes Handlungsrepertoire aufnehmen, wenn diese zu erfolgreichen Lernprozessen bei Lernenden führen, oder auch die eigene Haltung gegenüber einer Lerngruppe, einem bestimmten Unterrichtsinhalt oder einer Methode erfahrungsbasiert überdenken. Diese Reflexion kann sowohl während der Handlung stattfinden als auch nach der Unterrichtssituation gezielt initiiert werden (Schön, 1983). Dabei geht ein Reflexionsprozess nach Korthagen und Nuijten (2022) immer von einer zu reflektierenden Handlung aus und führt im Idealfall zu einer optimierten Handlung. Sie betonen die große Bedeutung, die der Reflexion in allen Phasen der Lehrkräftebildung zukommt, gerade auch mit Blick auf die enge Verzahnung zwischen der Reflexion und dem (adäquaten) Unterrichtshandeln der Lehrperson. In Abb. 1.3 wird das sogenannte ALACT-Modell („**A**ction (experience), **L**ooking back on the experience, **A**wareness of essential aspects, **C**reating alternative methods of action and making a choice, **T**rial") des

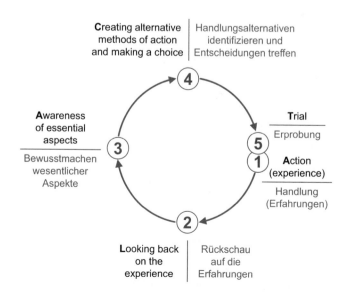

Abb. 1.3 ALACT-Reflexionsmodell

Reflexionsprozesses dargestellt (vgl. Korthagen & Nuijten, 2022, S. 6), das insbesondere bei der Reflexion von Unterrichtsprozessen hilfreich sein kann.

In diesem Reflexionsmodell startet die Reflexion mit (1) einer Handlung, an der man Erfahrungen sammelt, gefolgt von (2) einer Rückschau auf die gemachten Erfahrungen, in der es zunächst um eine Wahrnehmung und ggf. Beschreibung dieser Erfahrungen geht. Erst im darauffolgenden Schritt (3) macht man sich die wesentlichen Aspekte der gesammelten Erfahrungen bewusst und gleicht sie mit Theoriewissen ab. Hier finden im Reflexionsprozess die eigentliche Theorie-Praxis-Verzahnung sowie die theoriegestützte Deutung der gewonnenen Erfahrungen statt. Es werden idealerweise wesentliche Aspekte der handelnden Personen (Lehrkraft, Lernende), des Inhalts (inhaltsspezifische Strukturen, methodische Vorgehensweisen, …), der eingesetzten (digitalen) Unterrichtsmaterialien sowie des Lehr-Lern-Prozesses theoriegestützt berücksichtigt und analysiert. Auch die Auswahl, welche Aspekte als "wesentlich" betrachtet werden, kann Ansatzpunkt der Reflexion sein. Darauf aufbauend werden (4) Handlungsalternativen für den Unterricht identifiziert sowie eine Entscheidung bzgl. der konkreten umzusetzenden Handlung(en) getroffen, die (5) im letzten Schritt erprobt, also in Unterrichtshandeln umgesetzt werden. Diese Erprobung stellt eine Handlung dar, die Erfahrungen verursacht, welche Ausgangspunkt für einen neuen Reflexionszyklus sein können. Systematisch Reflexionsprozesse im Sinne des ALACT-Modells bewusst und motiviert initiieren sowie umsetzen zu können und zu wollen, um so das eigene Unterrichtshandeln beständig (weiter) zu entwickeln, konstituiert insgesamt professionelle Reflexionskompetenz.

1.2.5 Kompetenzmodell der Zukunft des MINT-Lernens für Lehrende

Im letzten Abschnitt wurde deutlich, dass Lehrende zur adäquaten Adressierung und Begleitung des MINT-Lernens für die Zukunft über eine vernetztes Bündel von Kompetenzen verfügen sollten, das die Performanz der Lernenden in den Blick nimmt und die Fähigkeit zur regelmäßigen Meta-Reflexion zu allen wesentlichen Facetten der Lehrperson und des Lehr-Lern-Prozesses umfasst. Vor diesem Hintergrund haben wir ein Kompetenzmodell für Lehrende entwickelt, das wichtige Aspekte dieser Kompetenzen vernetzt darstellt (Abb. 1.4). Es verzahnt dabei insbesondere das Kompetenzmodell von Blömeke, Gustafsson und Shavelson (2015) mit dem TPACK-Modell von Köhler und Mishra (2009), den 21st Century Skills der OECD (2019) sowie dem ALACT-Reflexionsmodell nach Korthagen und Nuijten (2022).

Professionelle Kompetenz von Lehrenden

Gemäß dem Kompetenzmodell von Blömeke, Gustafsson und Shavelson (2015) kann die professionelle Kompetenz von Lehrenden als Kontinuum gedacht werden, das beginnend bei deren individuellen Dispositionen, angereichert durch situationsspezifische Fertigkeiten schließlich in beobachtbarem

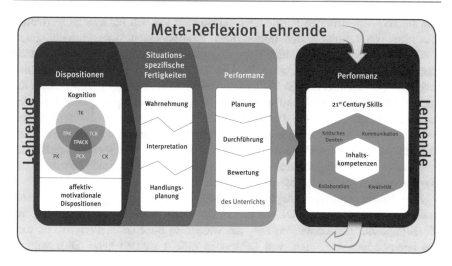

Abb. 1.4   Kompetenzmodell für Lehrende mit Blick auf die Zukunft des MINT-Lernens

Verhalten resultiert. Diese Aspekte der professionellen Kompetenz der Lehrenden werden in Abb. 1.4 im inneren, am linken Rand mit „Lehrende" beschrifteten, in abgestuften Blautönen gestalteten abgerundeten Rechteck dargestellt. Im Rechteck wird über die angedeutete Pfeilrichtung von links nach rechts der Wirkmechanismus von Dispositionen über situationsspezifische Fertigkeiten zur beobachtbaren Performanz visualisiert. Diese Wirkrichtung setzt sich fort in dem Pfeil, der sich von der Performanz der Lehrenden hin zur Performanz der Lernenden (im roten abgerundeten Rechteck) erstreckt. Er symbolisiert die direkte oder zumindest mittelbare Auswirkung der professionellen Kompetenzen der Lehrenden und des daraus erwachsenden Unterrichtshandelns auf den in der Performanz der Lernenden zum Ausdruck kommenden Kompetenzerwerb im Lehr-Lern-Prozess.

Grundlegend für die professionelle Kompetenz von Lehrenden sind deren individuelle Dispositionen, die wiederum in affektiv-motivationale und kognitive Dispositionen unterteilt werden können. Bei den affektiv-motivationalen Dispositionen handelt es sich bspw. um Einstellungen zum Fach, zum Lehrberuf oder zu den Lernenden, um Selbstwirksamkeitserwartungen und vieles mehr. Die kognitiven Dispositionen setzen sich mit Blick auf die professionellen Kompetenzen von Lehrenden im Zeitalter der Digitalisierung in unserem Modell aus den Professionswissenselementen des oben vorgestellten TPACK-Modells von Mishra und Koehler (2006) zusammen.

Diese Dispositionen sind wichtige Prädiktoren für die darauf aufbauenden situationsspezifischen Fertigkeiten, die wiederum wesentliche Voraussetzungen für die Performanz der Lehrenden, also ihr (adäquates) Unterrichtshandeln, sind.

Die situationsspezifischen Fertigkeiten setzen sich aus den für eine zielgerichtete Diagnose von Lernprozessen notwendigen Komponenten Wahrnehmung, Interpretation und darauf abgestimmte Handlungsplanung zusammen, die wechselseitig ineinandergreifen. Letzteres wird in Abb. 1.4 durch die gezackten Trennlinien zwischen den entsprechenden Teilfeldern des weißen Rechtecks verdeutlicht, die auch als Pfeile nach oben und unten, also in beide Richtungen, gedeutet werden können. Schließlich ist die Performanz der Lehrenden ihr beobachtbares Verhalten, das sich in der Planung, Durchführung und Bewertung des Unterrichts manifestiert. Diese Resultate des Lehrendenhandelns bauen jeweils aufeinander auf, was durch die angedeutete Pfeilrichtung von oben nach unten innerhalb des entsprechenden weißen Rechtecks dargestellt wird.

Alle bisher genannten Aspekte der professionellen Kompetenz von Lehrkräften wirken sich, vermittelt durch das Unterrichtshandeln der Lehrenden, auf die Kompetenz der Lernenden aus, die wiederum über deren Performanz, also das beobachtbare Verhalten, von Lehrenden erfasst werden kann. Dies wird in Abb. 1.4 durch den aus dem blauen Rechteck der Lehrendenkompetenz hervorgehenden blauen Pfeil repräsentiert, der in das rote Rechteck, das für die Performanz der Lernenden steht, hineinreicht.

Über die Performanz erfassbare Kompetenzen von Lernenden

Als Zielebene für die Kompetenzen der Lernenden, deren beobachtbarer Teil die Performanz darstellt, gelten die sogenannten *21st Century Skills*, also Wissen und Fertigkeiten, die für die persönliche Weiterentwicklung und das erfolgreiche Navigieren in verschiedensten gesellschaftlichen Kontexten im 21. Jahrhundert benötigt werden. Als gezielt zu fördernder Bestandteil sind sie in Abb. 1.4 in einem weißen Rechteck dargestellt, in welchem sich ein rotes Sechseck mit den weiter oben bereits beschriebenen „4K", nämlich **k**ritisches Denken, **K**ommunikation, **K**reativität und **K**ollaboration, als weitgefasste Kompetenzbereiche der *21st Century Skills* befindet. Die Tatsache, dass das rote Sechseck mehr als vier Ecken hat, soll verdeutlichen, dass sich die *21st Century Skills* weder in diesen vier Aspekten erschöpfen noch vollkommen trennscharf zueinander sind. Im Zentrum des Sechsecks finden sich Inhaltskompetenzen, die die Grundlage für die Anwendung der „4K" bilden und für deren fach(bereichs)spezifische Ausformung essenziell sind. So gilt etwa ein grundlegendes Verständnis für die graphische Darstellung funktionaler Zusammenhänge als notwendig, um kritisches Denken auf visualisierte Daten anwenden zu können. Inhaltskompetenzen und *21st Century Skills* sind wechselseitig aufeinander angewiesen und eng miteinander verzahnt.

Das in der Performanz der Lernenden zum Ausdruck kommende (Zwischen-)Ergebnis der Förderung von Kompetenzen ist einerseits das Ziel jeglichen Unterrichtshandelns von Lehrenden, andererseits auch Objekt der Diagnose der Lehrenden. Da diese Diagnose und die anschließende Reflexion nur an den beobachtbaren Handlungen der Lernenden ansetzen kann, weil sich anderes dem analysierenden Zugriff der Lehrenden in der Regel entzieht, sind weitere Dimensionen der Kompetenz von Lernenden, wie beispielsweise deren affektiv-motivationale Dispositionen, im Modell nicht abgebildet.

Meta-Reflexion der Lehrenden

Unerlässlich für die individuelle Weiterentwicklung der professionellen Kompetenz der Lehrenden und des von ihnen organisierten Unterrichts ist, wie Korthagen und Nuijten (2022) betonen, eine umfassende Reflexion der Resultate der beim Unterrichten stattfindenden Prozesse und ihrer Ursachen. Das oben erläuterte ALACT-Reflexionsmodell (vgl. Korthagen & Nuijten, 2022, S. 6; Abb. 1.3) mit seinem fünfschrittigen Reflexionskreislauf wird in unserem Modell in Abb. 1.4 im äußeren abgerundeten Rechteck angedeutet. Dieses ist in hellblau, also in der Farbe der Lehrenden gehalten und adressiert die für die professionelle Kompetenz der Lehrenden wesentliche Ebene ihrer Meta-Reflexion über Unterricht. Diese Meta-Reflexion bezieht einerseits die gesamte Lehrendenpersönlichkeit mit allen ihren Kompetenzfacetten mit ein und berücksichtigt andererseits als Ergebnis des Unterrichts die Performanz der Lernenden. Dieser Meta-Reflexionskreislauf wird in Abb. 1.4 über die beiden blauen Pfeile visualisiert, die oben in das rote Rechteck der Performanz der Lernenden hineinragen und sich unten aus der Performanz der Lernenden herausbewegen.

Im Kompetenzmodell für Lehrende werden etwa durch die Integration des TPACK-Modells insbesondere auch Kompetenzen mit Blick auf den Umgang mit digitalen Technologien und speziell digitalen Werkzeugen im Rahmen von Unterrichtsprozessen berücksichtigt. Im folgenden Abschnitt werden beide Begriffe erläutert und eingeordnet.

1.3 Digitale Technologien und digitale Werkzeuge

Der Begriff „digitale Technologien" wird in der Literatur nicht einheitlich verwendet. In diesem Doppelband nutzen wir ihn entsprechend folgender Definition:

> **Digitale Technologien**
> *Digitale Technologien* werden als Sammelbezeichnung für technische Geräte (Hardware), die darauf befindlichen digitalen Inhalte (Software) sowie für Kombinationen aus beidem verwendet.

Digitale Technologien (Medien) können nach Petko (2014) unterschiedliche Funktionen beim Lehren und Lernen erfüllen: Informations- und Präsentationsmittel, Gestaltung von Lernaufgaben, Werkzeuge und Arbeitsmittel, Lernberatung und Kommunikation sowie zur Prüfung und Beurteilung. Die Funktion der digitalen Technologie ist zum einen abhängig von der Technologie selbst und zum anderen ist sie abhängig davon, wie diese in eine Lehreinheit eingebunden ist (Schwanewedel et al., 2017).

In einer digitalen Welt ist insbesondere die Entwicklung fachdidaktisch begründeter Konzepte unter Einbezug digitaler Technologien im Sinne einer Unterrichtsentwicklung essenziell (KMK, 2016).

Dazu zählt auch der Einsatz digitaler Werkzeuge im Unterricht, die das Spektrum an Unterrichtsmedien erweitern. Sie können in Form von materiellen und informativen Lehr- und Lernhilfen dazu beitragen, Lernprozesse gezielt anzuregen und Lernende individuell zu fördern.

> **Digitale Werkzeuge**
> *Digitale Werkzeuge* sind im Sinne der MINT-Didaktiken konkrete digitale Anwendungen und technische Geräte, deren interaktive Funktionalität gezielt dazu eingesetzt wird, um den Kompetenzerwerb bei Lernenden zu fördern und den Prozess der Erkenntnisgewinnung zu unterstützen.

Knaus und Engel (2015b) verstehen allgemein unter pädagogischen und didaktischen Werkzeugen „komplexe, adaptive, konvergierende und hybride Konstrukte, die in Bildungs-, Lehr- und Lernkontexten in noch komplexere soziale Systeme und Prozesse … eingreifen", bei denen aber *„unterstützende* und *lernförderliche* Funktionen" im Vordergrund stehen. Digitale Werkzeuge unterstützen ein interaktives Lernen, indem z. B. gesprochene oder geschriebene Texte mit Videos, Animationen oder (steuerbaren) Simulationen multimedial kombiniert werden (s. Kap. 2 in Band 1, Kap. 7 in Band 2 und Ulrich et al., 2014). Die Partizipation aller Lernenden am MINT-Unterricht stellt hohe Ansprüche an Lehrende und Lernende. Insbesondere die MINT-Fächer zeichnen sich durch komplexe Inhalte, hohes Abstraktionsniveau, Mathematisierung und Modellierungen aus. Bei experimentellen Fächern sind zusätzliche Anforderungen hinsichtlich der speziellen Denk- und Arbeitsweise zu berücksichtigen (Stinken-Rösner et al., 2020). Digitale Werkzeuge erlauben multimodale Zugänge, die passend zur Lerngruppe ausgewählt und adaptiert werden können. Im Sinne des *Universal Design for Learning* (Hall, Mayer & Rose, 2012) ermöglichen sie die barrierefreie Gestaltung von digitalen Unterrichtsmaterialien und damit die Partizipation aller am Erkenntnisprozess.

Digitale Werkzeuge verfügen über Kommunikationselemente und können damit auch die Wahrnehmungsräume von Menschen beeinflussen. Nach Keil (2006) verschmelzen das Werkzeug und das Erkenntnisinstrument in digitalen Technologien miteinander. Digitale Werkzeuge unterstützen menschliche Kognition und/oder Kommunikation und dienen nach Petko (2014) "zur Verarbeitung, Speicherung und Übermittlung von zeichenhaften Informationen".

Digitale Werkzeuge besitzen eine Reihe von Potenzialen, um Lernprozesse zu gestalten: Sie können bei der Durchführung von Lern- und Lehrmethoden eingesetzt werden, wie z. B. zur sozialen Interaktion beim Lernen in kooperativen Lernszenarien (Kerres, 2013). Kerres (2013) geht davon aus, dass durch die individuelle Anpassung des Lerntempos und der Mediennutzung sich kürzere

Lernzeiten ergeben. Beim forschenden Lernen können digitale Werkzeuge das selbstständige Forschen unterstützen und fördern. Das kollaborative Lernen kann beispielsweise durch die Nutzung digitaler Plattformen orts- und zeitunabhängig und auch global organisiert werden (Schulz-Zander, 2005).

Mehrere Studien (z. B. OECD, 2015) belegen, dass der (didaktisch) unbegründete bzw. beliebige Einsatz von digitalen Werkzeugen im Unterricht nicht automatisch einen Lernautomatismus in Gang setzt. Technik allein hat nicht das Potenzial, Lernen zu fördern, sondern führt im schlimmsten Fall zum Gegenteil (Knaus, 2013, Knaus & Engel, 2015a). Daher gilt bei der Gestaltung und der Nutzung von digitalen Lehr- und Lernwerkzeugen generell nicht das Primat der Technik. Im Vordergrund stehen didaktische Fragen, pädagogische und fachspezifische Ziele (Preußler et al., 2014). Das setzt eine reflektierte Auseinandersetzung mit den fachspezifischen Inhalten voraus und die daraus resultierende Einschätzung, welchen Mehrwert der Einsatz von digitalen Werkzeugen im Unterricht leistet.

Wo digitale Technologien reflektiert und in bewusster Kombination zu Lerninhalten von Lehrpersonen eingesetzt werden, treten lernförderliche Effekte ein (Fullan & Quinn, 2016). Dafür sind spezifische digitale Kompetenzen neben den fachlichen, pädagogischen und fachdidaktischen notwendig, die das Kompetenzprofil von Lehrkräften ergänzen (Mishra & Koehler, 2006, Koehler et al., 2007, Koehler & Mishra, 2008).

Ein Beispiel aus den experimentellen Fächern verdeutlicht, dass das Experimentieren unter Einbindung digitaler Messwerterfassung im Unterricht noch immer den dafür tauglichen Strukturen und Prinzipien folgt (Bruckermann et al., 2016), deren Kenntnis und Beherrschung keine digitalen Kompetenzen darstellen. In diesem Fall beschränkt sich die digitale Kompetenz auf die durch den Einsatz digitaler Technologien zusätzlich geforderten Fähigkeiten und Fertigkeiten, z. B. zu entscheiden, ob und wie digitale Sensoren zielführend in diesen Prozess integriert werden können (Ghomi & Redecker, 2019).

Zu digitalen Werkzeugen gehören neben Notebooks und Tablets, die mit entsprechender Hardwareerweiterung ausgestattet sind, auch Taschenrechner und andere Geräte, wie z. B. Digitalmikroskope, Audiostifte, digitale Arbeitsblätter (Graf et al., 2016), aber auch Softwareprodukte z. B. zur Durchführung von Simulationen oder zur Modellierung komplexer Systeme oder Suchplattformen.

In den experimentellen Fächern ermöglichen virtuelle oder ferngesteuerte Experimente eine Auseinandersetzung mit Phänomenen, die z. B. aus Sicherheitsgründen nicht real im Klassenraum dargestellt werden können.

In einzelnen MINT-Fächern und Jahrgangsstufen haben sich spezifische Perspektiven auf digitale Werkzeuge herausgebildet. So stellt etwa Roth (2019) für den Mathematikunterricht der Sekundarstufen fest: „Digitale Werkzeuge sind für den Mathematikunterricht im Wesentlichen Tabellenkalkulationsprogramme, Computer-Algebra-Systeme, dynamische Geometrie-Systeme und als deren Integration dynamische Mathematik-Systeme (auch Multi-Repräsentations-Systeme genannt). Wichtig im Zusammenhang mit dem Einsatz digitaler Werkzeuge im Mathematikunterricht sind auch auf der Basis von digitalen Werkzeugen gestaltete Applets. Dies gilt unabhängig von der Art des Geräts (Taschenrechner, Smartphone, (Tablet-)Computer …) auf denen diese laufen. Mit Blick auf den Einsatz digitaler Werkzeuge im Mathematikunterricht ist zunächst die fundamentale Frage zu beantworten, inwiefern deren Nutzung das Erreichen der Ziele des Mathematikunterrichts nachhaltig unterstützt" (Roth, 2019, S. 234).

Die Verwendung digitaler Werkzeuge kann zur Verschiebung von Arbeitsschwerpunkten im Unterricht führen. Bei der Verwendung z. B. von digitalen Messsensoren treten der eigentliche Messvorgang sowie die Auswertung und grafische Aufarbeitung von Daten in den Hintergrund. Im Gegenzug dazu steht mehr Unterrichtszeit für die Interpretation der Ergebnisse und die Diskussion von Messfehlern zur Verfügung. Alternativlos ist der Einsatz digitaler Werkzeuge bei Routinemessungen, bei der Langzeiterfassung von Parametern und bei Reihenmessungen mit kurzer Taktung bzw. großen Datenmengen (Lampe et al., 2015).

An digitale Werkzeuge werden spezielle Anforderungen gestellt, dabei steht die Erkenntnisgewinnung immer im Vordergrund. Beim problemlösenden, entdeckenden und kooperativen Arbeiten und Lernen können digitale Werkzeuge unterstützen, indem sie z. B. Routinetätigkeiten übernehmen (spezielle Software für Datenauswertung, Darstellung, Modellierungen und Simulationen). Die Erfassung von Messwerten über Sensoren mit Smartphone, Tablet oder PC ist für die Lernenden oftmals intuitiver als mit einem unbekannten Messgerät. Mobile digitale Werkzeuge, wie z. B. Smartphones und Tablets, die zum Alltag der Lernenden gehören, nehmen dabei eine gesonderte Rolle ein. Es wird angenommen, dass neben der Alltagsbezogenheit eines Themas auch die Authentizität der zum Lernen verwendeten digitalen Werkzeuge eine förderliche Wirkung auf die Lernleistung und Motivation hat (materiale Situierung; Kuhn & Vogt, 2013, 2015). Daneben wird bei selbstständiger Verwendung eines Smartphones oder Tablets ein verstärktes Autonomieerleben der Lernenden angenommen (Ryan & Deci, 2000a, 2000b).

Nach Dori und Sasson (2008) können digitale Technologien im Vergleich zu konventionellen Unterrichtsmedien zu einem tieferen Lernverständnis bei Lernenden führen, wenn diese mit ihrem „eigenen" digitalen Werkzeug etwa Messwerte erfassen und diese z. B. als Wertetabellen, Diagramme oder Bilder dargestellt werden. Der sichere Umgang mit verschiedenen Darstellungsmöglichkeiten, der insbesondere durch digitale Multirepräsentationssysteme unterstützt werden kann, führt bei den Lernenden in der Regel zu einer Verbesserung ihres Konzeptverständnisses und ihrer Fachsprache (Ainsworth, 2006; Kohl & Finkelstein, 2005; Mayer, 2002; Höffler & Leutner, 2007).

Betrachtet man digitale Technologien und Werkzeuge unter dem Blickwinkel ihrer Auswirkung auf Design und Transformation des Unterrichts, dann kann die Berücksichtigung des SAMR-Modells (**S**ubstitution, **A**ugmentation, **M**odification, **R**edefinition), das von Puentedura (2006) entwickelt wurde, sinnvoll sein. Es nimmt die unterrichtsgestalterische Perspektive ein und beleuchtet den Einsatz digitaler Technologien und Werkzeuge unter dem Blickwinkel ihrer Auswirkung auf den Unterricht. Am Beispiel der Gestaltung und Bearbeitung von Unterrichtsmaterialien mit digitalen Technologien wird nachfolgend anhand des Modells verdeutlicht, dass es jeweils ganz unterschiedliche Qualitäten hinsichtlich des Einsatzes digitaler Technologien gibt. Dabei veranschaulicht das vierstufige SAMR-Modell, wie die Gestaltung und Bearbeitung von Materialien mit digitalen Technologien mit jeder Stufe an Bedeutung für das Lernen gewinnen. In Abb. 1.5 erkennt man, dass das Modell in zwei Bereiche unterteilt ist. Die gestrichelte Linie visualisiert die (fließende) Grenze zwischen den Bereichen *Enhancement*, bei dem digitale Technologien das Lernen verbessern, und *Transformation*, in dem diese das Lernen verwandeln. Darüber hinaus ermöglicht das SAMR-Modell Lehrenden, ihr eigenes und fremdes Materialangebot dahingehend zu analysieren und zu reflektieren, auf welcher Stufe Technologien zur Lernunterstützung eingesetzt werden.

Auf der **ersten Stufe** wird analoges Material durch digitale Technologien 1:1 ohne funktionale Änderung ersetzt (Substitution). Das „Heft" wird durch ein digitales Medium ausgetauscht. Dabei bleiben die Inhalte die gleichen und nur die Werkzeuge ändern sich. Die Lernenden üben auf dieser Stufe den Umgang mit digitalen Technologien. Darüber hinaus stehen die Inhalte in digitaler Form zur weiteren Verwendung zur Verfügung. Mit dieser Ersetzung sind aber noch keine methodischen Erweiterungen verbunden. Wenn Lehrende beginnen, mit digitalen Medien zu arbeiten, haben auch Szenarien ihre Berechtigung, in denen digitale Medien analoge „nur" ersetzen. Dauerhaft werden so Potenziale aber nicht ausgeschöpft.

Bei der **zweiten Stufe** werden Arbeitsaufträge methodisch funktional erweitert (Augmentation), indem digitale Technologien integriert werden. Dadurch wird eine Verbesserung (Enhancement) des Arbeitsablaufes beobachtbar, der mit rein analogem Arbeitsmaterial nur eingeschränkt möglich ist. So können z. B. zum Üben Lern-Apps eingesetzt werden, von denen die Lernenden ein direktes

Neudefinition (Redefinition**)**
Technologie ermöglicht die Gestaltung neuer Aufgaben, die ohne sie nicht denkbar waren.

Veränderung (Modification**)**
Technologie ermöglicht eine erhebliche Umgestaltung der Aufgaben.

Umgestaltung
(Transformation)

Erweiterung (Augmentation**)**
Technologie dient als direkter Werkzeugersatz mit verbesserter Funktionalität.

Substitution (Substitution)
Technologie dient als direkter Werkzeugersatz ohne Änderung der Funktionalität.

Erweiterung
(Enhancement)

Abb. 1.5 SAMR-Modell

Feedback erhalten. Die Nutzung von Lern-Plattformen bietet den Lernenden neben Informationen auch die Möglichkeit, sich untereinander auszutauschen. Methodische Veränderungen finden sich auf der zweiten Stufe der Augmentation (Erweiterung), wenn digitale Technologien im Vergleich zu analogen Medien neue Funktionen eröffnen. Beispiele können etwa die Nutzung einer Rechtschreibhilfe, die Erweiterung eines Wörterbuchs durch Tonbeispiele und die Anreicherung digitaler Karten mit zusätzlichen Informationen sein. Auch auf dieser Ebene sieht Puentedura (2006) noch keine grundlegende Veränderung von Unterricht, sondern nur eine Erweiterung des bestehenden Repertoires an Handlungsmöglichkeiten. Mit anderen Worten: Methodisch bleibt der Unterricht ähnlichen Konzepten verschrieben wie der Unterricht nach der zuvor geübten Praxis mit rein analogen Medien. Allerdings bieten die erweiterten Möglichkeiten bereits Verbesserungen, wenn etwa durch multimediale Inhalte andere bzw. mehr Lernkanäle angesprochen werden.

Mit der dritten Stufe der Änderung (Modification) beginnt gleichzeitig der Schritt zur Umgestaltung des Lernprozesses (Transformation). Auf dieser Stufe werden Materialien so verändert, dass eine digitale Unterstützung notwendig wird, um diese zu bearbeiten. Die Lernenden können eigenständig in ihrem Lerntempo arbeiten und Schwerpunkte auf visuellen und/oder auditiven Input legen. Beispielsweise können Dokumente mit Tabellenkalkulationen, grafischen Darstellungen sowie textuellen, visuellen und auditiven Werkzeugen bereichert werden. Grundlegende Veränderungen finden auf der dritten Ebene der Modifikation statt. Hier sind grundlegende neue Arbeitsweisen in den Lernprozess integriert, etwa wenn ein dynamisches Mathematik-System entdeckendes Lernen unterstützt oder dazu dient, Rechenwege eigenständig zu kontrollieren. Digitale Technologien unterstützen Lernende auf dieser Ebene dabei, ihren Lernprozess selbst zu gestalten und zu bewerten. Dabei bedürfen sie aber weiterhin der Betreuung und Beratung durch Lehrende.

Bei der **vierten Stufe** der Neudefinition (Redefinition) wird Lernmaterial oder werden Aufgabentypen im Unterricht eingesetzt, welche es ohne digitale Technologien nicht geben würde, und somit Grenzen schulischen Lernens aufgebrochen und überschritten. Damit können neue Lernwege bestritten werden, bei denen das problemlösende, forschende und entdeckende Lernen im Vordergrund steht. Die Lernenden arbeiten völlig eigenständig und nutzen dabei Hilfsmittel z. B. aus dem Internet. Die Dokumentation ihrer Lösungen erfolgt z. B. in Form eines Erklärvideos, eines Blog-Artikels oder eines *Social-Media*-Beitrags. Digitale Technologien werden hier also etwa zur Reflexion und Dokumentation von Lernprozessen genutzt oder es wird über digitale Technologien Expertise von außen in den Klassenraum geholt.

Puentedura (2006) geht davon aus, dass der pädagogische Nutzen digitaler Technologien mit den Stufen zunimmt. Das Modell soll damit anregen, die eigene Nutzung digitaler Technologien im Unterricht zu analysieren, und fördern, dass – über den einfachen Ersatz analoger Medien hinaus – kreative Lösungen entwickelt werden, die einen solchen pädagogischen Nutzen beinhalten. Dabei muss es nicht zwangsläufig Ziel sein, immer die Stufe der Neudefinition (Redefinition) umzusetzen. Zu fragen ist vielmehr, auf welcher Ebene das gewählte Lernszenario angesiedelt wäre und ob damit die Potenziale digitaler Technologien in der gegebenen Lernsituation ausgeschöpft werden.

Eine Möglichkeit für den zielführenden Einsatz digitaler Technologien für das Lernen ist es, diese in (digitale) Lernumgebungen einzubinden. Der folgende Abschnitt widmet sich dieser wesentlichen Facette des MINT-Lernens für die Zukunft.

1.4 Digitale Lernumgebungen als Rahmen für das MINT-Lernen

Bei Sichtung fachdidaktischer Literatur fällt auf, dass immer häufiger digitale Lernumgebungen thematisiert werden, wobei oftmals nicht explizit wird, was jeweils genau mit dieser Bezeichnung gemeint ist. Wir werden den Begriff *digitale Lernumgebung* folglich zunächst unter Rückgriff auf den Begriff *Lernumgebung* definieren und erläutern, wie er sich vom Begriff *digitales Werkzeug* unterscheidet. Darauf aufbauend werden Qualitätskriterien für (digitale) Lernumgebungen genannt und diskutiert. Mit Blick auf das MINT-Lernen der Zukunft werden schließlich Ziele des Einsatzes digitaler Lernumgebungen reflektiert.

1.4.1 Lernumgebung – Begriffsklärung

Roth (2022) konstatiert, dass der Begriff *Lernumgebung* – bzw. international synonym *Learning Environment* – in der fachdidaktischen sowie pädagogisch-psychologischen Literatur zwar häufig verwendet, aber nur sehr selten definiert wird. Er beruft sich unter anderem auf Hannafin (1995), der feststellt, dass die Bezeichnung Lernumgebung für nahezu alles vom Klassenklima bis hin zu spezifischen Lerntechnologien verwendet wird. Es gibt auch spezifischere Annäherungen an den Begriff Lernumgebungen, z. B. bei Hirt und Wälti (2012), die aber mit Blick auf Lernumgebungen für den MINT-Unterricht allgemein etwas zu eng sind. Vor diesem Hintergrund werden wir zunächst definieren, was wir unter dem Begriff *Lernumgebung* verstehen, bevor wir darauf eingehen, was *digitale Lernumgebungen* sind und inwiefern Letztere sich von *digitalen Werkzeugen* unterscheiden. Wir stützen uns auf eine Definition zu Lernumgebungen von Roth (2022), der allerdings in seiner Definition charakterisierende Eigenschaften und Qualitätskriterien vermischt. Wir liefern deshalb zunächst eine knappe Definition und gehen anschließend auf Qualitätskriterien für lernwirksame Lernumgebungen ein.

> **Lernumgebung**
> *Lernumgebungen* bilden den Rahmen für das selbstständige Arbeiten von Lerngruppen oder individuell Lernenden. Sie organisieren und regulieren den Lernprozess über Impulse, wie z. B. Arbeitsanweisungen.

1.4.2 Qualitätskriterien für Lernumgebungen

Um hilfreich für zukünftiges MINT-Lernen sein zu können, sollten Lernumgebungen einer Reihe von Qualitätskriterien genügen (Roth, 2022). Dazu gehört, dass sie Lernende zu Prozessen aktiver Wissenskonstruktion anregen, denn die Fähigkeit zur aktiven Wissenskonstruktion ist eine der Voraussetzungen für lebenslanges Lernen, das wiederum notwendig für zukunftsfähiges Handeln ist. Dabei sollten die Lernenden durch Impulse unterstützt werden. Dies kann etwa durch geeignete Arbeitsanweisungen geschehen, die durch Leitgedanken inhaltlich aufeinander bezogen und bzgl. des zu erarbeitenden Inhalts sowie der intendierten Lernprozesse sinnvoll strukturiert sind. So kann das zielgerichtete Arbeiten der Lernenden unterstützt werden. Gleichzeitig sollten die durch die Lernumgebung gesetzten Impulse hinreichend offen sein, um eigenständiges Arbeiten der Lernenden zu ermöglichen und differenzierend zu wirken. Lernumgebungen sollten Impulse enthalten, die zur Reflexion über das Erarbeitete herausfordern. Bei Lernumgebungen für Lerngruppen sind Aufforderungen zur Kommunikation über die Inhalte sowie deren Bearbeitung essenziell.

Die Lernenden sollten durch Impulse innerhalb der Lernumgebung auch zur Dokumentation angehalten werden, denn es hat sich für den Lernprozess als vorteilhaft erwiesen, wenn Lernende ihre Ergebnisse und Vorgehensweisen schriftlich protokollieren. Nach Dörfler (2003) erleichtern derartig selbstständig erzeugte externe Darstellungen die zur Begriffsbildung notwendige reflektierte Abstraktion sowie Schematisierung und ermöglichen eine tiefere Verarbeitung des Lerngegenstandes. Durch das Erzeugen externer Darstellungen kann ein Teil der beim Arbeiten mit digitalen Lernumgebungen notwendigen kognitiven Aktivität ausgelagert und so das Arbeitsgedächtnis entlastet werden, da nicht alle Informationen im Arbeitsgedächtnis behalten werden müssen (Schnotz et al., 2011). Anhand von Videoaufzeichnungen von Gruppen von Lernenden, die an Lernumgebungen arbeiten (Roth, 2013), zeigt sich, das Lernende in Phasen, in denen sie Ergebnisse und Vorgehensweisen schriftlich festhalten sollen, in der Regel neue Erkenntnisse generieren, obwohl sie vorher bereits dachten, die Bearbeitung der entsprechenden Aufgabe sei inhaltlich erfolgreich abgeschlossen. Das Protokollieren von Arbeitsergebnissen und Vorgehensweisen fördert also die Reflexionstiefe. Daneben können durch soziale Reflexions- und Aushandlungsprozesse über von Lernenden selbst erzeugte Darstellungen die Vorstellungen zu Begriffen und Zusammenhängen präzisiert und abstrahiert werden (Cox, 1999; Reisberg, 1987; Schwartz, 1995). In einer qualitativen Studie zur Arbeit mit einer digitalen Lernumgebung von Jedtke und Greefrath (2019) erleben Studierende das Protokollieren auf Papier positiv und als hilfreiche Aktivität. Darüber hinaus ermöglichen diese Protokolle auch das spätere Weiterarbeiten an den erzielten Ergebnissen. Ergebnisse einer Studie von Schumacher und Roth (2015) deuten darauf hin, dass das Protokollieren in Lernumgebungen dadurch unterstützt werden sollte, dass sie durch Prompts neben leeren Protokollkästen zum Protokollieren aufgefordert werden. Dies erlaubt es Lernenden, ihre jeweils eigenen Wege zur Protokollierung zu finden und sich nicht an Vorgaben orientieren zu müssen, die ggf. nicht zu ihren eigenen Denkweisen passen. Lernumgebungen sollten darüber hinaus bei Bedarf individuell abrufbare Hilfestellungen sowie Möglichkeiten zur Ergebniskontrolle enthalten.

Die neben geeigneten Impulsen, wie etwa Arbeitsaufträgen, wichtigsten Elemente von Lernumgebungen sind geeignete Medien und Materialien, die eine aktive und vielfältige Auseinandersetzung mit einem inhaltlichen Phänomen ermöglichen. Dieses Qualitätskriterium für Lernumgebungen liefert uns die Basis, um im Abschn. 1.4.3 die Frage zu beantworten, was eine *digitale Lernumgebung* ausmacht.

Völlig unabhängig von der Frage, ob es sich um eine digitale oder rein analoge Lernumgebung handelt, sollten Lernumgebungen von einem unterrichtlichen Gesamtsetting gerahmt werden, in dem die Lernenden durch eine Lehrperson auf die Arbeit mit der Lernumgebung vorbereitet, wieder daraus abgeholt und insbesondere beim Systematisieren ihrer gewonnenen Erkenntnisse unterstützt werden. Diese Rahmung ist unabdingbar, um eine systematische und zielgerichtete Entwicklung von Wissen und Fähigkeiten von Lernenden zu erreichen.

1.4.3 Digitale Lernumgebungen

Ein wesentliches Qualitätskriterium für Lernumgebungen ist das Vorhandensein von passgenauen und lernförderlichen analogen Materialien bzw. digitalen Technologien, die eine aktive Auseinandersetzung der Lernenden mit den jeweiligen Inhalten und Phänomenen zielgerichtet unterstützen.

> **Digitale Lernumgebung**
> *Digitale Lernumgebungen* bilden eine Teilmenge der Lernumgebungen. Eine digitale Lernumgebung konstituiert sich bereits dann, wenn eine Lernumgebung von Lernenden interaktiv nutzbare computerbasierte Elemente (z. B. Applets) enthält, die aus fachdidaktischer Perspektive einen essenziellen Beitrag zum Lernerfolg liefern.

Der Medieneinsatz hat seit jeher eine große Bedeutung für das Lehren und Lernen. Die in obiger Definition explizierte Sicht auf digitale Lernumgebungen verdeutlicht, dass vor dem Hintergrund der immer größer werdenden Relevanz der digitalen Technologien auch die "traditionellen" Medien neu bewertet und in ihrem Verhältnis zu den digitalen Technologien gesehen werden müssen (Schmidt-Thieme & Weigand, 2015). In diesem Zusammenhang fordert Krauthausen (2018) aufgrund der veränderten Bedingungen für die Nutzung von Medien und der Fülle an digitalen (Lern-)Produkten auf dem Markt ein neues Nachdenken über den Einsatz digitaler Technologien. Dabei sind nicht nur Lehrende und Lernende an Schulen gefordert immer wieder Neues zu lernen. Im expandierenden App-Markt müssen auch die MINT-Didaktiken als Design Science aus ihrem Primat heraus agieren, konstruktiv-kritische Stellung beziehen und Qualitätskriterien für Lern-Apps anbieten. Nur qualitativ hochwertige Applets, die solchen Qualitätskriterien genügen, sollten in digitale Lernumgebungen für den MINT-Unterricht der Zukunft integriert werden.

1.4.4 Beziehung zwischen digitalen Lernumgebungen und digitalen Werkzeugen

Im Abschn. 1.3 wurde der Begriff *digitales Werkzeug* geklärt, der vorliegende Abschnitt setzt sich mit dem Begriff *digitale Lernumgebung* auseinander. Inwiefern lassen sich die beiden Begriffe digitale Lernumgebung und digitales Werkzeug voneinander abgrenzen? Eine mögliche Antwort auf diese Frage lautet: Wenn mit einem digitalen Werkzeug erzeugte und geeignet gestaltete Applets in eine digitale Lernumgebung eingebunden werden, kann das erheblich dazu beitragen, dass MINT-Inhalte zielführend und verständnisfördernd gelernt werden. Fehlt diese Einbindung, dann kann ein digitales Werkzeug als Hilfsmittel zur Problemlösung bzw. Erkenntnisgewinnung eingesetzt werden. Dies funktioniert allerdings nur dann, wenn die Nutzerin bzw. der Nutzer über entsprechende Expertise verfügt, wenn das digitale Werkzeug sich also im Sinne der *Instrumental Genesis* im Zusammenspiel mit dem Problem, dem MINT-Inhalt und den eigenen mentalen Schemata zum individuellen, persönlichen Instrument (Verillon & Rabardel, 1995) entwickelt hat, das zielgerichtet genutzt werden kann.

Instrumental Genesis
Das Konzept der *Instrumental Genesis* basiert auf einer Idee von Vygotsky (1930/1985), der das Problemlösen und die damit verbundenen mentalen Prozesse als einen instrumentellen Akt beschreibt. Dieser instrumentelle Akt hängt sowohl von gegenständlichen bzw. digitalen Instrumenten (Materialien) als auch von kognitiven Instrumenten (mentalen Schemata) ab. Diese Instrumente haben einen bedeutsamen Einfluss auf die mentalen Prozesse des Problemlösens. Verillon und Rabardel (1995) unterscheiden zwischen Artefakten und Instrumenten. Ein Artefakt ist ein bloßer Gegenstand, solange der Nutzer nicht weiß, wie es im Kontext einer konkreten Aufgabe einzusetzen ist. Erst wenn das Artefakt in eine Wechselbeziehung mit dem Nutzer tritt, der an einer Aufgabe arbeitet und dabei geeignete mentale Schemata anwendet, wird das Artefakt zu einem Instrument (Drijvers & Gravemeijer, 2005). Diese Transformation hängt also von drei Aspekten ab: dem Artefakt, der Aufgabe und der Anwendung bestehender Schemata, die sich auf die Verwendung des Artefakts und die anzuwendenden Konzepte beziehen. Die mentalen Schemata entwickeln sich auch weiter, während sie im Prozess der Umwandlung eines Artefakts in ein Instrument genutzt werden. Drijvers und Gravemeijer (2005) kommen

daher zu dem Schluss, dass das Instrument sowohl das Artefakt als auch die mentalen Schemata beinhaltet, die für eine bestimmte Klasse von Aufgaben entwickelt wurden. Darüber hinaus beeinflusst das Artefakt die mentalen Schemata, die angewendet werden, um mit dem Artefakt eine Aufgabe zu lösen. Dies wird Instrumentierung genannt (Rabardel, 2002). Außerdem beeinflussen die angewandten mentalen Schemata, wie das Artefakt verwendet wird. Dies wird als Instrumentalisierung bezeichnet (Rabardel, 2002). Der Instrumentierungs- und der Instrumentalisierungsprozess werden zur *Instrumental Genesis* zusammengefasst (Rabardel, 2002) und bezeichnen den Prozess, in dem ein Artefakt zu einem Instrument wird.

Aus dieser Zusammenstellung zeichnet sich der Kern einer Diskussion ab, die seit vielen Jahren zum Einsatz digitaler Werkzeuge geführt wird. Es geht um die Frage, wann Lernende direkt mit dem digitalen Werkzeug, also ohne vorbereitete Umgebung, arbeiten sollten und wann eher die Nutzung von mit dem digitalen Werkzeug erstellten Applets, die in eine Lernumgebung eingebunden sind, zielführend ist. Dabei geht es im Kern um das Ausbalancieren folgender beiden Ziele: (1) Einerseits sollten Lernende ein im Unterricht eingesetztes digitales Werkzeug im Sinne der *Instrumental Genesis* zu ihrem eigenen Werkzeug weiterentwickeln und selbstbestimmt damit Probleme lösen können. Die Voraussetzung dafür ist, dass das digitale (Universal-)Werkzeug, z. B. ein dynamisches Mathematik-System wie GeoGebra, von den Lernenden selbstständig als Werkzeug genutzt und ggf. geeignet angepasst wird, sodass es als Spezialwerkzeug für den aktuellen Zweck genutzt werden kann. Da dies ein langwieriger Prozess ist, sollte möglichst von Anfang des Einsatzes digitaler Werkzeuge an so gearbeitet werden. (2) Andererseits sollten sich Lernende im MINT-Unterricht immer mit den MINT-Inhalten auseinandersetzen und beim Lernen unterstützt werden, sodass das MINT-Lernen nicht durch das zusätzliche notwendige Lernen der Handhabung eines Werkzeugs belastet oder gar verdeckt wird. Aus dieser Perspektive ist das Arbeiten mit vorgefertigten Applets, in denen nur die für das Lernen der intendierten MINT-Inhalte notwendigen Variationen möglich und geeignete Fokussierungshilfen eingebaut sind (Roth, 2008, 2017), im Rahmen von digitalen Lernumgebungen zielführend. Bei der Nutzung dieser Applets können auch grundlegende Fähigkeiten bzgl. der Bedienung des zugrunde liegenden digitalen Werkzeugs, mit dem das Applet z. B. von der Lehrperson für die Lernenden der eigenen Klasse erstellt wurde, mitgelernt werden, ohne die Fokussierung auf die MINT-Inhalte zu verdecken. Vor diesem Hintergrund könnte man die Unterscheidung zwischen digitalen Werkzeugen und digitalen Lernumgebungen wie folgt knapp auf den Punkt bringen: *Digitale Werkzeuge* dienen der Problemlösung und müssen durch die Nutzerin bzw. den Nutzer durch geeignete Ausgestaltung zu Spezialwerkzeugen für den jeweiligen Zweck gemacht werden. *Digitale Lernumgebungen* setzen einen Rahmen für das selbstständige Lernen. Dazu werden – häufig von Lehrpersonen – unter anderem Applets auf der Basis von digitalen Werkzeugen zur Unterstützung von selbstständigen Lernprozessen von Lernenden in die digitale Lernumgebung integriert. Immer dann, wenn das primäre Lernziel nicht die Ausbildung von Nutzungsexpertise bzgl. des verwendeten digitalen Werkzeugs ist, sondern ein MINT-Inhalt durchschaut und verstanden werden soll, ist die Einbindung in eine digitale Lernumgebung sinnvoll.

1.4.5   Ziele der Nutzung digitaler Lernumgebungen

Der Blick auf die Beziehung zwischen digitalen Lernumgebungen und digitalen Werkzeugen im letzten Abschnitt weist bereits auf mögliche Ziele hin, die mit digitalen Lernumgebungen verfolgt werden. Es geht darum, in geeigneter Aufbereitung und mithilfe passgenauer (digitaler) Unterstützungstechnologien das selbstständige und verständnisbasierte inhaltliche Lernen von MINT-Inhalten zu ermöglichen. Damit unterscheiden sich digitale Lernumgebungen deutlich von *Drill-and-Practice-Programmen,* in denen Übungsaufgaben zu einem Thema aufeinanderfolgend und ohne weitere Erläuterungen dargeboten werden. Ziel des Einsatzes von Drill-and-Practice-Programmen ist es in der Regel, bereits vorhandenes Wissen durch Wiederholen und Üben zu festigen und zu automatisieren (Kerres & Nattland, 2009). Anhand von digitalen Lernumgebungen soll dagegen an inhaltlichen Vorstellungen ausgerichtet gelernt werden, wobei die darin genutzten digitalen Technologien ganz unterschiedliche Qualitäten haben können (vgl. das in Abschn. 1.3 erläuterte SAMR-Modell).

Dabei können unter anderem folgende beiden Einsatzszenarien für digitale Lernumgebungen sinnvoll sein. (1) Im Rahmen der selbstständigen Exploration eines neuen Inhaltsbereichs können Lernende mithilfe einer digitalen Lernumgebung erste grundlegende Vorstellungen dazu erarbeiten. (2) Darüber hinaus können digitale Lernumgebungen auch dazu genutzt werden, gegen Ende einer Lernsequenz noch einmal vernetzend verschiedene Sichtweisen auf das Stoffgebiet einzunehmen und mit erarbeiteten Vorstellungen dazu in Verbindung zu bringen. Digitale Lernumgebungen sind so gestaltet, dass Lernende daran individuelle Vorstellungen ausbilden können, die konform mit gesichertem fachlichen MINT-Wissen sind, und so Kompetenzen für zukünftiges MINT-Lernen aufbauen.

1.4.6   Adaptive digitale Lernumgebungen

Digitale Lernumgebungen eröffnen über die bisher genannten Möglichkeiten hinaus auch die Option, die Pfade, die Lernende beim Bearbeiten der Lernumgebung durchlaufen, adaptiv zu gestalten (Roth, 2022). Konkret wird es hier möglich, Lernenden automatisiert und adaptiv passgenaue Aufgaben zu präsentieren oder spezifische individuelle Feedbacks zu erkennbaren Fehlermustern in ihren Aufgabenbearbeitungen zu geben. Diese Möglichkeit besteht bei nicht-digitalen Lernumgebungen zwar auch, bleibt hier aber der betreuenden Lehrkraft vorbehalten und stellt für diese einen hohen, je nach Lerngruppe evtl.

gar nicht leistbaren Aufwand dar. Natürlich besteht auch die Möglichkeit, dass Lernende Teilthemen oder Aufgaben aus dem Angebot der Lernumgebung nach ihren eigenen Fähigkeiten oder Bedürfnissen selbst auswählen. Dies setzt allerdings ausgeprägte Selbstregulationskompetenz der Lernenden voraus, die nicht durchgängig gegeben ist. Hier bieten digitale Lernumgebungen potenziell mehr Möglichkeiten zur adaptiven Gestaltung. Adaptivität hat sich in einer Reihe von Studien als zielführend für digitale Lernumgebungen herausgestellt (vgl. Ma et al., 2014). Sie wird hier häufig als adaptives Eingehen auf die Aufgabenbearbeitung von Lernenden umgesetzt. Dabei werden, auf Basis fachdidaktischer Erkenntnisse zu schwierigkeitsgenerierenden Aufgabenmerkmalen, den Lernenden in Abhängigkeit von ihrer Bearbeitung der vorhergehenden Aufgaben jeweils automatisiert Folgeaufgaben mit passender Aufgabenschwierigkeit zugewiesen. Dies kann zur Steuerung des Lernprozesses beitragen und der Gefahr einer Überbzw. Unterforderung von Lernenden entgegenwirken. Dies gelingt allerdings nur, wenn es im entsprechenden Inhaltsbereich bereits belastbare fachdidaktische Forschungsergebnisse zu typischen Schülerfehlern und deren Ursachen gibt. Ist dies nicht gegeben, kann auf den Einsatz von künstlicher Intelligenz (KI) gesetzt werden, bei der auf Basis von automatisierten Auswertungen umfangreicher Datensätze zu erfolgreichen und weniger erfolgreichen Pfaden von Lernenden durch die jeweilige digitale Lernumgebung eine jeweils passende nächste Aufgabe und damit Verzweigung im Lernweg dargeboten wird.

Neben der automatisierten Auswahl von Wegen durch eine Lernumgebung kann Adaptivität automatisiert auch in Form von Feedback erfolgen. Aus den Ergebnissen von Moreno (2004), aber auch der Metaanalyse von Hattie und Timperley (2007) kann geschlossen werden, dass Feedback sich dazu eignet, Lernende auf konkrete Fehlvorstellungen aufmerksam zu machen, sie beim Schließen vorhandener Wissenslücken zu unterstützen, und hilfreich dafür sein kann, die Vernetzung bereits vorhandener kognitiver Schemata zu unterstützen. Feedback erfolgt im Rahmen von digitalen Lernumgebungen als direkte Reaktion auf die (teilweise) Bearbeitung einer Aufgabe. Während korrigierendes Feedback die Lernenden im Wesentlichen darauf hinweist, ob Bearbeitungen bzw. Teile von Bearbeitungen richtig oder falsch sind, kann erklärendes Feedback in verschiedenen Ausprägungen auftreten. So können zusätzliche Informationen, gestufte Lösungshilfen, Erläuterungen zur Frage, warum eine Schülerlösung falsch ist und wie man zur korrekten Lösung kommt, angeboten oder Anpassungen teilweise richtiger Bearbeitungen von Lernenden vorgenommen werden. Darüber hinaus lässt sich anhand geeigneter Repräsentationen aufzeigen, warum ein vom individuellen Lernenden genutztes Konzept nicht zielführend ist, und so ein Konzeptwechsel anstoßen (vgl. Roth, 2022). Auch hier sind elaborierte fachdidaktische Forschungsergebnisse zum jeweiligen Lerninhalt unabdingbare Voraussetzung, um die genannten Feedbackmaßnahmen nicht nur technisch, sondern insbesondere auch inhaltlich zielführend umsetzen zu können. Perspektivisch bietet sich auch hier ein weites Feld denkbarer zukünftiger Einsatzmöglichkeiten für künstliche Intelligenz und maschinelles Lernen zur Nutzung für automatisiertes Feedback.

Nicht nur (digitale) Lernumgebungen bieten mannigfaltige Möglichkeiten zur Ausgestaltung eines für die Zukunft befähigenden MINT-Lernens. Mit diesem Beitrag wurde das Feld bereitet, um die vielfältigen wissenschaftlichen Perspektiven einzuordnen, die im Rahmen des durch die Deutsche Telekom Stiftung initiierten und geförderten Think-Tanks "Die Zukunft des MINT-Lernens" bearbeitet und aufeinander bezogen wurden. Dabei wurden in interdisziplinärer Kooperation Grundlagen der weiteren Arbeit gelegt, unter anderem indem gemeinsam Definitionen für wesentliche Grundbegriffe gefunden und weiterentwickelt wurden, die im Glossar der vorliegenden beiden Bände abgedruckt und in den einzelnen Beiträgen jeweils als Kästen integriert hervorgehoben werden. Im folgenden Abschnitt werden die Inhalte der Kapitel des Doppelbandes, der die Ergebnisse der Arbeit des Think-Tanks bündelt, kurz zusammengefasst und so auf die Lektüre der beiden Bände vorbereitet.

1.5   Ausblick auf die Inhalte des Doppelbandes

Der vorliegende Doppelband vereint Beiträge aller an der "Zukunft des MINT-Lernens" beteiligten Hochschulstandorte. Er spannt inhaltlich einen Bogen von konzeptionellen Perspektiven auf und für den MINT-Unterricht im 21. Jahrhundert über den Einsatz digitaler Technologien und die Förderung digitaler Kompetenzen in der Lehrkräftebildung, die Verwendung digitaler Methoden zur Diagnostik bis hin zur Entwicklung und zum Einsatz digitaler Werkzeuge und Lernumgebungen für den schulischen MINT-Unterricht.

Als Kooperation von Autorinnen und Autoren von vier Standorten mit unterschiedlichen fachlichen Hintergründen eröffnet der Beitrag von Andersen et al. (Kap. 2 in Band 1) die Perspektive, wie Aspekte eines zentralen *21st Century Skills*, nämlich des *Critical Thinking,* in konkreten Lernumgebungen zum Teil bereits implizit vorhanden sind, aber auch konkret in zukünftige Lernumgebungen implementiert werden können. Verbunden wird diese Darstellung mit der Forderung, *Critical Thinking* in Zukunft als einen integralen Bestandteil des MINT-Unterrichts zu begreifen. Im darauffolgenden Beitrag präsentieren Ghomi et al. (Kap. 3 in Band 1) eine qualitative Untersuchung der Vorstellungen und Visionen von Lehrkräften, Lehramtsstudierenden und Bildungsadministratorinnen und -administratoren für den „Unterricht der Zukunft". Sie gleichen diese „Perspektive der Praxis" mit dem DigCompEdu-Referenzrahmen zur digitalen Kompetenz von Lehrenden ab und ziehen Rückschlüsse auf den Transfer digitaler Technologien in die Unterrichtspraxis. Dieser Transfer ist auch Bestandteil des Beitrags von Beyer et al. (Kap. 4 in Band 1), in welchem die fachunabhängigen Kompetenzfacetten des *Computational Thinking* beleuchtet und Lernumgebungen zu ihrer Förderung im Mathematikunterricht der Grundschule – unter anderem durch Verwendung eines Lernroboters – untersucht werden.

Der gezielten Förderung digitaler Kompetenzen von (angehenden) Lehrkräften kommt, wie in diesem Beitrag dargelegt, eine zentrale Bedeutung für die Gestaltung der Zukunft des MINT-Lernens zu. Sechs Beiträge fokussieren daher den Einsatz digitaler Technologien und den Erwerb digitaler Kompetenzen in der Lehrkräftebildung:

Im ersten der sechs Beiträge beschreiben Grave-Gierlinger et al. (Kap. 5 in Band 1) die Selbstwirksamkeitserwartung von Lehramtsstudierenden hinsichtlich des Einsatzes digitaler Technologien im Mathematikunterricht. Scherb et al. (Kap. 6 in Band 1) zeigen entlang der Evaluation eines Video-Analysetools Möglichkeiten zur Bewertung der Usability und des Designs von Online-Lernplattformen, um diese besser auf das Verhalten und die Bedürfnisse der Lernenden (in diesem Fall Lehramtsstudierenden) anpassen zu können. Der Frage, inwiefern bereits digitale Kompetenzen in Lehramtsstudiengängen an deutschen Universitäten gefördert werden, gehen Lachmann et al. (Kap. 7 in Band 1) in ihrem Beitrag nach und untersuchen die Wirksamkeit eines Seminarkonzepts, das eine solche Förderung basierend auf dem DigCompEdu-Kompetenzrahmen anstrebt. Engelhardt et al. (Kap. 8 in Band 1) stellen in ihrem Beitrag die Entwicklung eines Lehr-Lern-Labor-Seminars vor, in dem Studierenden die Fähigkeit zur Beurteilung interaktiver Arbeitsblätter als Beitrag zu den digitalen Kompetenzen angehender Lehrkräfte vermittelt wird. Im Beitrag von Henninger und Kaiser (Kap. 9 in Band 1) werden die Entwicklung, die Inhalte und die Durchführung eines offenen Online-Kurses für Studierende dargestellt, der Teilnehmende dazu befähigen möchte, verschiedenste digitale Lernangebote in Zukunft selbst zu gestalten, während Andersen et al. (Kap. 10 in Band 1) anhand der digitalen Weiterentwicklung eines lehramtsspezifischen Elektronikpraktikums im Fach Physik unter anderem das Selbstvertrauen der angehenden Lehrkräfte, sich in neue Technologien einzuarbeiten, untersuchten. Der Beitrag von Becker et al. (Kap. 11 in Band 1) stellt eine Eyetracking-Studie (Blickdatenanalyse) zum Vergleich visueller Aufmerksamkeitsprozesse bezüglich linearer Graphen im Kontext der Mathematik mit anderen Kontexten, insbesondere der Physik, vor. Untersucht wurden die Schwierigkeiten der Interpretation linearer Funktionen in Kontext von Kinematik und Mathematik von Lernenden der neunten Klasse. Bastian und Mühling (Kap. 12 in Band 1) stellen eine Studie vor, in deren Rahmen relevante Faktoren für den Erfolg im Anfängerunterricht des Programmierens erhoben und ihr Einfluss quantifiziert werden mit dem Ziel, Regeln für die automatisierte Generierung von Items mit einer vorher bestimmbaren Schwierigkeit zu erproben. Band 1 wird abgeschlossen mit einem Beitrag von Lutz (Kap. 13 in Band 1), in dem die Entwicklung feedbackorientierter Lernumgebungen zur Gestaltung immer offener gefasster Aufgabenstellungen mit Machine Learning (ML), Augmented Reality und 3D-Druck thematisiert werden.

Der **zweite Band** fokussiert mit seinen insgesamt zehn Kapiteln die Themen digitale Tools und Methoden für das Lehren und Lernen über die verschiedenen Schulstufen hinweg. Einleitend stellt der Beitrag von Digel et al. (Kap. 1 in Band 2) digital gerahmte Experimentierumgebungen als dynamischen Zugang zu Funktionen dar. Das Vorgehen dieser Arbeit zeigt exemplarisch, wie digitale Unterrichtselemente lernförderlich eingebettet werden können, indem ausgehend von den zu fördernden mathematischen Konzepten digitale Artefakte anhand ihrer Passung zu den intendierten Handlungen eingesetzt werden. Neff et al. (Kap. 2 in Band 2) berichten aus dem Projekt der Open MINT Labs, wie virtuelle Labore für die naturwissenschaftlichen Fächer an den weiterführenden Schulen entwickelt und getestet werden mit dem Ziel einer digitalen Vor- und Nachbereitung realer Experimentiereinheiten. Im Beitrag wird zum einen die Konzeption des virtuellen Labors zum Sauerstoffgehalt eines Gewässers vorgestellt und zum anderen eine Teilstudie präsentiert, in der die Nutzungsmuster der virtuellen Labore („digitale Lernpfade") anhand der Logfiles der Schülerinnen und Schüler analysiert werden. Das Thema Flipped Classroom im Physikunterricht der Sekundarstufe I und Auswirkungen auf die Veränderung des individuellen Interesses im Bereich der Elektrizitätslehre werden im Beitrag von Lutz et al. (Kap. 3 in Band 2) genauer beleuchtet. Es werden Ergebnisse zur Veränderung des individuellen Interesses aus einer Vergleichsstudie zwischen dem Flipped Classroom und dem klassischen Physikunterricht im Bereich der Elektrizitätslehre vorgestellt. Becker et al. untersuchen in ihrem Beitrag (Kap. 4 in Band 2) die Lernwirksamkeit Tablet-PC-gestützter Videoanalysen im Mechanikunterricht der Sekundarstufe 2. Die Ergebnisse dieser Studie zeigen, dass die Zeit-Ort-Koordinaten bei Bewegungen mit hoher zeitlicher und räumlicher Genauigkeit digital erfasst sowie in unterschiedlichen Repräsentationsformen visualisiert werden können und damit den experimentellen Lernprozess digital unterstützen. Ausgehend von Simulationen über Virtual- bis hin zu Augmented-Reality-Experimenten wird in dem Beitrag von Mukhamatov et al. (Kap. 5 in Band 2) das naturwissenschaftliche Phänomen optischer Abbildungen durch Sammellinsen entlang des virtuellen Kontinuums exemplarisch an drei multimedial-basierten Erweiterungen realer Experimente beschrieben. Deren Eigenschaften werden abschließend vergleichend diskutiert sowie Vor- und Nachteile gegenübergestellt. In dem Artikel von Schwanke und Trefzger (Kap. 6 in Band 2) wird das Vorgehen zur Erstellung einer Augmented-Reality-Applikation beschrieben. Ein wichtiger Punkt stellt das Konstrukt der Usability dar, deren Unterkategorie der Nutzerzufriedenheit mittels einer explorativen Mixed-Methods-Studie quantitativ und qualitativ evaluiert und berichtet wird. Mithilfe von HyperDocSystems (HDS), einem von der Fachdidaktik Chemie der TU Kaiserslautern entwickelten digitalen Werkzeug, zeigen Fitting et al. (Kap. 7 in Band 2), wie binnendifferenzierende Arbeitsmaterialien von Lehrkräften erstellt werden können. Die Ergebnisse dieser Interventionsstudie zeigen die Benutzerfreundlichkeit und das Interesse von Schülerinnen und Schülern beim Bearbeiten der HyperDocs über eine vierstündige Unterrichtsreihe im Vergleich zu analogen Arbeitsmaterialien im Fach Chemie. Mit der Entwicklung der virtuellen Spielumgebung „MINT-Town" stellen Dictus und Tiemann (Kap. 8 in Band 2) eine mögliche Umsetzung der Konstrukte Problemlösen und *Critical Thinking* in den naturwissenschaftlichen Fächern im Rahmen eines motivierenden Lernsettings vor. Der Beitrag von Mühling und Bastian (Kap. 9 in Band 2) zum Thema KI-Labor berichtet von drei digitale Lernumgebungen für den Bereich des maschinellen Lernens bzw. der künstlichen Intelligenz: Perceptren, künstliche neuronale Netze und Verstärkungslernen. Zentral für alle Umgebungen ist eine interaktive Exploration von Systemen, welche durch stärker oder weniger stark geleitete Bearbeitungswege und Aufgaben ergänzt wird. Das abschließende Kapitel von Rieger et al. (Kap. 10 in Band 2) formuliert Gestaltungsprinzipien für schulisch geeignete VR-Lernumgebungen. Im Rahmen des Projekts wird zunächst ein schulrelevanter VR-Prototyp vorgestellt, welcher mit Schülerinnen und Schülern erprobt und hinsichtlich des Designkriteriums „räumliches Präsenzerleben" evaluiert wurde. Aus den Ergebnissen der empirischen Studie werden allgemeine Gestaltungsprinzipien zu den Bereichen „Selbstlokation", „Handlungsmöglichkeiten" sowie „Nutzungshäufigkeit" abgeleitet.

Als Herausgeberinnen und Herausgeber des Doppelbandes und Vertreterinnen und Vertreter aller fünf am Think-Tank beteiligten Universitätsstandorte in Berlin, Kaiserslautern, Kiel, Landau und Würzburg bedanken wir uns bei der Deutschen Telekom Stiftung für die Initiative zur Einrichtung dieses Think-Tanks sowie die finanzielle Unterstützung und wünschen unseren Leserinnen und Lesern nicht nur eine informative Lektüre, sondern insbesondere Anregungen für eigene Beiträge zur Ausgestaltung der Zukunft des MINT-Lernens.

Literatur

Abrams, E., Southerland, S. A., & Silva, P. C. (2008). *Inquiry in the classroom: Realities and opportunities*. IAP.

Ainsworth, S. (2006). DeFT: A conceptual framework for considering learning with multiple representations. *Learning and Instruction, 16*(3), 183–198.

Ananiadou, K., & Claro, M. (2009). 21st century skills and competences for new millennium learners in OECD countries. OECD Education Working Papers, No. 41, OECD Publishing. https://doi.org/10.1787/218525261154.

Anderson, J. R. (1995). *Cognitive psychology and its implications* (4. Aufl.). W. H. Freeman and Company.

Angeli, C., Voogt, J., Fluck, A., Webb, M., Cox, M., Malyn-Smith, J., & Zagami, J. (2016). A k-6 computational thinking curriculum framework: Implications for teacher knowledge. *Educational Technology & Society, 19*(3), 47–57.

Bergstrom, C. T., & West, J. D. (2020). *Calling bullshit – the art of skepticism in a data-driven world*. Random House.

Betsch, T., Funke, J., & Plessner, H. (2011). Denken – Urteilen, Entscheiden, Problemlösen. Springer.

Blömeke, S., Gustafsson, J.-E., & Shavelson, R. J. (2015). Beyond Dichotomies – Competence Viewed as a Continuum. *Zeitschrift für Psychologie, 223* (1), 3–13. www.hogrefe.com, https://doi.org/10.1027/2151-2604/a000194.

Bruckermann, T., Diederich, A., Schlüter, K., & Edelmann, H. (2016). Does the use of mobile multimedia devices in practical lessons affect the motivation of pupils? *School Science Review, 97*(361), 101–108.

Chu S. K. W., Reynolds R. B., Tavares N. J., Notari M., Lee C. W. Y. (2017). Twenty-first century skills and global education roadmaps. In: *21st century skills development through inquiry-based learning*. Springer. https://doi.org/10.1007/978-981-10-2481-8_2.

Cox, R. (1999). Representation construction, externalised cognition and individual differences. *Learning and Instruction, 9*, 343–363.

Coy, W. (1995). Von der Gutenbergschen zur Turingschen Galaxis: Jenseits von Buchdruck und Fernsehen. Vorwort zur Neuauflage von H. M. McLuhan – *Die Gutenberg Galaxis. Das Ende des Buchzeitalters*, Addison Wesley Verlag.

Dewey, J. (1909). *How we think*. DC Heath & CO. https://www.gutenberg.org/files/37423/37423-h/37423-h.htm. Zugegriffen: 27. Juni 2022.

Dewey, J. (1910). Science as subject-matter and as method. *Science, 31*(767), 121–127.

Dörfler, W. (2003). Protokolle und Diagramme als ein Weg zum Funktionsbegriff. In M. H. G. Hoffmann (Hrsg.), *Mathematik Verstehen. Semiotische Perspektiven* (S. 78–94). Franzbecker.

Dori, Y. J., & Sasson, I. (2008). Chemical understanding and graphing skills in a case-based computerized chemistry laboratory environment: The value of bidirectional visual and textual representations. *Journal of Research in Science Teaching, 45*(2), 219–250.

Dörner, D. (1976). *Problemlösen als Informationsverarbeitung.* Kohlhammer.

Drijvers, P., & Gravemeijer, K. (2005). Computer algebra as an instrument: Examples of algebraic schemes. In D. Guin, K. Ruthven, & L. Trouche (Eds.), *The didactical challenge of symbolic calculators*. Mathematics education library (S. 63–196). Springer.

Drummond, A., & Sweeney, T. (2017). Can an objective measure of technological pedagogical content knowledge (TPACK) supplement existing TPACK measures? *British Journal of Educational Technology, 48*(4), 928–939.

Rat der Europäischen Union. (2018). Empfehlung zu Schlüsselkompetenzen für lebenslanges Lernen. Amtsblatt der Europäischen Union C 189/1–13. https://eur-lex.europa.eu/legal-content/DE/TXT/PDF/?uri=CELEX:32018H0604(01). Zugegriffen: 27. Juni 2022.

Fadel, C., Bialik, M., & Trilling, B. (2017). *Die vier Dimensionen der Bildung. Was Schülerinnen und Schüler im 21. Jahrhundert lernen müssen.* Kapitel 4 (S. 123–141). Zentralstelle für Lernen und Lehren im 21. Jahrhundert (ZLL21) e.V.

Floridi, L. (2017). Die Mangroven-Gesellschaft. Die Infosphäre mit künstlichen Akteuren teilen. In P. Otto & E. Gräf (Hrsg.), *3TH1CS. Die Ethik der digitalen Zeit* (S. 18–27). IRights Media.

Fullan, M., & Quinn, J. (2016). *Coherence. The right drivers in action for schools, districts, and systems.* Corwin.

Germaine, R., Richards, J., Koeller, M., & Schubert-Irastorza, C. (2016). Purposeful use of 21st century skills in higher education. *Journal of Research in Innovative Teaching, 9*(1), 19–29.

Ghomi, M., & Redecker, C. (2019). Digital competence of educators (DigCompEdu): Development and evaluation of a self-assessment instrument for teachers' digital competence. *Proceedings of the 11th International Conference on Computer Supported Education* (CSEDU 2019), *1*, 541–545.

Ghomi, M., Dictus, C., Pinkwart, N., & Tiemann, R. (2020). DigCompEduMINT: Digitale Kompetenz von MINT-Lehrkräften. *k:ON - Kölner Online Journal für Lehrer*innenbildung,* 1(1, 1/2020), 1–22. https://doi.org/10.18716/ojs/kON/2020.1.1.

Graf, D., Graulich, N., & Prange, M. (2016). Digitale Werkzeuge für den Chemie- und Biologieunterricht – und darüber hinaus. *Der Mathematische und Naturwissenschaftliche Unterricht, 69*(6), 411–416.

Hall, T. E., Meyer, A., & Rose, D. H. (2012). *Universal design for learning in the classroom: Practical applications.* Guilford Press.

Hammond, T. C., & Manfra, M. M. (2009). Giving, prompting, making: Aligning technology and pedagogy within TPACK for social studies instruction. *Contemporary Issues in Technology and Teacher Education, 9*(2), 160–185.

Hannafin, M. J. (1995). Open learning environments. Foundations, assumptions, and implications for automated design. In R. D. Tennyson & A. E. Baron (Eds.), *Automating instructional design: Computer-based development and delivery tools* (S. 101–130). Springer.

Hattie, J., & Timperley, H. (2007). The Power of feedback. *Review of educational research, 77*(1), 81–112. https://doi.org/10.3102/003465430298487

Hirt, U., & Wälti, B. (2012). Lernumgebungen im Mathematikunterricht. Natürliche Differenzierung für Rechenschwache bis Hochbegabte. Klett Kallmeyer

Hitchcock, D. (2018). Critical thinking. In E. N. Zalta (Hrsg.), *The stanford encyclopedia of philosophy.* Metaphysics Research Lab.

Höffler, T. N., & Leutner, D. (2007). Instructional animation versus static pictures: A meta-analysis. *Learning and Instruction, 17*, 722–738.

Hsu, T.-C., Chang, S.-C., & Hung, Y.-T. (2018). How to learn and how to teach computational thinking: Suggestions based on a review of the literature. *Computers & Education, 126*, 296–310. https://doi.org/10.1016/j.compedu.2018.07.004.

Huber, L. (2009). Warum Forschendes Lernen nötig und möglich ist. In L. Huber, J. Hellmer, & F. Schneider (Hg.), *Forschendes Lernen im Studium: Aktuelle Konzepte und Erfahrungen* (Motivierendes Lehren und Lernen in Hochschulen: Bd. 10, S. 9–35). UVW.

Jedtke, E., & Greefrath, G. (2019). A computer-based learning environment about quadratic functions with different kinds of feedback: Pilot study and research design. In G. Aldon & J. Trgalová (Hrsg.), *Technology in mathematics teaching, selected papers of the 13th ICTMT Conference* (S. 297–322). Springer.

Keil, Reinhard (2006): Zur Rolle interaktiver Medien in der Bildung. In R. Keil & D. Schubert (Hrsg), *Lernstätten im Wandel – Innovation und Alltag in der Bildung* (S. 59–77). Waxmann.

Kerres, M., & Nattland, A. (2009). Computerbasierte Methoden im Unterricht. In K.-H. Arnold (Hrsg.), *Handbuch Unterricht* (2. Aufl., S. 317–324). Klinkhardt.

Kerres, M. (2013). *Mediendidaktik. Konzeption und Entwicklung mediengestützter Lernangebote.* Oldenbourg Verlag.

KMK (Kultusministerkonferenz). (2016). *Bildung in der digitalen Welt. Strategie der* KMK. https://www.kmk.org/aktuelles/thema-2016-bildung-in-der-digitalen-welt.html. Zugegriffen: 27. Juni 2022.

KMK (Kultusministerkonferenz). (2019). Ländergemeinsame inhaltliche Anforderungen für die Fachwissenschaften und Fachdidaktiken in der Lehrerbildung. Sekretariat der Kultusministerkonferenz. https://www.kmk.org/fileadmin/veroeffentlichungen_beschluesse/2008/2008_10_16-Fachprofile-Lehrerbildung.pdf. Zugegriffen: 27. Juni 2022.

Knaus, T. (2013). Digitale Tafeln – (Medien-)Technik, die begeistert? In C. Bohrer & C. Hoppe (Hrsg.), *Interaktive Whiteboards in Schule und Hochschule* (S. 13–37). Kopaed.

Knaus, T., & Engel (2015a). Me, my Tablet – and Us. Vom Mythos eines Motivationsgenerators zum vernetzten Lernwerkzeug für autonomopoietisches Lernen. In K. Friedrich, F. Siller, & A. Treber (Hrsg), *Smart und mobil – Digitale Kommunikation als Herausforderung für Bildung, Pädagogik und Politik* (S. 17–42). Kopaed.

Knaus, T., & Engel, O. (2015b). „... auch auf das Werkzeug kommt es an" – Eine technikhistorische und techniktheoretische Annäherungen an den Werkzeugbegriff in der Medienpädagogik. In T. Knaus & O. Engel (Hrsg.), *fraMediale* (S. 15–57). Kopaed. https://doi.org/10.25656/01:11678.

Knöß, P. (1989). Fundamentale Ideen der Informatik im Mathematikunterricht. Deutscher Universitätsverlag.

Koehler, M. J., & Mishra, P. (2008). *Introducing TPCK. In AACTE committee on innovation and technology. Handbook of technological pedagogical content knowledge (TPCK) for educators.* Routledge.

Koehler, M. J., Mishra, P., & Yahya, K. (2007). Tracing the development of teacher knowledge in a design seminar: Integrating content, pedagogy, and technology. *Computers & Education, 49*(3), 740–762.

Kohl, P. B., & Finkelstein, N.D. (2005). Students' representational competence and self-assessment when solving physics problems. *Physical Review Special Topics – Physics Education Research, 1.* https://doi.org/10.1103/PhysRevSTPER.1.010104.

Korthagen, F., & Nuijten, E. (2022). *The power of reflection in teacher education and professional development.* Routledge.

Krapp, A., & Weidenmann, B. (2006). *Pädagogische Psychologie.* Beltz.

Krauthausen, G. (2018). *Einführung in die Mathematikdidaktik.* 4. Auflage. Springer Spektrum.

Kuhn, J., & Vogt, P. (2015). Smartphone & Co. in physics education: Effects of learning with new media experimental tools in acoustics. In W. Schnotz, A. Kauertz, H. Ludwig, A. Müller, & J. Pretsch (Hrsg), *Multidisciplinary research on teaching and learning* (S. 253–269). Palgrave Macmillan.

Kuhn, J., & Vogt, P. (2013). Smartphones as experimental tools: Different methods to deter-mine the gravitational acceleration in classroom physics by using everyday devices. *European Journal of Physics Education, 4*(1), 16–27.

Lampe, H. U., Liebner, F., Urban-Woldron, H., & Tewes, M. (2015). *Innovativer naturwissenschaftlicher Unterricht mit digitalen Werkzeugen: Experimente mit Messwerterfassung in den Fächern Biologie, Chemie und Physik.* Deutscher Verein zur Förderung des mathematischen und naturwissenschaftlichen Unterrichts e.V. (Hrsg) MNU-Themenreihe Bildungsstandards. Verlag Klaus Seeberger.

Lederman, N. G., & Lederman, J. S. (2012). Nature of scientific knowledge and scientific inquiry. Building instructional capacity through professional development. In B. J. Fraser, K. G. Tobin, & C. J. McRobbie (Eds.), *Second International Handbook of Science Education* (S. 335–359). Springer.

Ma, W., Adesope, O. O., Nesbit, J. C., & Liu, Q. (2014). Intelligent tutoring systems and learning out-comes: A meta-analysis. *Journal of Educational Psychology, 106*(4), 901–918.

Mayer, J. (2007). Erkenntnisgewinnung als wissenschaftliches Problemlösen. In D. Krüger & H. Vogt (Hrsg.), *Theorien in der biologiedidaktischen Forschung: Ein Handbuch für Lehramtsstudenten und Doktoranden* (S. 177–186). Springer Berlin Heidelberg.

Mayer, R. E. (2002). Multimedia learning. *Psychology of Learning and Motivation, 41*, 85–139.

Mayer, R. E. (2013). Problem solving. In D. Reisberg (Ed.), *The Oxford handbook of cognitive psychology*. Oxford University Press. https://doi.org/10.1093/oxfordhb/9780195376746.013.0048.

McLuhan, H. M. (1962). *The Gutenberg galaxy*. University of Toronto Press.

Mishra, P., & Koehler, M. J. (2006). Technological pedagogical content knowledge: A framework for teacher knowledge. *Teachers College Record, 108*(6), 1017–1054.

Moreno, R. (2004). Decreasing cognitive load for novice students: Effects of explanatory versus corrective feedback in discovery-based multimedia. *Instructional Science, 32*(1/2), 99–113.

Muuß-Merholz, J. (2021). Beliebig oder bahnbrechend? *Pädagogik*, (12) 2021, 9–14. Beltz Verlagsgruppe.

OECD (Organisation for Economic Co-operation and Development). (2015). *Students, computers and learning: Making the connection*. OECD Publishing.

OECD (2016). *PISA 2015 Ergebnisse (Band I): Exzellenz und Chancengerechtigkeit in der Bildung*, PISA, W. Bertelsmann Verlag. https://doi.org/10.3278/6004573w.

OECD (Organisation for Economic Co-operation and Development). (2019). OECD Future of Education and Skills 2030. *OECD LEARNING COMPASS 2030 – a Series of Concept Notes*. https://www.oecd.org/education/2030-project/contact/OECD_Learning_Compass_2030_Concept_Note_Series.pdf. Zugegriffen: 27. Juni 2022; deutsche Übersetzung: https://www.oecd.org/education/2030-project/contact/German_Translation_LC_May_2021.pdf. Zugegriffen: 27. Juni. 2022.

Orr, D., Rimini, M., & van Damme, D. (2015). Open educational resources: A catalyst for innovation. *Educational Research and Innovation, OECD Publishing*. https://doi.org/10.1787/9789264247543-en

Partnership for 21st century learning. (2015). S. 21 framework definitions. http://static.battelleforkids.org/documents/S.21/S.21_Framework_Definitions_New_Logo_2015_9pgs.pdf. Zugegriffen: 27. Juni 2022.

Pedaste, M., Mäeots, M., Siiman, L. A., de Jong, T., van Riesen, S. A. N., Kamp, E. T., Manoli, C. C., Zacharia, Z. C., & Tsourlidaki, E. (2015). Phases of inquiry-based learning: Definitions and the inquiry cycle. *Educational Research Review, 14*, 47–61.

Petko, D. (2014). *Einführung in die Mediendidaktik – Lehren und Lernen mit digitalen Medien*. Beltz.

Polya, G. (1965). *Mathematical discovery* (Bd. 2). Wiley.

Preußler, A., Kerres, M., & Schiefner-Rohs, M. (2014). Gestaltungsorientierung in der Mediendidaktik: Methodologische Implikationen und Perspektiven. In A. Hartung, B. Schorb, H. Niesyto, H. Moser, & P. Grell (Hrsg.), *Jahrbuch Medienpädagogik 10: Methodologie und Methoden medienpädagogischer Forschung* (S. 253–274). Springer.

Puentedura, R. (2006). Transformation, technology, and education [Blog post]. http://hippasus.com/resources/tte/. Zugegriffen: 27. Juni. 2022; zitiert nach: Heinen, R., & Kerres, M. (2015). Individuelle Förderung mit digitalen Medien: Handlungsfelder für systematische, lernförderliche Integration digitaler Medien in Schule und Unterricht. Gütersloh: Bertelsmann Stiftung.

Rabardel, P. (2002). People and technology: A cognitive approach to contemporary instruments. University of Paris. https://hal.archives-ouvertes.fr/hal-01020705/document. Zugegriffen: 27. Juni 2022.

Redecker, C. (2017). European framework for the digital competence of educators: DigCompEdu. In Y. Punie (Hrsg), *EUR 28775 EN*. Publications Office of the European Union. https://doi.org/10.2760/159770.

Reisberg, D. (1987). External representations and the advantages of externalizing one´s thought. In *Proceedings of the 9th Annual Conference of the Cognitive Science Society* (S. 281–293). Erlbaum.

Roth, J. (2017). Computer einsetzen: Wozu, wann, wer und wie? *mathematik lehren, 205*, 35–38.

Roth J., & Priemer B. (2020). Das Lehr-Lern-Labor als Ort der Lehrpersonenbildung – Ergebnisse der Arbeit eines Forschungs- und Entwicklungsverbunds. In B. Priemer & J. Roth (Hrsg.), *Lehr-Lern-Labore*. Springer Spektrum. https://doi.org/10.1007/978-3-662-58913-7_1.

Roth. J. (2022). Digitale Lernumgebungen – Konzepte, Forschungsergebnisse und Unterrichtspraxis. In G. Pinkernell, F. Reinhold, F. Schacht, & D. Walter (Hrsg.), *Digitales Lehren und Lernen von Mathematik in der Schule. Aktuelle Forschungsbefunde im Überblick* (S. 109–136). Springer Spektrum.

Roth, J. (2008). Dynamik von DGS – Wozu und wie sollte man sie nutzen? In U. Kortenkamp, H.-G. Weigand, & T. Weth (Hrsg.), *Informatische Ideen im Mathematikunterricht* (S. 131–138). Franzbecker.

Roth, J. (2013). Vernetzen als durchgängiges Prinzip – Das Mathematik-Labor „Mathe ist mehr". In A. S. Steinweg (Hrsg.), *Mathematik vernetzt* (S. 65–80). University of Bamberg Press.

Roth, J. (2019). Digitale Werkzeuge im Mathematikunterricht: Konzepte, empirische Ergebnisse und Desiderate. In A. Büchter, M. Glade, R. Herold-Blasius, M. Klinger, F. Schacht, & P. Scherer (Hrsg.), *Vielfältige Zugänge zum Mathematikunterricht – Konzepte und Beispiele aus Forschung und Praxis* (S. 233–248). Springer Spektrum.

Ryan, R. M., & Deci, E. L. (2000a). Self-determination theory and the facilitation of intrinsic motivation, social development, and well-being. *American Psychologist, 55*(1), 68–78.

Ryan, R. M., & Deci, E. L. (2000b). Intrinsic and extrinsic motivations: Classic definitions and new directions. *Contemporary Educational Psychology, 25*, 54–67.

Rychen, D., & Salganik, L. (Hrsg.). (2003). *Key competencies for a successful life and well-functioning society*. Hogrefe Publishing.

Schmidt-Thieme, B., & Weigand, H.-G. (2015). Medien. In R. Bruder et al. (Hrsg.), *Handbuch der Mathematikdidaktik* (S. 461–490). Springer.

Schnotz, W., Baadte, C., Müller, A., & Rasch, R. (2011). Kreatives Denken und Problemlösen mit bildlichen und beschreibenden Repräsentationen. In K. Sachs-Hombach & R. Totzke (Hrsg.), *»Bilder – Sehen – Denken« – Zum Verhältnis von begrifflich-philosophischen und empirisch-psychologischen Ansätzen in der bildwissenschaftlichen Forschung* (S. 204–254). Halem.

Schön, D. A. (1983). *The reflective practitioner: how professionals think in action*. Arena.

Schulz-Zander, R. (2005). Veränderung der Lernkultur mit digitalen Medien im Unterricht. In H. Kleber (Hrsg.), *Perspektiven der Medienpädagogik in Wissenschaft und Bildungspraxis* (S. 125–140). Kopaed.

Schumacher, S., & Roth, J. (2015). Guided inquiry learning of fractions – a representational approach. In K. Krainer & N. Vondrová (Hrsg.), *CERME9 – Proceedings of the ninth congress of the european society for research in mathematics education* (S. 2545–2551). Charles University.

Schwanewedel, J., Ostermann A., & Weigand, H.-G. (2017). Funktionale Variabilität von Medien als besondere Herausforderung. In M. Ropohl, A. Lindmeier, H. Härtig, L. Kampschulte, A. Mühling, & J. Schwanewedel (Hrsg), *Medieneinsatz im mathematisch -naturwissenschaftlichen Unterricht. Fachübergreifende Perspektiven auf zentrale Fragestellungen* (S. 14–37). Joachim Herz Stiftung Verlag.

Schwartz, D. L. (1995). The emergence of abstract representations in dyad problem solving. *Journal of the Learning Sciences, 4*(3), 321–354.

Shulman, L. S. (1986). Those who understand: Knowledge growth in teaching. *Educational Researcher, 15*(2), 4–14.

Siewert, J. (2021). 4K – eine kritische Einführung. *Pädagogik, 12*(2021), 6–8. Beltz Verlagsgruppe.

Smetana, L. K., & Bell, R. L. (2012). Computer Simulations to Support Science Instruction and Learning: A critical review of the literature. *International Journal of Science Education, 34*(9), 1337–1370.

Soo, B. N. (2019). Exploring STEM competences for the 21st century. *Current and Critical Issues in Curriculum, Learning and Assessment, In-Progress Reflection No. 30*. UNESCO International Bureau of Education.

Stalder, F (2016). *Kultur der Digitalität*. Suhrkamp Verlag.

Sterel, S., Pfiffner, M., & Caduff, C. (2018). *Ausbilden nach 4K – Ein Bildungsschritt in die Zukunft*. hep Verlag.

Stinken-Rösner, L., Rott, L., Hundertmark, S., Baumann, T., Menthe, J., Hoffmann, T., Nehring, A., & Abels, S. (2020). Thinking inclusive science education from two perspectives: Inclusive pedagogy and science education. *RISTAL Research in Subject-matter Teaching and Learning, 3*, 30–45.

Ulrich, N., Richter, J., Scheiter, K., & Schanze, S. (2014). Das digitale Schulbuch als Lernbegleiter. In J. Maxton-Küchenmeister & J. Meßinger-Koppelt (Hrsg.), *Digitale Medien im naturwissenschaftlichen Unterricht* (S. 75–82). Joachim Herz Stiftung Verlag.

van Merrienboer, J. J. G., Kirschner, P. A. & Kester, L. (2003). Taking the Load Off a Learner's Mind: Instructional Design for Complex Learning, *Educational Psychologist, 38*(1), 5–13, https://doi.org/10.1207/S15326985EP3801_2.

Verillon, P., & Rabardel, P. (1995). Cognition and artifacts: A contribution to the study of though in relation to instrumented activity. *European Journal of Psychology of Education, 10*(1), 77–101.

Vygotsky, L. S. (1930/1985). Die instrumentelle Methode in der Psychologie. In *Ausgewählte Schriften* (Bd. 1, S. 309–317). Volk und Wissen.

Weber, A. M., Barkela, V., Stiel-Dämmer, S., & Leuchter, M. (2021). Der Zusammenhang emotionaler Kosten bei Grundschullehramtsstudierenden mit ihrer informatischen Problemlösekompetenz. *Empirische Pädagogik, 35*(1), 93–111.

Weinert, F. E. (2001). Concept of competence: A conceptual classification. In D. S. Rychen & L. H. Salganik (Eds.), Defining and selecting key competencies. Hogrefe.

Wing, J. M. (2006). Computational thinking. *Communications of the ACM, 49*(3), 33–35.

Critical Thinking – Gelegenheit für MINT-Lernen in der Zukunft?

2

Jasmin Andersen, Michael Baum, Christian Dictus, André Greubel, Lynn Knippertz, Johanna Krüger, Irene Neumann, Burkhard Priemer, Stefan Ruzika, Johannes Schulz, Hans-Stefan Siller und Rüdiger Tiemann

Inhaltsverzeichnis

2.1   Einleitung 44
2.2   Theoretische Betrachtung des Begriffes Critical Thinking 45
2.3   Relevanz von Critical Thinking im MINT-Bereich 47
2.4   Abgrenzung gegen andere Konstrukte 48
2.5   Praxisanbindung 50
     2.5.1   Umgebung 1: Evakuierungen 51
     2.5.2   Umgebung 2: Aufstellen einer Solaranlage 53
     2.5.3   Umgebung 3: Die Ostsee der Zukunft 53
2.6   Fazit 55

J. Andersen · M. Baum
Institut für Experimentelle und Angewandte Physik, Universität Kiel, Kiel, Deutschland
E-Mail: andersen@physik.uni-kiel.de

M. Baum
E-Mail: mbaum@leap.uni-kiel.de

J. Andersen · M. Baum
Zentrum für Lehrkräftebildung, Universität Kiel, Kiel, Deutschland

C. Dictus · R. Tiemann
HU Berlin, Institut für Chemie, Berlin, Deutschland
E-Mail: christian.dictus@hu-berlin.de

R. Tiemann
E-Mail: ruediger.tiemann@hu-berlin.de

A. Greubel (✉) · H.-S. Siller
Fakultät für Mathematik und Informatik, Institut für Mathematik, Universität Würzburg, Würzburg, Deutschland
E-Mail: andre.greubel@uni-wuerzburg.de

J. Roth et al. (Hrsg.), *Die Zukunft des MINT-Lernens – Band 1*,
https://doi.org/10.1007/978-3-662-66131-4_2

2.1 Einleitung

Die durch technologische Entwicklungen zunehmend komplexer erscheinende Welt lässt die Beschaffung, Einordnung und Verarbeitung von Informationen immer relevanter werden. Bei der Beurteilung von Informationen ist es nicht nur notwendig, gewisse Fachinhalte in großer Tiefe oder Breite zu verstehen und kritisch zu hinterfragen. Es ist auch nötig abzuwägen, welche Fachinhalte in welcher Breite oder Tiefe erarbeitet werden müssen. Diese Herausforderung wird dadurch erschwert, dass der Umgang mit neuen Technologien und komplexeren Themen sowie mit erweiterten Möglichkeiten der schnellen und umfangreichen Datenerfassung neues oder zusätzliches Wissen erfordert. Diese Tatsachen stellen schon seit geraumer Zeit die „traditionelle" Sichtweise auf Bildung infrage, allen Menschen über eine initiale grundlegende Ausbildung das Wissen an die Hand zu geben, welches sie in ihrem späteren Leben benötigen. Stattdessen ist es für eine moderne Bildung notwendig, neben dem Erwerb konkreten Fachwissens und einzelner Fähigkeiten und Fertigkeiten auch das Denken über und das eigenständige Erarbeiten von Wissen und Fähigkeiten selbst zu schulen.

Um dieses hohe Ziel zu erreichen, sind viele Fähigkeiten nötig, die gemeinhin als *21*[st] *Century Skills* oder auch als *Future Skills* bezeichnet werden (Jang, 2016). Ein besonders relevanter Teilbereich ist das *Critical Thinking* (im Folgenden mit CT abgekürzt, dt.: kritisches Denken). Neben Fähigkeiten aus dem Bereich der Logik und der Erkenntnisgewinnung spielen beim CT auch das Bewerten und

H.-S. Siller
E-Mail: hans-stefan.siller@mathematik.uni-wuerzburg.de

L. Knippertz
Fachbereich Mathematik, TU Kaiserslautern, Kaiserslautern, Deutschland
E-Mail: knippertz@mathematik.uni-kl.de

J. Krüger
Kieler Forschungswerkstatt, Universität Kiel, Kiel, Deutschland
E-Mail: jkrueger@leibniz-ipn.de

I. Neumann
Leibniz-Institut für die Pädagogik der Naturwissenschaften und Mathematik (IPN), Kiel, Deutschland
E-Mail: ineumann@leibniz-ipn.de

B. Priemer · J. Schulz
HU Berlin, Institut für Physik, Berlin, Deutschland
E-Mail: priemer@physik.hu-berlin.de

J. Schulz
E-Mail: schulzj@physik.hu-berlin.de

S. Ruzika
TU Kaiserslautern, Fachbereich Mathematik, Kaiserslautern, Deutschland
E-Mail: ruzika@mathematik.uni-kl.de

Gewichten von Informationen und Quellen, das begründete Urteilen und das Bewusstmachen möglicher eigener kognitiver Fehlschlüsse eine wesentliche Rolle. Der Begriff bietet damit viele weitere Facetten, Anknüpfungsmöglichkeiten und Zusammenhänge mit anderen Konzepten. Nicht zuletzt wirft diese Vielschichtigkeit auch die Frage nach einer Umsetzung von CT im Unterricht auf. Es ist zwar naheliegend, dass CT prinzipiell in jedem Fach integriert werden kann, die genaue Art und Weise einer Realisierung kann aber durchaus fachspezifisch erfolgen.

Dieser Artikel verfolgt das Ziel, den Begriff CT mit seiner Einbindung in die MINT-Didaktiken zu schärfen. Anhand exemplarischer Lernumgebungen soll aufgezeigt werden, dass und wie CT als kontinuierlicher integraler Bestandteil von MINT-Unterricht der Zukunft verstanden werden kann.

2.2   Theoretische Betrachtung des Begriffes Critical Thinking

Der Begriff „Kritik" wird in seiner ursprünglichen Bedeutung als „Kunst der Beurteilung" (Schischkoff, 1978) verstanden, ohne im Vorfeld eine positive oder – wie häufig bei der umgangssprachlichen Verwendung – eine negative Bewertung des behandelten Gegenstandes vorzunehmen. Popper (1997) beschreibt die Methode des kritischen Rationalismus als Errungenschaft der griechischen Antike und als ein Fundament der modernen Naturwissenschaften. Er legt unter anderem dar, inwiefern die damit verbundene Denkweise und die Grundhaltung des „ich kann mich irren, versuche aber, den Irrtum zu erkennen und auszuschalten", nicht nur den wissenschaftlichen, sondern auch den gesellschaftlichen Fortschritt in offenen Demokratien befördern.

Das in dieser Grundhaltung angewandte „sorgfältige, auf ein Ziel gerichtete Denken" ("careful thinking directed to a goal"; Hitchcock, 2018) oder „angemessene Denken, das darauf zielt, zu entscheiden, was man für wahr hält oder was zu tun ist" ("reasonable thinking that is focused on deciding what to believe or do"; Ennis, 1987), wird – auch in diesem Beitrag – als *CT* bezeichnet. *Es* stellt dabei auch über hundert Jahre nach der Erwähnung des Konzepts im Bildungskontext durch John Dewey (1909) inzwischen fachübergreifend ein weithin akzeptiertes Bildungsziel dar (z. B. Hitchcock, 2018; OECD, 2019; Rafolt et al., 2019). Der Begriff selbst entzieht sich allerdings durch seine Vielschichtigkeit einer einheitlichen Definition. Diese wird zudem erschwert, da CT zwar domänenspezifisch Anwendung findet, aber selten für ein Fach spezifiziert wird (Rafolt et al., 2019). Vor dem Hintergrund der MINT-Fächer wird CT daher in diesem Beitrag grundlegend im Sinne des ursprünglichen Verständnisses von Dewey (1909) als *die Fähigkeit zum sorgfältigen, zielgerichteten, reflektierten Denken* verstanden. Dabei lassen sich einzelne Schritte betrachten (z. B. Hitchcock, 2018), welche die Grundlage der Dispositionen und Fähigkeiten von kritisch Denkenden bilden, wie sie zum Beispiel von Ennis (2011;

Tab. 2.1 Fähigkeiten des CT (CT Abilities) und Tätigkeiten nach Ennis (2011) in den Lernumgebungen „Ostsee der Zukunft" (OdZ), „Solaranlagen" (Solar) und „Evakuierung" (Ev)

CT *Abilities*	Tätigkeiten	Lernumgebungen
Grundlegende Klärung eines Sachverhalts	1. Auf eine Frage fokussieren 2. Argumente analysieren 3. Klärende/kritische Fragen stellen und beantworten	OdZ Solar Solar, Ev
Entscheidungsbasis	4. Glaubwürdigkeit einer Quelle beurteilen 5. Beobachten und Beobachtungen beurteilen	OdZ, Ev OdZ, Ev
Schlussfolgerungen	6. Logisch schlussfolgern und logische Schlussfolgerungen beurteilen (Deduktion) 7. Schlussfolgern auf Basis von Material (Induktion) 8. Wertungen vornehmen und beurteilen	OdZ, Solar, Ev Solar, Ev OdZ
Vertiefte Klärung eines Sachverhalts	9. Begriffe definieren und Definitionen beurteilen 10. Immanente Annahmen attribuieren	
Supposition und Integration	11. Hypothetisierendes (vermutendes) Denken 12. Dispositionen und Fähigkeiten integrieren, um eine Entscheidung zu treffen	OdZ
Hilfsfähigkeiten (hilfreich, aber nicht konstituierend)	13. Geordnetes, strukturiertes Vorgehen 14. Rücksichtnahme auf andere (i. S. v. Adressatengerechtheit) 15. Rhetorik	

Tab. 2.1) aufgeführt werden. Nach dem Synergiemodell von Rafolt et al. (2019) kommen weitere Aspekte hinzu: Involviertsein mit einem Objekt oder Subjekt, Positionierung, intellektuelle Standards, Selbstregulation, Wissen, Haltung und Motivation, Normen, Werte und Emotionen. Dieses Modell verdeutlicht exemplarisch die Komplexität und Vielschichtigkeit des Konstruktes *CT,* das unter verschiedenen (fachlichen) Perspektiven betrachtet häufig neue Facetten aufzeigt. Um in dieser Arbeit einen praktikablen ersten Zugang zum CT im MINT-Unterricht aufzuzeigen, wird der Fokus auf den Erwerb und die Weiterentwicklung der Fähigkeiten von kritisch Denkenden als zentrale Komponente des Konstruktes gelegt, auch wenn die anderen von Rafolt et al. (2019) genannten Aspekte nicht zu vernachlässigen sind.

2.3   Relevanz von Critical Thinking im MINT-Bereich

Die hohe Relevanz des Konstruktes CT in den mathematisch-naturwissenschaftlichen Fächern zeigt sich unter anderem darin, dass sich verschiedene Teilaspekte in den nationalen Bildungsstandards (z. B. KMK, 2005a, b, c) und Rahmenlehrplänen der Länder (z. B. SenBJF, 2015a, b, c) identifizieren lassen. Eine strukturierte Handlungsanweisung für Lehrkräfte in Form eines separaten Curriculums gibt es bisher allerdings weder auf Bundes- noch auf Länderebene und das, obwohl CT international (OECD, 2018; „21st century skills") und von der EU (EU 2019; „key competencies for lifelong learning") als eine zentrale zu vermittelnde Fähigkeit des 21. Jahrhunderts aufgefasst wird.

Critical Thinking

Critical Thinking beruht auf einer Haltung, die auf den „Kritischen Rationalismus" (vgl. Popper, 1997) zurückgeht und damit bis in die Antike zurückverfolgt werden kann. Ennis (2011) beschreibt es als „reasonable and reflective thinking focused on deciding what to believe or to do". Neben Fähigkeiten aus dem Bereich der Logik und der Erkenntnisgewinnung spielen dabei auch das Bewerten und Gewichten von Informationen und Quellen, das begründete Urteilen und das Bewusstmachen möglicher eigener kognitiver Fehlschlüsse eine Rolle.

Auf die Wichtigkeit eines differenzierten Verständnisses von CT in den mathematisch-naturwissenschaftlichen Fächern sowohl von Lernenden als auch von Lehrenden verweisen auch Rafolt et al. (2019) und plädieren daher für eine „sensible Implementierung" von CT in die Lehrpläne und die Lehrkräftebildung, die nicht nur einzelne Aspekte listenartig abfragt, sondern die Lehrenden befähigt, CT ganzheitlich zu vermitteln. Dies setzt eine klare Vorstellung vom Konstrukt CT voraus. Ferner führen Rafolt et al. (2019) als Desiderat eine fachspezifische curriculare Verankerung von CT an. Dies wird beispielhaft an den Fächern Physik und Geschichte mit ihren Unterschieden in der fachkulturellen Auseinandersetzung mit Wissen begründet (Rafolt et al., 2019). Die hierbei beschriebene Diskrepanz ist innerhalb der mathematisch-naturwissenschaftlichen Fächergruppe allerdings deutlich geringer, sodass ein übergeordnetes Curriculum – analog zu den Bereichen Sprach- und Medienbildung (z. B. SenBJF, 2015d) – sinnvoll erscheint. Eine konkrete Ausschärfung, welchen Beitrag jedes Fach zum Erwerb von Fähigkeiten zum CT liefern kann, steht dazu keinesfalls im Widerspruch; vielmehr würde ein übergeordnetes Curriculum einen Rahmen bilden, um eine umfassende und systematische Förderung von CT in der Schullaufbahn zu ermöglichen.

2.4   Abgrenzung gegen andere Konstrukte

Bei genauerer Betrachtung der von Ennis (2011) dargestellten Fähigkeiten des CT (Tab. 2.1) ist erkennbar, dass diese Überschneidungen mit anderen Kompetenzen (z. B. Experimentieren, Modellieren und fachwissenschaftliches Problemlösen) aufweisen. In diesem Abschnitt werden die Gemeinsamkeiten und Unterschiede zur Abgrenzung des Konstruktes CT exemplarisch am Beispiel der „Bewertungskompetenz" und der „Bildung für nachhaltige Entwicklung" erläutert.

Die Bewertungskompetenz (auch: Beurteilungskompetenz, Urteilskompetenz) stellt einen zentralen Kompetenzbereich in den mathematisch-naturwissenschaftlichen Fächern dar (z. B. KMK, 2020a, b, c). So wird beispielsweise in den Bildungsstandards für den Mittleren Schulabschluss für die naturwissenschaftlichen Fächer argumentiert: Die „naturwissenschaftlich-technische Entwicklung [birgt] auch Risiken, die erkannt, bewertet und beherrscht werden müssen. Hierzu ist Wissen aus den naturwissenschaftlichen Fächern nötig" (KMK, 2005a, b, c, jeweils S. 6). In den entsprechenden Standards im Fach Geographie wird die Bewertungskompetenz hingegen definiert als die „Fähigkeit, raumbezogene Sachverhalte und Probleme, Informationen in Medien und geographische Erkenntnisse kriterienorientiert … beurteilen zu können" (DGfG, 2020, S. 9). Dieses Beispiel verdeutlicht die offensichtlichen Überschneidungen mit den unter „Fähigkeiten zum Schlussfolgern" beschriebenen Kompetenzen von Ennis (2011), insbesondere mit „Wertungen vornehmen und beurteilen" (s. 8 in Tab. 2.1).

Auch die Bildung für nachhaltige Entwicklung zeigt Überschneidungen mit CT. Das Bundesministerium für Bildung und Forschung versteht sie als „eine Bildung, die Menschen zu zukunftsfähigem Denken und Handeln befähigt. Sie ermöglicht jedem Einzelnen, die Auswirkungen des eigenen Handelns auf die Welt zu verstehen" (BMBF, 2021). Sie stellt damit die kritische Auseinandersetzung mit den Auswirkungen des eigenen Handelns in den Mittelpunkt. Um diese üblicherweise komplexen Folgen zu verstehen und auf dieser Basis handeln zu können, ist es nötig, externe Quellen heranzuziehen, beobachtbare Folgen zu erkennen sowie diese jeweils zu beurteilen. Eine Überschneidung mit der Teilfähigkeit „Entscheidungsbasis" (Ennis, 2011) ist erkennbar (s. 4 und 5 in Tab. 2.1). Von der UNESCO wird daher auch CT als eine von acht übergreifenden Schlüsselkompetenzen ("key competencies for sustainability") beschrieben, die zum Erreichen der Ziele für nachhaltige Entwicklung (Sustainable Development Goals) weltweit von Lernenden jeder Altersklasse erlangt werden sollten (UNESCO, 2017).

Vor diesem Hintergrund stellt sich die Frage, inwieweit CT als weiteres Konstrukt nötig bzw. weiterführend ist, zumal es nicht deutlich von bereits existierenden Konstrukten abgegrenzt werden kann. Dies soll im Folgenden ausgeführt werden. Dabei wird die Ansicht vertreten, dass die angesprochenen Fähigkeiten unabhängige und relevante Teilbereiche des CT darstellen, jedoch stets in Beziehung zum Gesamtkonstrukt CT als übergeordnetem Lernziel betrachtet werden sollten. So wäre beispielsweise denkbar, dass im Bereich der Bildung für nachhaltige Entwicklung ein Themeninhalt (z. B. Plastikmüll im Ozean) repräsentativ aufgearbeitet wird und die Auswirkungen zukünftigen Handelns erkannt und beurteilt werden. Erst vor dem Hintergrund des CT zeigen sich jedoch einige Limitierungen: So sind angemessene Kenntnisse über die Hintergründe des ursächlichen menschlichen Verhaltens notwendig, um Lösungsvorschläge zu identifizieren. Das globale Problem (Plastikmüll im Ozean) kommt durch eine Vielzahl lokaler Entscheidungen (z. B. Plastiktüten) zustande. Das Identifizieren allgemeiner Probleme durch Quellenarbeit ist hier nicht ausreichend. Stattdessen muss zusätzlich auch in konkreten Situationen (z. B. am örtlichen Strand oder Fluss) angemessen abgeleitet werden, wie sich die allgemeinen Probleme an diesem Ort zu dieser Zeit konkret äußern. Dies benötigt angemessene hypothetisierende Denkfähigkeiten und kann aufgrund der Lokalität des Problems in der Regel nicht durch Quellenarbeit und -beurteilung erfolgen. Darüber hinaus sind die bei Ennis (2011) genannten Hilfsfähigkeiten elementar (Tab. 2.1), um identifizierte konkrete Handlungsvorschläge zu bewerben, zu verbreiten und z. B. über einen politischen oder medienwirksamen Prozess in allgemeingültige Regeln umzuwandeln.

Zusammenfassend lässt sich feststellen: CT umfasst Teilfähigkeiten, die in engem Verhältnis zu etablierten Kompetenzen stehen, diese zum Teil enthalten oder erweitern. Diese Teilfähigkeiten strukturieren das Konstrukt. Jedoch ist es nicht ausreichend, eine oder auch alle diese Teilfähigkeiten einzeln zu beherrschen. Stattdessen ist es zusätzlich nötig, die jeweiligen Fähigkeiten vernetzend, situationsgerecht und reflektiert einzusetzen, damit sie CT repräsentieren. Die obigen Überlegungen deuten auch an, dass CT nicht an einen spezifischen Fachinhalt oder eine spezifische fachliche Fragestellung gebunden ist, sondern als Querschnittsthema über verschiedene Themen und Fächer hinweg verstanden werden muss. Sei es bei der Bewertung verschiedener Energiequellen, dem eigenständigen Planen, Durchführen und Auswerten eines naturwissenschaftlichen Experiments oder etwa der mathematischen Modellierung eines intermodalen Transportnetzes für den Güterverkehr – diese Kontexte geben Lernanlässe, einen oder mehrere Teilfähigkeiten des CT einzuüben. Gegeben, dass CT im (gesellschaftlichen und privaten) Leben jenseits des schulischen Unterrichts in verschiedenen Kontexten erforderlich ist (z. B. Impfdebatte, Datenschutz), sollte diese breite Anwendbarkeit auch im Schulunterricht deutlich werden. Diese Überlegung spricht gegen eine abstrakte, von konkreten Inhalten losgelöste Behandlung von CT und für eine Integration von CT als querschnittliches Lernziel über verschiedene Fächer hinweg. Ähnlich anderer querschnittlicher Bildungsziele (wie Sprachbildung oder naturwissenschaftliche Arbeitsweisen) sollte auch CT in verschiedenen Themen, Fächern und Jahrgangsstufen integraler Bestandteil des Unterrichts sein, um es sukzessive als Denkweise und Haltung bei den Lernenden zu etablieren.

Die „komplexe Umsetzung des Bildungsziels [**CT**] in realen Lehr-Lern-umgebungen" stellt jedoch eine zentrale Herausforderung dar, da es in diesem Bereich bisher noch wenig Studien gibt (Rafolt et al., 2019, S. 71). Um einen Beitrag zur Klärung der Frage: „Wie … Lernumgebungen zu gestalten [sind], damit Lernende genuine Erfahrung mit [CT] machen können?" (Rafolt et al., 2019, S. 72), zu leisten, möchten wir im nachfolgenden Praxisteil (vgl. Abschn. 2.5) die Möglichkeit zur Förderung von Teilaspekten von CT exemplarisch an bestehenden Lernumgebungen aufzeigen.

2.5   Praxisanbindung

Die Forderung nach der Verankerung von CT in das schulische Curriculum (s. Abschn. 2.3) führt zu der Frage, wie dies in Anbetracht weiterer Lernziele, zeitlicher Vorgaben und institutioneller Rahmenbedingungen für Lehrkräfte konkret und praktikabel umsetzbar sei. Dazu zeigt die Betrachtung von CT in Relation zu anderen Konstrukten nicht nur Anknüpfungspunkte und Überschneidungen auf, sondern impliziert auch, dass CT ähnlich wie Medienkompetenz oder Sprachkompetenz als ein fächerübergreifendes Konzept zu verstehen ist. Das bedeutet für die Praxis, dass es sich bei CT keineswegs um einen Lerninhalt handelt, der in zusätzlichen Lerneinheiten gefördert werden muss. Der Ansatz dieser Arbeit bzgl. der Frage nach der praktischen Umsetzung ist vielmehr, dass CT durch integrative Ansätze in den fachlichen MINT-Unterricht eingebunden und gefördert werden kann (s. a. Kap. 8 in Band 2). Durch Veränderung des Schwerpunktes von Unterrichtseinheiten und gezielten Fragestellungen können fachliche Inhalte im MINT-Unterricht und Aspekte von CT zusammenspielen und gemeinsam gefördert werden.

Wie diese Einbindung von ausgewählten Aspekten von CT in bestehende Lerngelegenheiten gelingen und so CT im MINT-Unterricht konkret adressiert werden kann, sollen die nachfolgenden Beispiele aus verschiedenen MINT-Fächern verdeutlichen. Die Lernumgebungen sind in der Praxis oder Lehr-Lern-Laboren erprobt und bieten mit ihren verschiedenen zeitlichen Umfängen viele Möglichkeiten. Auch zeigen die Beispiele, dass CT trotz seines prinzipiell hohen theoretischen Anspruchs mit seinen verschiedenen Facetten durchaus ein Lerngegenstand in den verschiedenen, auch unteren Jahrgangsstufen der Sekundarstufe sein kann. Die dargestellten Beispiele sind folglich als individuell erweiterbare Anregungen zu verstehen, CT explizit zum Gegenstand im fachlichen Unterricht zu machen und weniger als detaillierte Anleitung. Tab. 2.1 zeigt, dass alle bis auf zwei Fähigkeiten nach Ennis (2011) in den nur drei ausgewählten Lerngelegenheiten integriert wurden. Eine Orientierung über die verschiedenen Einsatzmöglichkeiten und Schwerpunktsetzungen bietet Tab. 2.2.

Tab. 2.2 Übersicht der Lernumgebungen

Lern-umgebung	Jahrgangs-stufe	Fächer	Dauer	Themen	CT Abilities (Tab. 2.1)
Evakuierung	6–10	Mathematik, Informatik	20 Zeit-stunden	Modellierung, Simulation	3, 4, 5, 6, 7
Solaranlagen	9–12	Physik, Geographie	4 Zeitstunden	Energie, Leistung, Wirkungsgrad	2, 3, 6, 7
Ostsee der Zukunft	10–13	Biologie, Geographie	4 Zeitstunden	Ökologie, Simulation, nachhaltige Entwicklung	1, 4, 5, 6, 8, 11

2.5.1   Umgebung 1: Evakuierungen[1]

Evakuierungsübungen werden an Schulen regelmäßig durchgeführt und werden im Alltag sowohl von Lernenden als auch Lehrkräften wahrgenommen. Mithilfe dreier Lernumgebungen wird der Nutzen solcher Übungen anhand von Simulationen dargestellt sowie deren Anwendung und Nutzen kritisch hinterfragt. Schulpraktische Realisierungen von Evakuierungsszenarien, auf denen die Lernumgebungen aufsetzen und die als Projektunterricht realisiert wurden, sind in Ruzika et al. (2017) nachzulesen.

Eine erste Station richtet sich an Lernende der 6. und 7. Klasse. Hier wird die Evakuierung eines Klassenzimmers durch einen Zellularautomaten (Ruzika et al., 2019) modelliert. Der Raum wird zunächst auf Papier visualisiert und in Zellen eingeteilt. Im Modell zu evakuierende Personen werden durch Spielfiguren repräsentiert, die nach experimentell ermittelten Regeln zum Ausgang zu bewegen sind (Abb. 2.1). In einer zweiten Station für Lernende der 7. und 8. Klasse werden größere Bereiche simuliert. Dazu wird ein Modell am Computer erstellt und simuliert (Ruzika, 2021). Die Lernenden erstellen einen Zellularautomaten angeleitet durch Arbeitsblätter und führen eine Simulation durch. In einer dritten Station für Lernende der 10. und 11. Klassen wird die Komplexität der Anwendungsbeispiele durch die Einbindung einer Webanwendung weiter erhöht (Greubel et al., 2021). Die flexible Gestaltung der Webanwendung ermöglicht die

---

[1] Vgl.   https://www.lehrer-online.de/unterricht/sekundarstufen/naturwissenschaften/mathematik/unterrichtseinheit/ue/lernumgebungen-zu-evakuierungsprozessen/
   sowie
   https://www.lehrer-online.de/unterricht/sekundarstufen/naturwissenschaften/mathematik/unterrichtseinheit/ue/mathematische-modellierung-von-gebaeude-evakuierungen/ [beide abgerufen am 23.06.2022].

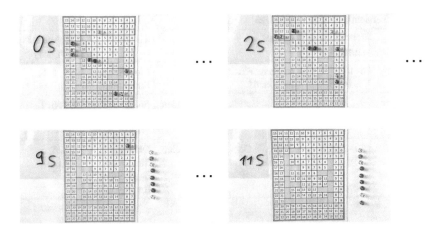

Abb. 2.1 Evakuierungssimulation mit Zellularautomaten. Die bunten Figuren werden in einem mit Distanz zum Ziel beschrifteten Gitter platziert. In jeweils zwei Schritten pro Sekunde wandern die Personen zu den Zielpunkten. Die Simulation ist beendet, wenn alle Personen das Ziel erreicht haben (Bild rechts)

Variation von Modellparametern, sodass der gewählte Fluchtalgorithmus oder die Bewegungsoptionen angepasst werden müssen. So wird ein Fokus auf die Aspekte der Modellvalidierung und -reflexion gerichtet.

Alle drei Lernumgebungen fördern wichtige Aspekte von CT (Tab. 2.1): grundlegende Klärung eines Sachverhalts, Annahme und Integration, Entscheidungsbasis und Schlussfolgerung. Exemplarisch wird nun ein Aspekt näher ausgeführt. Der Aspekt *Annahme und Integration* wird durch die Tätigkeit „Dispositionen und Fähigkeiten integrieren, um eine Entscheidung zu treffen" (s. 12 in Tab. 2.1), wie folgt vermittelt: Die Lernenden sollen zur Erstellung des Zellularautomaten einen Maßstab finden, der alle realen Größen bestmöglich abbildet. Dazu messen sie den zu evakuierenden Raum inklusive Gegenstände und Personenradius aus und bestimmen die Schrittgeschwindigkeit der Personen. In der Regel können nicht alle gemessenen Größen durch einen Maßstab genau abgebildet werden, sodass anhand von Diskretisierungsfehlern mögliche Konsequenzen modellbasierter Abweichungen, z. B. Rundungen, reflektiert werden. Dies kann anhand des Parameters der Schrittgeschwindigkeit vergleichsweise einfach erkannt werden, da eine höhere Schrittgeschwindigkeit im Modell eine kürzere Evakuierungszeit bedingt.

2.5.2   Umgebung 2: Aufstellen einer Solaranlage[2]

In einem Lehr-Lern-Labor-Seminar wurde eine Instruktion zum Thema „Solar-
haus" entworfen und mit Lernenden einer 10. Klassenstufe erprobt.[3] Als zentrale
Aufgabe sollen die Lernenden für eine fiktive Familie eine möglichst ertragreiche
Solaranlage konzipieren. Dazu wird zum einen experimentell der Einfluss verschiedener Parameter auf die elektrische Leistung einer Solarzelle untersucht.
Zum anderen soll eine Problemlösung mithilfe einer Simulation (vgl. Solarrechner
der Fa. SMA, https://www.sma.de) gefunden werden, mit der verschiedene Solaranlagen verglichen werden können. Die Lernenden erhalten zunächst die Aufgabe, in Gruppenarbeit drei gegebene Solaranlagen in Bezug auf ihre elektrische
Leistung zu ordnen und zu beurteilen. Nach Ennis (2011) kann dies insbesondere
den CT-*Skills* „Argumente analysieren" (Nutzung von Evidenzen zum Vergleich
von Solaranlangen) und „Schlussfolgern" (abschließende Folgerungen hinsichtlich der Solaranlagen ziehen und die „beste" auswählen) zugeordnet werden
(s. 2 und 7 in Tab. 2.1). Zur Vorbereitung haben die Lernenden u. a. die Einflüsse
des Neigungswinkels, der Ausrichtung, der Größe sowie der geographischen
Lage einer Solarzelle sowie den Begriff des Wirkungsgrades kennengelernt. Zur
Bearbeitung der Aufgabe erhalten die Lernenden Daten verschiedener realer Solaranlagen. Nach diesen einleitenden einfachen Beispielen, in denen die Reihung
der Anlagen nach ihrem Ertrag (Leistung) eindeutig ist, können den Lernenden
auch Beispiele vorgelegt werden, in denen bestimmte Einflüsse mitunter gegen-
teilige Wirkungen auf die Leistung der Solarzelle haben, wenn also bspw. die Ausrichtung für ein Präferieren der Solaranlage A, die Fläche für Anlage B und der
Wirkungsgrad sowie der Neigungswinkel für Anlage C sprechen. Die jeweiligen
Einflüsse müssen von den Lernenden also vergleichend abgeschätzt und bewertet
werden. Die Lernenden können Hypothesen aufstellen, diese diskutieren und
kritisch bewerten. Nach Ennis (2011) werden hierdurch Kompetenzen wie
„klärende/kritische Fragen stellen und beantworten" (Welche Kriterien werden für
die Bewertung der Solaranlagen in welchem Maße herangezogen?) und „logisch
schlussfolgern und Schlussfolgerungen beurteilen" (Finden eines abschließenden
Urteils im Vergleich der Solaranlagen) gefördert (s. 3 und 6 in Tab. 2.1).

2.5.3   Umgebung 3: Die Ostsee der Zukunft

Die Lernumgebung „Die Ostsee der Zukunft" (OdZ, https://ostsee-der-zukunft.
experience-science.de/start.html, abgerufen am 23.06.2022), die im Rahmen des

---

[2] https://www.physik.hu-berlin.de/de/didaktik/forschung-research/umgang-mit-daten-und-mess-
unsicherheiten/mu-datasets-comp [abgerufen am 23.06.2022].

[3] Die Darstellung basiert auf Arbeiten von Sophia Chroszczinsky, Jan Snigola und Maximilian
Steinhäuser.

Abb. 2.2 Zusammenspiel zwischen Simulation („Ostsee der Zukunft", links) und Experiment (Untersuchung des Einflusses der Wassertemperatur auf die Photosynthese-Rate von Blasentang (Fucus vesiculosus), rechts)

Leibniz-Campus KiSOC entwickelt wurde,[4] bietet a) multimediale Informationen über den Lebensraum Ostsee (inkl. verlinkter Quellen) und b) die Möglichkeit, in einer Simulation die Effekte verschiedener Parameter (pH-Wert, Temperatur, Eutrophierung und Salzgehalt) auf die Populationen einer typischen Lebensgemeinschaft sowie wahrscheinliche Auswirkungen auf Wasserqualität, Fischbestand und Tourismus zu untersuchen. Die Simulation basiert auf realen Forschungsdaten des GEOMAR Kiel. Ergänzend werden in einem Schülerlabor Realversuche angeboten, um Experiment und Simulation in Beziehung zu setzen (Abb. 2.2).

Die Arbeit mit der Simulation kann u. a. das Fokussieren auf eine Frage (s. 1 in Tab. 2.1) fördern. Ein unsystematisches Variieren der Parameter führt nicht zu eindeutigen Ergebnissen bzgl. deren Einfluss auf Wasserqualität, Fischbestand und Tourismus. Fragen wie: "Welche Frage möchtest du untersuchen?", "Woran kannst du mögliche Antworten auf deine Frage ablesen?", "Inwieweit ist die Simulation geeignet, deine Frage zu untersuchen?", halten die Lernenden zu diesem Aspekt kritischen Denkens an und verdeutlichen das systematische Vorgehen in wissenschaftlichen Untersuchungen.

Den Schritt von einem naturwissenschaftlichen Ergebnis zu einem wertenden (politischen) Urteil (s. 8 in Tab. 2.1) können Lehrkräfte z. B. anhand von Aussagen wie: „Die Landwirtschaft zerstört den Tourismus an der Ostsee", mit Lernenden diskutieren. Simple Wirkketten, die sich dazu beim Explorieren der Parameter in der Simulation ableiten lassen, müssen mithilfe zusätzlicher, bislang nicht berücksichtigter Informationen kritisch hinterfragt werden. Reflexionsfragen wie: "Welche Annahmen liegen der Aussage zugrunde?", "Welche alternativen Annahmen gibt es und wie ändern sie die Aussage?", „Welche Bedeutung haben

---

[4] Die Entwicklung der Lernumgebung „Ostsee der Zukunft" wurde gefördert durch die Leibniz-Gemeinschaft (SAS-2016-IPN-LWC).

die verschiedenen Annahmen für deine Aussage?", verdeutlichen, dass zu einer Problemstellung verschiedene Haltungen und Urteile möglich sind, die auf bestimmten, teils immanenten Prämissen und deren unterschiedlichen Bewertung basieren (s. 10 und 8 in Tab. 2.1).

2.6 Fazit

Die vorangegangenen Beispiele für Lerngelegenheiten verdeutlichen, dass die Förderung von *Critical Thinking* durch eine Verschiebung des Schwerpunktes und gezielte Fragestellungen an vielen Stellen des MINT-Unterrichts praktikabel integriert werden kann. Die erprobten Beispiele zeigen darüber hinaus die interdisziplinäre Bedeutung des CT als Grundlage domänenspezifischen und -übergreifenden Lernens. So müssen Fragen fokussiert (OdZ), Argumente analysiert (Solar), Beobachtungen gemacht und beurteilt (Ev) und induktive Schlussfolgerungen gezogen (Solar, Ev) sowie Urteile gefällt werden (OdZ): All diese Fähigkeiten stellen Aspekte kritischen Denkens dar (Tab. 2.1, Ennis, 2011). Die Auswertungen experimentell gewonnener oder simulierter Daten müssen kritisch betrachtet und bewertet werden, um fachbezogene sowie überfachliche Kompetenzen zu erwerben – es stehen damit inhaltsbezogene und prozessbezogene Fähigkeiten im Wechselspiel zueinander.

Während es für fachbezogene Kompetenzen in Standards und Lehrplänen für die MINT-Fächer unterschiedliche Systematisierungen gibt, fehlt es bislang an einem schulbezogenen Curriculum zum *Critical Thinking*. Die drei Lernumgebungen zeigen eine Auswahl von Fähigkeiten des CT, deren Förderung für sich genommen zweifelsohne sinnvoll erscheint. Diese stehen aber (noch) isoliert und ohne einen curricularen Plan, der entsprechende Kompetenzbereiche, deren Beschreibungen und Progressionen systematisch erfasst. Der Ansatz nach Ennis (2011) – auf den sich diese Arbeit stützt – stellt einen ersten Schritt zu einer Systematisierung dar. Neben der curricularen Verankerung von CT im Bildungsprozess ist außerdem mehr schulbezogene empirische Forschung erforderlich. Darauf basierend könnte nicht nur die Verankerung zunehmend systematisiert werden, sondern es können auch gezielt weitere Ansätze und Lerngelegenheiten (weiter-)entwickelt werden, die von Lehrkräften im Unterricht genutzt werden können. Damit einhergehend sollte auch CT in der Lehrkräfteaus- und -fortbildung adressiert werden, um diese zu befähigen, CT eigenständig in ihren Fachunterricht zu integrieren und entsprechende Lerngelegenheiten erkennen und nutzen zu können. Aufgrund der Aktualität des Themas sind zeitnah Schritte zu gehen, um Lernenden zentrale und grundlegende Kompetenzen für das Leben in einer globalen und von Digitalität geprägten Gesellschaft zu vermitteln: Es muss die Zukunft des MINT-Lernens gestaltet werden.

Literatur

BMBF [Bundesministerium für Bildung und Forschung]. (2021). Was ist BNE? https://tinyurl.com/BMBF-BNE. Zugegriffen: 21. Juni 2022.

Dewey, J. (1909). How we think. Boston, New York, Chicago: DC Heath & CO. https://www.gutenberg.org/files/37423/37423-h/37423-h.htm. Zugegriffen: 21. Juni 2022.

DGfG [Deutsche Gesellschaft für Geographie e. V. (Hrsg.)]. (2020). Bildungsstandards im Fach Geographie für den Mittleren Schulabschluss. 10., aktualisierte und überarbeitete Auflage. https://tinyurl.com/DTS-CT03. Zugegriffen: 21. Juni 2022.

Ennis, R. H. (1987). A taxonomy of critical thinking dispositions and abilities. In J. Baron & R. Sternberg (Hrsg.), *Teaching thinking skills: Theory and practice* (S. 9–26). W.H. Freeman.

Ennis, R.H. (2011). Critical thinking: Reflection and perspective – Part I. *Inquiry: CT across the Disciplines 26*(1), 4–18.

EU [European Union]. (2019). Key competencies for lifelong learning. Education and Training, 20. https://doi.org/10.2766/569540.

Greubel, A., Siller, H.-S., Hennecke, M. (2021). EvaWeb: A web app for simulating the evacuation of buildings with a grid automaton. 16th *European Conference on Technology Enhanced Learning* (EC-TEL2021) (S. 424–429).

Hitchcock, D. (2018). Critical thinking. In Edward N. Zalta (Hrsg.), *The Stanford Encyclopedia of Philosophy*. Metaphysics Research Lab, Stanford University, fall 2018 edition.

Jang, H. (2016). Identifying 21st century stem competencies using workplace data. *Journal of science education and technology, 25*(2), 284–301. https://doi.org/10.1007/s10956-015-9593-1.

KMK [Sekretariat der Ständigen Konferenz der Kultusminister der Länder in der Bundesrepublik Deutschland Hrsg]. (2005a). Bildungsstandards im Fach Biologie für den Mittleren Schulabschluss. Beschluss vom 16.12.2004. https://tinyurl.com/DTS-CT10. Abgerufen am 21.06.2022.

KMK. (2005b). Bildungsstandards im Fach Chemie für den Mittleren Schulabschluss. Beschluss vom 16.12.2004. https://tinyurl.com/DTS-CT11. Zugegriffen: 21. Juni 2022.

KMK. (2005c). Bildungsstandards im Fach Physik für den Mittleren Schulabschluss. Beschluss vom 16.12.2004. https://tinyurl.com/DTS-CT12. Zugegriffen: 21. Juni 2022.

KMK. (2020a). *Bildungsstandards im Fach Biologie für die Allgemeine Hochschulreife.* Beschluss vom 18.06.2020a. https://tinyurl.com/DTS-CT13. Zugegriffen: 21. Juni 2022.

KMK. (2020b). Bildungsstandards im Fach Chemie für die Allgemeine Hochschulreife. Beschluss vom 18.06.2020b. https://tinyurl.com/DTS-CT14. Zugegriffen: 21. Juni 2022.

KMK. (2020c). Bildungsstandards im Fach Physik für die Allgemeine Hochschulreife. Beschluss vom 18.06.2020c. https://tinyurl.com/DTS-CT15. Zugegriffen: 21. Juni 2022.

Knippertz, L., Rexigel., E., & Ruzika, S. (2019). Simulation von Evakuierungen uaf Grundlage zellulärer Automaten. *KOMMS Reports (Reports zur Mathematischen Modellierung in MINT-Projekten in der Schule)* Bd 10, Technische Universität Kaiserslautern.

OECD [Organisation for Economic Co-operation and Development]. (2018). The future of education and skills. *Education 2030.*

OECD. (2019). OECD Future of Education and Skills 2030. OECD LEARNING COMPASS 2030 – a Series of Concept Notes. https://tinyurl.com/DTS-CT17. Deutsche Ausgabe: https://tinyurl.com/DTS-CT17ger. Zugegriffen: 21. Juni 2022.

Popper, K. R. (1997). *Karl Popper Lesebuch: Ausgewählte Texte zur Erkenntnistheorie, Philosophie der Naturwissenschaften, Metaphysik, Sozialphilosophie.* UTB.

Rafolt, S., Kapelari, S., & Kremer, K. (2019). Kritisches Denken im naturwissenschaftlichen Unterricht – Synergiemodell, Problemlage und Desiderata. *Zeitschrift für Didaktik der Naturwissenschaften, 25*(1), 63–75.

Ruzika S., Siller H.-St., & Bracke M. (2017). Evakuierungsszenarien in Modellierungswochen – ein interessantes und spannendes Thema für den Mathematikunterricht. In: H. Humenberger und M. Bracke (Hrsg), *Neue Materialien für einen realitätsbezogenen Mathematikunterricht 3.* Realitätsbezüge im Mathematikunterricht. Wiesbaden: Springer Spektrum. https://doi.org/10.1007/978-3-658-11902-7_14.

Ruzika, S. (2021). Lernumgebung zu Evakuierungsprozessen. (https://dbtools.mathematik.uni-kl. de/evakuierung/index.html). Zugegriffen: 1. Febr. 2022.

Schischkoff, G. (1978). *Philosophisches Wörterbuch. Kröners Taschenausgabe.* (Bd. 13; 20. Aufl.). Verlag Alfred Kröner.

SenBJF [Senatsverwaltung für Bildung, Jugend und Familie]. (2015a). Rahmenlehrplan Teil C Biologie – Jahrgangsstufe 7–10. https://tinyurl.com/DTS-CT24. Zugegriffen: 23. Juni 2022.

SenBJF. (2015b). Rahmenlehrplan Teil C Chemie – Jahrgangsstufe 7–10. https://tinyurl.com/ DTS-CT25. Zugegriffen: 21. Juni 2022.

SenBJF. (2015c). Rahmenlehrplan Teil C Physik – Jahrgangsstufe 7–10. https://tinyurl.com/DTS-CT26. Zugegriffen: 21. Juni 2022.

SenBJF. (2015d). *Rahmenlehrplan Teil B Fachübergreifende Kompetenzentwicklung.* https:// tinyurl.com/DTS-CT27. Zugegriffen: 21. Juni 2022.

UNESCO [United Nations Educational, Scientific and Cultural Organization]. (2017). Education for Sustainable Development Goals – Learning Objectives. Education 2030. Paris. https:// tinyurl.com/DTS-CT28. Zugegriffen: 21. Juni 2022.

Die Zukunft des MINT-Unterrichts aus der Perspektive der Schulpraxis

3

Mina Ghomi, Stefan Sorge⊙ und Andreas Mühling⊙

Inhaltsverzeichnis

3.1 Einleitung 59
3.2 Das Rahmenmodell DigCompEdu 61
3.3 Methodik und Datenerhebung................................. 63
3.4 Ergebnisse... 66
3.5 Zusammenfassung und Diskussion............................ 68
3.6 Ausblick und Fazit 70
Literatur 71

3.1 Einleitung

Die rasante technologische Entwicklung der letzten 10 bis 20 Jahre hat maßgeblich unsere Lebens- und Arbeitswelt beeinflusst. So sind in fast allen Haushalten, in denen Jugendliche heute leben, Smartphones und Computer

M. Ghomi (✉)
Institut für Informatik, Humboldt-Universität zu Berlin, Berlin, Deutschland
E-Mail: mina.ghomi@hu-berlin.de

S. Sorge
Didaktik der Physik, IPN – Leibniz-Institut für die Pädagogik der Naturwissenschaften und Mathematik, Kiel, Deutschland
E-Mail: sorge@leibniz-ipn.de

A. Mühling
Institut für Informatik, Christian-Albrechts-Universität zu Kiel, Kiel, Deutschland
E-Mail: andreas.muehling@informatik.uni-kiel.de

A. Mühling
Didaktik der Informatik, IPN – Leibniz-Institut für die Pädagogik der Naturwissenschaften und Mathematik, Kiel, Deutschland

© Der/die Autor(en) 2023
J. Roth et al. (Hrsg.), *Die Zukunft des MINT-Lernens – Band 1*,
https://doi.org/10.1007/978-3-662-66131-4_3

vorhanden und damit einhergehend ist auch eine Internetnutzung mit der Fülle
an Informationen und Daten jederzeit möglich (mpfs, 2021, S. 5). Das Tablet
ist seit der Vorstellung des ersten iPads im Jahr 2010 bereits heute ein allgegen-
wärtiger Begleiter und in rund ¾ der Haushalte, in denen Jugendliche leben,
vorhanden (mpfs, 2021, S. 5). (Weiter-)Entwicklungen des letzten Jahrzehnts,
wie beispielsweise die der Virtual-Reality-(VR-) und Augmented-Reality-(AR-)
Technologien, Streaming-Dienste, Messenger, Roboter und 3D-Drucker, sind nun
auch für jede und jeden verfügbar und erschwinglich. Maschinelles Lernen, künstliche Intelligenz (KI) und Algorithmen jeglicher Art sind nicht nur in den weit-
verbreiteten Sprachassistenten und Smart Homes integriert, sondern auch häufig
unbemerkte alltägliche Datensammler und -verarbeiter. Wir können heute nur
erahnen, was in den nächsten zehn Jahren und darüber hinaus entwickelt wird und
welchen Einfluss das auf unser zukünftiges Leben und Arbeiten hat.

Ein auf die heutige und zukünftige Welt vorbereitender Unterricht muss sich
ebenfalls ständig weiterentwickeln, damit Kinder und Jugendliche in ihrem Alltag verantwortungsvoll mit neuen digitalen Technologien sowie den zur Verfügung
stehenden Informationen umgehen lernen und auf die zukünftige Arbeitswelt vorbereitet sind (KMK, 2017). Gleichsam besitzen die neuen digitalen Technologien
das Potenzial, das Lehren und Lernen der Schülerinnen und Schüler zu unterstützen. So finden sich unter anderem vielfältige positive empirische Befunde zum
Einsatz von kognitiven Tutoren (Ma et al., 2014) oder Simulationen (D'Angelo
et al., 2014) für das Lernen der Schülerinnen und Schüler.

Wie sich Unterricht entwickelt und ob diese Technologien Einzug in den Schulalltag finden, ist das Produkt vieler Entscheidungen von vielen Entscheidungsträgerinnen und Entscheidungsträgern. Die Bildungsadministration und die
Bildungswissenschaften können Empfehlungen und Vorgaben machen – etwa
hinsichtlich der Ausbildung zukünftiger Lehrkräfte, der Bildungspläne und der
Rahmenvorgaben für Unterricht. Eine Umsetzung im Klassenzimmer ist aber
letztlich stets die Entscheidung einzelner Lehrkräfte oder Kollegien an einer
Schule. Die Ergebnisse der ländervergleichenden Studie *International Computer
and Information Literacy Study* (ICILS) deuten jedoch darauf hin, dass Lehrkräfte dem Mehrwert von digitalen Technologien für den eigenen Unterricht
eher skeptisch gegenüberstehen (Drossel et al., 2019). Zudem schätzen sie die
eigenen Kompetenzen aktuell auch als eher unzureichend ein (Drossel et al.,
2019). Dabei fokussiert ICILS auf den Ist-Zustand des Einsatzes digitaler Medien
und der Kompetenzen von Lehrkräften und erlaubt somit nur begrenzt einen Ausblick auf den Unterricht der Zukunft. Während es somit zwar bereits Befunde zu
den aktuellen Kompetenzen sowie zukünftigen Bedürfnissen von Lehrkräften für
die Gestaltung einzelner digitaler Technologien gibt (z. B. Holstein et al., 2017),
finden die Visionen, also die Vorstellungen, von Lehrkräften über die Gestaltung
des Unterrichts der Zukunft bisher wenig Berücksichtigung in der empirischen
Forschung. In einer ersten explorativen Studie von Fluck und Dowden (2013)
wurden gemeinsam mit australischen Lehramtsstudierenden in einem Ideen-
workshop Visionen über den digital gestützten Unterricht der Zukunft entwickelt. Dieses Vorgehen erwies sich in der Studie als vielversprechend und

zeigte, dass sich der Großteil der Studierenden in dieser digital gestützten Zukunft wiederfinden und erste Ideen für deren Einsatz entwickeln konnte (Fluck & Dowden, 2013). Erkenntnisse über die Visionen von praktizierenden Lehrkräften liegen jedoch bisher nicht vor.

In diesem Kapitel werden wir daher sowohl die Gruppen der Lehrkräfte als auch der Lehramtsstudierenden und ihre Vorstellung von zukünftigem Unterricht im Sinne einer wünschenswerten Vision in den Blick nehmen und diese in Bezug setzen zu den digitalen Kompetenzen, die für zukünftige Lehrkräfte von der EU empfohlen sind. Die Forschungsfragen lauten:

1. Wie stellen sich Lehrkräfte und Studierende den Unterricht in 10 Jahren vor?
2. Inwiefern deckt sich dieses Bild mit den Kompetenzen des DigCompEdu-Modells für Lehrende?

3.2   Das Rahmenmodell DigCompEdu

Welche Anforderungen eine *Bildung in der digitalen Welt* erfüllen sollte, beschreibt das gleichnamige Strategiepapier der Kultusministerkonferenz (KMK, 2017). Demnach soll das Lernen mit und über digitale Medien und Werkzeuge bereits ab der Grundschule beginnen. Bis zum Ende der Schulpflichtzeit sollen alle Kinder und Jugendlichen über die *Kompetenzen in der digitalen Welt* verfügen (KMK, 2017, S. 11). Neben einer funktionierenden digitalen Infrastruktur, die mit dem *DigitalPakt Schule* weiter ausgebaut werden soll, bedarf es als notwendige Voraussetzung gemäß der KMK (2017) der Klärung rechtlicher Fragen (u. a. Datenschutz und Urheberrecht) sowie der Qualifikation der Lehrkräfte und der Weiterentwicklung des Unterrichts (KMK, 2017, S. 11). Lehrkräfte müssen nicht nur die digitale Kompetenz der Schülerinnen und Schüler fördern, sondern auch Lehr-Lern-Formen mithilfe von digitalen Technologien umsetzen und Techno-logien zur beruflichen Zusammenarbeit sowie eigenen Weiterbildung nutzen können. Diese neuen und zusätzlichen Anforderungen an Lehrende werden im Europäischen Rahmen für die digitale Kompetenz von Lehrenden (*DigCompEdu*) beschrieben (Abb. 3.1).

> **DigCompEdu**
> Der Europäische Rahmen für die digitale Kompetenz von Lehrenden beschreibt in sechs Bereichen die professionsspezifischen Kompetenzen, über die Lehrende zum Umgang mit digitalen Technologien verfügen sollten. Die Bereiche umfassen die Nutzung digitaler Technologien im beruflichen Umfeld (z. B. zur Zusammenarbeit mit anderen Lehrenden) und die Förderung der digitalen Kompetenz der Lernenden. Kern des DigCompEdu-Rahmens bildet der gezielte Einsatz digitaler Technologien zur Vorbereitung, Durchführung und Nachbereitung von Unterricht.

Abb. 3.1 DigCompEdu-Rahmen. (Eigene Darstellung nach Redecker, 2017, S. 8 und EU, 2017, S. 2)

Die sechs Bereiche werden weiterhin in insgesamt 22 Kompetenzen mit jeweils sechs Kompetenzstufen ausdifferenziert (Redecker, 2017). Auf europäischer Ebene bietet der DigCompEdu-Referenzrahmen damit Bildungseinrichtungen Unterstützung bei der Auswahl und Entwicklung eigener Rahmen und gezielter Bildungsmaßnahmen für Lehrende aller Bildungsebenen. Beispielsweise basieren der spanische Rahmen *Common Digital Competence Framework for Teachers* (INTEF, 2017) oder der englische Rahmen *Digital Teaching Professional Framework* (ETF, 2018) auf DigCompEdu. Auch in Deutschland fordert die KMK (2021) in ihrer Ergänzung des Strategiepapiers, dass nun alle Länder „ausgehend vom DigCompEdu eigene phasenübergreifende Kompetenzrahmen für die Aus-, Fort- und Weiterbildung der Lehrkräfte sowie des weiteren pädagogischen Personals" entwickeln und fortschreiben (KMK, 2021, S. 26). Erste Beispiele für die Umsetzung und Einbindung des DigCompEdu-Rahmens in der Lehrkräftebildung liefern das Bayerische Kultusministerium mit dem angepassten Kompetenzrahmen *DigCompEdu Bavaria* (mebis-Redaktion, 2021) oder auch mehrere Landesinstitute (z. B. in Berlin-Brandenburg, Thüringen und Niedersachsen) zur Ermittlung von Fortbildungsbedarfen und Zuordnung von Fortbildungsangeboten (z. B. Napierski et al., 2019).

Der erste DigCompEdu-Bereich *berufliches Engagement* skizziert eine stets reflektierte und sich ständig digital weiterbildende Lehrperson, deren Arbeitspraxis geprägt ist von Kommunikation und Kollaboration über Fachbereiche und Schulgrenzen hinaus. Im zweiten Bereich *digitale Ressourcen* wird eine Lehrperson beschrieben, die digitale Lehr- und Lernressourcen im Internet finden, bewerten und auswählen kann und darüber hinaus auch unter Beachtung der Urheberrechte für den eigenen Unterrichtskontext und die Lerngruppe entsprechend modifizieren oder auch neue Ressourcen erstellen kann. Außerdem organisiert die Lehrkraft die Fülle an digitalen Ressourcen effizient, teilt diese mit verschiedensten Akteuren und bewahrt dabei stets die bekannten rechtlichen Vorgaben. Eine nach DigCompEdu-Bereich 3 digital kompetente Lehrkraft unterrichtet nicht nur mit digitalen Medien, sondern probiert neue didaktische Methoden und Formate aus. Sie initiiert und fördert digital gestützte kollaborative Lernszenarien gleichermaßen wie selbstgesteuertes Lernen und bietet stets eine unterstützende Lernbegleitung auch via digitaler Kommunikation an. Formative wie auch summative Bewertungen werden gemäß dem vierten DigCompEdu-Bereich mithilfe von digitalen Medien durchgeführt und ausgewertet sowie kritisch analysiert. Auf Basis der Assessments gibt die Lehrperson den Lernenden individuell und zeitnah digital Rückmeldungen und passt bei Bedarf die weitere Unterrichtsgestaltung an. Wie im fünften DigCompEdu-Bereich beschrieben, muss die Lehrperson auch gewährleisten, dass ausnahmslos alle Lernenden die physischen, kognitiven und technischen Möglichkeiten haben, um digital an allen Lernaktivitäten teilhaben zu können. Die Lehrperson ermöglicht individualisiertes Lernen mit individuellen Lernzielen und Lernwegen im eigenen Lerntempo und fördert zudem das aktive und kreative Engagement und das kritische Denken der Lernenden in der Auseinandersetzung mit komplexen Themen. Sie fördert zudem gemäß dem sechsten Kompetenzbereich implizit und explizit die digitale Kompetenz der Lernenden, worunter neben der Informations- und Medienkompetenz auch die Befähigung zur adressatengerechten und effektiven digitalen Kommunikation und Kollaboration sowie die Erstellung digitaler Inhalte unterschiedlichster Formate gehören. Die Lernenden werden angeregt verantwortungsvoll mit digitalen Medien umzugehen und dabei auf das physische, psychische und soziale Wohlergehen zu achten. Sie lernen technische Probleme zu identifizieren und zu lösen und übertragen und nutzen ihr Wissen in komplexen Problemlöseszenarien. Damit beschreibt der DigCompEdu-Rahmen einen visionären Unterricht, der nicht nur die digitalen Kompetenzen der Lernenden fördert, sondern mittels kollaborativer, selbstgesteuerter und individueller Lehr-Lern-Szenarien gestaltet wird, die mithilfe von digitalen Medien vorbereitet, begleitet, unterstützt und evaluiert werden.

Inwiefern diese von Politik und Wissenschaft geprägte Vorstellung über den Unterricht der Zukunft sich mit der von Akteuren aus der Schulpraxis deckt, werden wir in diesem Beitrag beleuchten.

3.3 Methodik und Datenerhebung

Zur explorativen Erhebung der Vorstellungen wurde ein qualitativer Ansatz gewählt. Es fanden drei Erhebungen mit insgesamt 53 Personen in Online-Workshops im Zeitraum von November 2020 bis Mai 2021 statt. Die ersten beiden Online-Workshops fanden im Rahmen der *Konferenz Bildung Digitalisierung* (KBD20) 2020 bzw. der *KonfBD2Go* (KBDG21) statt, an denen Bildungsadministratorinnen und -administratoren und Lehrkräfte freiwillig teilnahmen. Der dritte Online-Workshop wurde im Rahmen einer Online-Veranstaltungsreihe für Lehramtsstudierende (LStudi21) zum Thema „Unterrichten mit digitalen Medien" durchgeführt, um die Vorstellungen von berufserfahrenen und womöglich an die Rahmenbedingungen der schulischen Realität gewöhnten Lehrkräften um die Perspektiven angehender Lehrkräfte zu ergänzen. Am ersten Workshop nahmen 15 Lehrkräfte und 7 Personen aus der Bildungsadministration teil. Am zweiten Workshop nahmen 11 Lehrkräfte und 2 Bildungsadministratorinnen und -administratoren teil. An der dritten Befragung nahmen insgesamt 18 Lehramtsstudierende unterschiedlichster Fächer teil. Um die Teilnahme möglichst niedrigschwellig zu gestalten, wurde auf die Erhebung personenbezogener Merkmale verzichtet. Die Teilnahme war stets freiwillig, die Daten wurden anonym erhoben und die Teilnehmenden haben aus ganz Deutschland online teilgenommen.

Zu Beginn der Workshops haben die Autorinnen und Autoren einen kurzen Input zu aktuellen Möglichkeiten und Beispielen (interaktive Übungen mit *Learning-Apps, Moodle* und *H5P,* Lernverlaufsdiagnostik mit *Levumi*) gegeben und Fragestellungen zur Nutzung, Kuration, Datenverarbeitung und Kompetenz aufgeworfen, die beim Design und Einsatz von Unterrichtswerkzeugen Beachtung finden könnten. Die Lehramtsstudierenden hatten bereits zuvor im Seminar die hier genannten Beispiele und darüber hinaus weitere Werkzeuge und Methoden zum Unterrichten mit digitalen Medien kennengelernt.

Anschließend wurden die Teilnehmenden in Gruppen mit maximal fünf Personen zufällig eingeteilt und erhielten für jede Gruppe ein eigenes digitales Poster des Anbieters *Padlet.com.* Über alle drei Erhebungszeiträume sind insgesamt zehn Gruppen und damit zehn digitale Poster entstanden. Der Aufbau der zur Verfügung gestellten Padlets war stets identisch: Jedes Padlet bestand aus fünf Spalten. Die erste Spalte stellte die Aufgabenstellung dar, die weiteren vier Spalten gaben Themenbereiche mittels anregender Fragen vor, wobei die Fragen nicht zwingend beantwortet werden mussten, sondern der Gruppe lediglich als Anlass zum Austausch dienen sollten. Zentrales Element der Aufgabenstellung war die Gestaltung einer möglichst wünschenswerten Vision des Unterrichtsalltags in 10 Jahren. Tab. 3.1 illustriert die im Padlet vorgegebenen Themenbereiche (1. Spalte) und Fragen (2. Spalte).

In dieser 40-minütigen Phase hatten alle Gruppen einen eigenen Videokonferenzraum zum Reden sowie das online-kollaborativ bearbeitbare Padlet zur Verfügung. Anschließend kamen alle Gruppen wieder im Plenum zusammen und stellten in 3–5 min einander die Visionen vor, stellten Fragen und kommentierten die Ideen. Gesammelt wurden alle bearbeiteten Gruppen-Padlets einer Veranstaltung auf einem übergreifenden Workshop-Padlet, sodass alle Gruppen die Padlets der anderen Gruppen sehen und kommentieren konnten. Zusätzlich wurden auf dem übergreifenden Workshop-Padlet auch zwei Fragen zur Gesamtreflexion gestellt: „Wie bewerten Sie die Ideen zur Gestaltung des Unterrichts von Morgen insgesamt?" und „Welche Schritte braucht es und von wem?" Mit der zusammenfassenden Bewertung in Form von schriftlicher Kommentierung im Padlet oder mündlicher Kommentierung im Plenum endete die jeweilige Veranstaltung.

Tab. 3.1 Aufgabenstellung und anregende Fragen auf dem digitalen Poster

Aufgabenstellung	Es ist Freitag, Mitte November, 2030 Überlegen Sie sich, wie ein typischer Schul(all)tag für Sie optimalerweise jetzt aussieht Sie können Stichpunkte zu den rechts genannten Punkten sammeln, oder eigene Punkte verwenden Beschreiben Sie möglichst detailliert eine für Sie wünschenswerte Zukunft des Fachunterrichts Am Ende sollen Sie den anderen in einer kurzen Geschichte von Ihrer Vorstellung berichten. Dabei können Sie sich gerne auf einen Aspekt fokussieren
Wie ist der Unterricht organisiert?	Gibt es Fachunterricht, Projektunterricht, offene Formen, ...? Wie ist die Lerngruppe aufgebaut? Wie bereiten Sie Unterricht vor?
Wie unterrichten Sie?	Wie bewerten Sie? Was tun Sie, was tun die Schülerinnen und Schüler?
Welche Werkzeuge stehen Ihnen zur Verfügung?	Wie nutzen Sie diese? Wie nutzen die Schüler:innen diese? Was leisten Sie?
Wie funktioniert das System Schule?	Wie werden Sie unterstützt? Wie kommunizieren Sie mit Eltern, Kolleginnen und Kollegen, ...?

Die Padlet-Beiträge der Gruppen aus der ersten Online-Veranstaltung wurden gegliedert nach Fragestellungen in ein Textdokument übertragen und in MAXQDA 2018 induktiv von zwei Autorinnen und Autoren unabhängig kodiert (siehe z. B. Thomas, 2006). Als Kodiereinheit wurden kurze zusammenhängende Sinnabschnitte, meist ein oder zwei Sätze gewählt. Innerhalb einer Gruppe bzw. eines Posters wurden Codes auch mehrfach vergeben. Anschließend wurden die Codes und Codebeschreibungen beider Kodierenden miteinander verglichen und, im Sinne eines Inter-Rater-Agreements, diskutiert sowie ein Kodierleitfaden festgelegt. Das gesamte Material aller Veranstaltungen wurde anschließend vom dritten Autor unter Berücksichtigung des existierenden Leitfadens rekodiert. Auch hier wurde im Sinne des Inter-Rater-Agreements nicht auf die prozentuale Übereinstimmung geachtet, sondern Unstimmigkeiten – wie etwa die Benennung von Kategorien oder deren hierarchische Anordnung – wurden in der Runde der Kodierenden diskutiert, um zu einer einheitlichen Bewertung zu kommen. Das induktive Vorgehen hat den Vorteil, dass alle Äußerungen der Lehrkräfte Berücksichtigung finden konnten und so möglichst präzise die Vorstellungen der Lehrkräfte über die Zukunft des Unterrichts beschrieben werden konnten.

3.4 Ergebnisse

Die Teilnehmenden erachten eine Vielzahl an Themen als relevant für die zukünftigen Rahmenbedingungen ihrer Arbeit. Abb. 3.2 zeigt das finale Codesystem und die Anzahl an Codings pro Kategorie (Zeile) in den drei Erhebungszeitpunkten sowie in Summe (Spalten).

Die kodierten Aspekte umfassen eine Vielzahl an Bereichen des Schulsystems von der Unterrichtsgestaltung über Bildungspläne bis hin zur Ausstattung mit Geräten, der Kooperation im Kollegium und der Gestaltung von Lernräumen. Unterschiede zwischen den Angaben der Lehrkräfte (KBD20 mit 4 und KBDG21 mit 2 Gruppen) und denen der Studierenden (LStudi mit insgesamt 4 Gruppen) lassen sich kaum erkennen. Einzig Lehrkräfte stellen Forderungen an die Politik, wie die der „Offenheit gegenüber der Expertise der Pädagogen im Alltag/in Realsituation von Seiten der Politik" (KBDG21). Außerdem wird nur von Lehrkräften mehr „pädagogische[s]", „technische[s]" und „Verwaltungs[-]"Personal (KBDG21, Gruppe 3) sowie eine Umgestaltung des Lernorts Schule durch z. B. Auflösung der „Klingel" und der „45-Minutentaktung" (KBD20, Gruppe 3) und der Einführung von „Lernbüros" und „flexiblere[n] Räume[n]" (KBDG21, Gruppe 3) gefordert.

Codesystem	KBD20	KBDG21	LStudi21	SUMME
Forderung an Politik	4	2		6
IT-Infrastruktur (Technik)				0
Forderung nach Ausstattung	9	3	7	19
Vision für Unterricht	6	1	1	8
digitale Werkzeuge				0
Als Ausstattung	13	2	7	22
KI	1	1		2
Als Unterrichtsartefakt	3			3
Schulsystemveränderung				0
Aufgaben von Schule	1		1	2
Mehr Eigenverantwortung der Schulen	5		1	6
Kollegium	1	2		3
berufliche Zusammenarbeit	3	3	1	7
Mit Eltern	1		1	2
Mit anderen Lehrkräften	8		7	15
Mit Externen	8	5	4	17
Änderung Lernort Schule	3	1		4
Aus- und Fortbildung von Lehrkräften	8	1	2	11
Neue Bildungspläne / Kompetenzen	5	2	1	8
Unterrichtsgestaltung				0
Lehrendenrolle	12	1	7	20
Neue Bewertungsformen	7	3	2	12
selbstgesteuertes Lernen	18	3	7	28
Kollaboratives Lernen	3	3	2	8
Blended-Learning-Konzepte	5	1	4	10
Fächerübergreifendes projektbasiertes Lernen	9	4	6	19
Binnendifferenzierung	3		3	6
∑ SUMME	136	38	64	238

Abb. 3.2 Finales Codesystem und Anzahl der Codierungen pro Erhebungszeitraum und in Summe

Ein genauerer Blick offenbart innerhalb dieser Themenvielfalt aber eine klare Abgrenzung zwischen sehr präsenten Aspekten und solchen, die eher eine Randnotiz darstellen. Die mit Abstand am häufigsten kodierte Kategorie ist „selbstgesteuertes Lernen" (28 Codes), gefolgt von der „Ausstattung mit digitalen Geräten" (22 Codes) und der „Lehrendenrolle" (20 Codes). Der Einsatz von „künstlicher Intelligenz" (2 Codes) in digitalen Unterrichtswerkzeugen spielt hingegen keine zentrale Rolle in der Vorstellung und den Wünschen der Teilnehmenden und wird nur vereinzelt angesprochen.

Die Vorstellung von modernem Unterricht wird von einer der Gruppen in folgendem Szenario kurz skizziert:

> Julia hat sich für das Thema Fake News entschieden. In ihrem Team hat sie die Aufgabe übernommen, eine Website zum Schwerpunkt "Verschwörungsmythen" zu erstellen. Dafür erstellt sie einen Quiz, anhand dessen Besucher der Website erkennen, welchen Mythen sie schon aufgesessen sind. Für weitere Infos wird danach verlinkt auf andere Unterseiten der Website des Teams. Bei Fragen erhält sie Antworten von der/die Lehrer/in (KBD20, Gruppe2).

In dieser Vision finden sich Ideen zu selbstgesteuertem (eigene Entscheidung für ein Thema) und fächerübergreifendem (Thema Verschwörungsmythen) Lernen, der Erstellung von digitalen Produkten (eine eigene Website) sowie einer veränderten Lehrendenrolle (Lehrkraft als Lernbegleitung). Die Gruppe identifiziert somit verschiedene Potenziale, wie sich Unterricht in Zukunft ändern sollte.

Selbstgesteuertes Lernen zeichnet sich für die Teilnehmenden dadurch aus, dass Lernende sich selbst für ein Thema, eine Aufgabe oder auch ein Endprodukt entscheiden können:

- „Die Schüler*innen suchen sich die Art ihres Lernproduktes selbst aus, egal ob Video, Wikipediaeintrag, Plakat, Podcast, Instagramstory, ..." (KBD20, Gruppe4).

Auf diese Weise entsteht einerseits die Chance für eine stärkere Binnendifferenzierung und andererseits die Möglichkeit, auch fächerübergreifend, projektbasiert und kollaborativ zu arbeiten:

- „Die Projekte können Jahrgangs oder fächerübergreifend laufen. Ich biete als Lehrkraft verschiedene Workshops an, (zeitlich begrenzt) an denen sich die SchülerInnen anmelden und mitarbeiten können" (KBD20, Gruppe3).
- „Schüler*innen sind europa[-]/weltweit mit Partnerschulen vernetzt" (KBD20, Gruppe3).

Im Gegenzug erfordert das selbstgesteuerte Lernen aus Perspektive der Befragten auch neue Formen der Bewertung und eine Entwicklung der Lehrendenrolle:

- „… um so auf eigens gewählte Überprüfungsformate zum Ende der Projekt-
  woche hinzuarbeiten. Als Lehrkraft bin ich somit vielmehr Kellner, als Dirigent
  der ganzen Geschichte" (LStud, Gruppe2).
- „[D]er Lernbegleiter muss nur Impulse setzen und mit dem Lernenden überlegen, wie man weiter fördern kann" (KBD20, Gruppe4).

Bei der gewünschten digitalen Ausstattung gibt es eine erkennbare Präferenz
für ein gemeinsames System, in dem Kommunikation mit Kolleginnen und
Kollegen, Schülerinnen und Schülern sowie Erziehungsberechtigten genauso
funktioniert wie der Austausch von Material oder das Abhalten von Konferenzen:

- „Lernplattform auf der Lehrer zusammen Unter[r]icht planen und teilen können –
  Eltern, Schüler, Lehrer haben Zugrif[f]" (KBD20, Gruppe4).
- „Jede Schule hat eine Plattform über die alles eingesehen/versendet/hoch-
  geladen/verteilt werden kann. Kommunikation unter Kollegen, Eltern und
  Schüler[n] läuft über diese Plattform. Konferenzen können in Präsenz oder
  digital zugeschaltet ablaufen" (KBD20, Gruppe3).

Dies verbindet sich mit der Forderung an eine bessere Ausstattung der Schulen mit
Hardware, hier wird insbesondere auf ein stabiles Internet bzw. WLAN und die
Notwendigkeit verwiesen, dass Schülerinnen und Schüler genauso wie die Lehrkräfte mit aktuellen Geräten ausgestattet werden müssen. Moderne Ausrüstung,
wie VR-Brillen oder virtuelle Lernumgebungen finden sich wiederum nur vereinzelt unter den Antworten in der Form von Stichworten wieder.

3.5   Zusammenfassung und Diskussion

Aus den kodierten Segmenten lassen sich einige Beobachtungen ableiten, die im
Folgenden zusammengefasst werden und die Antwort auf die Forschungsfrage
1, wie sich Lehrkräfte und Studierende den Unterricht in zehn Jahren vorstellen,
liefern.

*Veränderungen werden an vielfältigen Stellen des Systems Schule gesehen und für not-
wendig erachtet.*

Besonders prominent wird in den Daten die Auflösung der klassischen Unter-
richtsmodelle, des Fächerkanons bzw. auch der Jahrgangsstufen genannt. Neue
Bewertungsformen, neue Arten des kollaborativen Lernens und damit auch des
Lehrens werden von den Teilnehmenden gruppenübergreifend als wünschenswert beschrieben. Darüber hinaus gibt es aber auch andere Bereiche des Systems
Schule, zu dem sich Aussagen mehrfach in den Daten finden. Die Öffnung für
Expertinnen und Experten von außerhalb – speziell auch für die IT-Ausstattung –
und eine stärker ausgeprägte Fort- und Weiterbildungskultur werden eben-
falls gewünscht. Schließlich finden sich, speziell auch von den Lehrkräften als

Forderungen an die Politik formuliert, die Wünsche nach mehr Eigenverantwortlichkeit der Schulen, mehr Zeit für das Ausprobieren neuer Wege und eine bessere Fehlerkultur.

Digitalisierung spielt in der Vorstellung des zukünftigen Unterrichts nur eine Nebenrolle.

Zwar wird eine Ausstattung der Schulen, Lehrkräfte und Schülerinnen und Schüler mit entsprechenden Geräten als selbstverständlich gesehen und es finden sich an vielen Stellen Hinweise auf digitale Lernprodukte oder Werkzeuge. Dennoch ist das skizzierte Unterrichtsideal eines selbstbestimmten, fächerübergreifenden Lernens zunächst unabhängig von Fragen nach Digitalisierung oder Digitalität. Auch der Fortbildungsbedarf wird größtenteils nicht explizit zu Digitalem gesehen. Lediglich hinsichtlich der Kommunikation und der Organisation wird durchgängig von digitalen Lösungen ausgegangen.

Auf technischer Seite ist die Vorstellung hauptsächlich geprägt von den Problemen des Status quo.

Sowohl hinsichtlich der gewünschten Ausstattung wie auch hinsichtlich der Features der eingesetzten Werkzeuge finden sich eher Beschreibungen, wie eine gut ausgestattete Schule heutzutage aussehen sollte, als eine Vision für die denkbaren Möglichkeiten oder Wünsche in einem Jahrzehnt. Insbesondere für den Einsatz von KI als Unterstützung von Lehrkräften lassen sich aus den Daten keine konkreten Einsatzszenarien ableiten.

Insgesamt ergibt die Auswertung der Daten somit ein gemischtes Bild. Einerseits gibt es unter den Teilnehmenden eine gemeinsam geteilte Idee des zukünftigen Unterrichts: Schülerinnen und Schüler lernen selbstbestimmt, Lehrende unterstützen sie dabei bestmöglich. Fächer- und Jahrgangsstufen müssen nicht in der heutigen Form weiterexistieren und insgesamt gibt es eine größere Flexibilität, z. B. auch hinsichtlich Bewertungsformen. Da das Feld der Teilnehmenden – auch hinsichtlich ihrer Berufserfahrung und Fächerkombinationen – heterogen war, ist diese Gemeinsamkeit durchaus bemerkenswert. Andererseits gibt es nur wenige – und noch weniger geteilte – Vorstellungen darüber, was digitale Medien im Unterricht der Zukunft für eine Rolle spielen sollten. Zentrale Fragen wie, an welchen Stellen bietet sich welcher Mehrwert und wie sehen die dafür notwendigen Technologien aus, bleiben damit aus Sicht der Teilnehmenden unbeantwortet. Vergleicht man diese Ergebnisse mit den Visionen über den Unterricht der Zukunft in der Studie von Fluck und Dowden (2013) lässt sich feststellen, dass die australischen Studierenden zunächst konkretere Ideen über den Unterricht der Zukunft entwickeln, was jedoch in einer entsprechenden Seminarkonzeption begründet liegt. Ähnlich wie bei den hier untersuchten Lehrkräften lässt sich jedoch eine Fokussierung auf fächerübergreifende und kollaborative Arbeitsweisen erkennen (Fluck & Dowden, 2013). Somit lassen sich trotz der zehn Jahre späteren Erhebung und unterschiedlichen Kontinente gewisse geteilte Visionen über den Unterricht der Zukunft erkennen. Vergleicht man für die

Beantwortung von Forschungsfrage 2 die Vorstellung der untersuchten Lehrkräfte mit der durch das DigCompEdu-Modell vorgegebenen Vision (Abb. 3.1), so stellt man fest, dass es besonders in den ersten drei Bereichen (*berufliches Engagement, digitale Ressourcen* sowie *Lehren und Lernen*) einen erkennbaren Bereich der Überlappung zu den induktiv ermittelten Kategorien gibt. Eine Möglichkeit dafür könnte sein, dass die Lehrkräfte in diesen Bereichen besonderen Nachholbedarf in ihrem Arbeitsalltag wahrnehmen. Dies ist insbesondere auch durch die Aussagen zur wünschenswerten Ausstattung der Schulen untermauert, die mutmaßlich von einem aktuell wahrgenommenen Defizit geprägt sind.

Auch im DigCompEdu-Modell spielen das selbstgesteuerte und kollaborative Lernen sowie die Lernbegleitung eine wichtige Rolle ebenso die Kommunikation und Kollaboration im Team. Die Bereiche 4–6 (*Evaluation, Lernerorientierung* und *Förderung der digitalen Kompetenzen der Lernenden*) finden sich hingegen weit weniger prominent in den von uns ausgewerteten Daten. Bereits vorliegende internationale Lehrkräftebefragungen unterstreichen dabei, dass insbesondere im Bereich 4 der Evaluation hoher Fortbildungsbedarf besteht (Benali et al., 2018; Dias-Trindade et al., 2021). Insgesamt lassen sich hieraus erste Erkenntnisse darüber gewinnen, in welchen Bereichen entweder noch ein besonderes Entwicklungspotenzial im deutschen Schulsystem existiert oder die Vorstellungen der untersuchten Lehrkräfte schlicht unterschiedlich sind.

3.6   Ausblick und Fazit

Unser alltägliches und berufliches Leben wird sich auch in den nächsten zehn Jahren rasant weiterentwickeln und mehr und mehr durch digitale Technologien wie AR- oder KI-gestützte Systeme bestimmt werden. Inwiefern diese digitalen Technologien tatsächlich in den Unterricht der Zukunft integriert werden, ist dabei von den Vorstellungen von Lehrkräften über diesen Unterricht abhängig (z. B. Cress et al., 2018). In unserer Studie konnten wir zeigen, dass sich Lehrkräfte insbesondere didaktische und organisatorische Transformationen hin zu einer Schule, die selbstgesteuertes und kollaboratives Lernen und Arbeiten ins Zentrum stellt, vorstellen. Hinweise auf die Rolle digitaler Medien konnten wir insbesondere aufseiten des beruflichen Engagements (DigCompEdu-Bereich 1) und digitaler Ressourcen (DigCompEdu-Bereich 2) feststellen (Redecker, 2017). Diese Fokussierung auf die Bereiche der Kommunikation und digitaler Grundausstattung sind dabei vor allem durch eine aktuelle Perspektive auf Schule gekennzeichnet.

Es findet sich keine Technikskepsis, wie z. B. von Drossel et al. (2019) berichtet, in unserer Stichprobe. Diese ist aber aufgrund der Selektion aus Teilnehmenden der Konferenz Bildung Digitalisierung bzw. eines Seminars zum Thema digitale Medien sicherlich positiv selektiert und das Ergebnis somit ähnlich wie bei Fluck und Dowden (2013) durchaus durch positive Vorstellungen über digitale Technologien geprägt. Interessanter ist allerdings, dass sich im Gegensatz zu Fluck und Dowden (2013) nur wenige konkrete Visionen für einen Einbezug innovativer digitaler Technologien in den Unterricht finden lassen. Dies mag daran liegen, dass die Teilnehmenden keine Vorstellung von der Technologie in 10 Jahren entwickeln konnten und daher auf Aussagen dazu gänzlich verzichtet haben. Es mag aber genauso daran liegen, dass die Wünsche nach Veränderung tatsächlich eher die organisatorischen Rahmenbedingungen von Unterricht betreffen und weniger die Frage nach Veränderung durch Digitalität. Hier könnten langfristig angelegte Forschungsarbeiten zur Entwicklung einer Vision über den Unterricht der Zukunft mehr Auskunft geben.

Egal welcher Grund maßgeblich ist, es lässt sich zumindest festhalten, dass die Lehrkräfte zur Gestaltung des Unterrichts mit digitalen Werkzeugen Input von außerhalb benötigen. Es ist daher notwendig, dass die vermehrt entwickelten Ideen zur Nutzung digitaler Technologien für den Unterricht (siehe die vorliegenden Bände) Einzug in die unterschiedlichen Phasen der Lehrkräftebildung erhalten (Cress et al., 2018). Gleichsam sollten auch aus Perspektive der Forschung Lehrkräfte frühzeitig in den Entwicklungsprozess von digitalen Technologien für den Unterricht eingebunden werden, damit sichergestellt werden kann, dass diese Technologien auch den Visionen der Lehrkräfte über die Gestaltung der Schule von morgen gerecht werden.

Literatur

Benali, M., Kaddouri, M., & Azzimani, T. (2018). Digital competence of Moroccan teachers of english. *International Journal of Education and Development using ICT, 14*(2), 99–120.

Cress, U., Diethelm, I., Eickelmann, B., Köller, O., Nickolaus, R., Pant, H. A., & Reiss, K. (2018). *Schule in der digitalen Transformation. Perspektiven der Bildungswissenschaften.* Acatech.

D'Angelo, C., Rutstein, D., Harris, C., Bernard, R., Borokhovski, E., & Haertel, G. (2014). *Simulations for STEM learning: Systematic review and meta-analysis.* SRI International.

Dias-Trindade, S., Moreira, J. A., & Ferreira, A. (2021). Evaluation of the teachers' digital competences in primary and secondary education in Portugal with DigCompEdu CheckIn in pandemic times. *Acta Scientiarum Technology, 43.* https://doi.org/10.4025/actascitechnol.v43i1.56383.

Drossel, K., Eickelmann, B., Schaumburg, H., & Labusch, A. (2019). Nutzung digitaler Medien und Prädiktoren aus der Perspektive der Lehrerinnen und Lehrer im internationalen Vergleich. In B. Eickelmann, W. Bos, J. Gerick, F. Goldhammer, H. Schaumburg, K. Schwippert, M. Senkbeil, & J. Vahrenhold (Hrsg.), *ICILS 2018 #Deutschland. Computer- und informationsbezogene Kompetenzen von Schülerinnen und Schülern im zweiten internationalen Vergleich und Kompetenzen im Bereich Computational Thinking* (S. 205–240). Waxmann. https://doi.org/10.25656/01:18325.

ETF, Education & Training Foundation. (2018). Digital Teaching Professional Framework – Taking Learning to the Next Level. www.et-foundation.co.uk/supporting/edtech-support/digital-skills-competency-framework/. Zugegriffen: 12. Juni 2022.

Fluck, A., & Dowden, T. (2013). On the cusp of change: Examining pre-service teachers' beliefs about ICT and envisioning the digital classroom of the future. *Journal of Computer Assisted Learning, 29*(1), 43–52. https://doi.org/10.1111/j.1365-2729.2011.00464.x.

Holstein, K., McLaren, B.M., & Aleven, V. (2017). Intelligent tutors as teachers' aides: Exploring teacher needs for real-time analytics in blended classrooms. In *Proceedings of the seventh international learning analytics & knowledge conference* (S. 257–266).

INTEF, National Institute of Educational Technologies and Teacher Training. (2017). The Common Digital Competence Framework for Teachers (CDCFT). https://aprende.intef.es/sites/default/files/2018-05/2017_1024-Common-Digital-Competence-Framework-For-Teachers.pdf. Zugegriffen: 12. Juni 2022.

KMK. (2017). Strategie der Kultusministerkonferenz. Bildung in der digitalen Welt – Beschluss der Kultusministerkonferenz vom 08.12.2016 in der Fassung vom 07.12.2017.

KMK. (2021). Lehren und Lernen in der digitalen Welt. Ergänzung zur Strategie der Kultusministerkonferenz „Bildung in der digitalen Welt" – Beschluss der Kultusministerkonferenz vom 09.12.2021.

Ma, W., Adesope, O. O., Nesbit, J. C., & Liu, Q. (2014). Intelligent tutoring systems and learning outcomes: A meta-analysis. *Journal of Educational Psychology, 106*(4), 901–918.

Mebis-Redaktion. (2021). DigCompEdu Bavaria – Digitale und medienbezogene Lehrkompetenzen. mebis – Landesmedienzentrum Bayern. www.mebis.bayern.de/p/71502. Zugegriffen: 25. Jan. 2022.

mpfs. (2021). JIM-Studie 2021 – Basisuntersuchung zum Medienumgang 12- bis 19-Jähriger.

Napierski, R., Hey, M., & Günther, J. (2019). *Thüringer Institut für Lehrerfortbildung, Lehrplanentwicklung und Medien. „Fortbildungsmodule". Thüringer Schulportal – Medienbildung.* Thüringer Institut für Lehrerfortbildung, Lehrplanentwicklung und Medien. https://www.schulportal-thueringen.de/home/medienbildung/fortbildungsmodule. Zugegriffen: 12. Juni 2022.

Redecker, C. (2017). *European framework for the digital competence of educators: DigCompEdu.* Publications Office of the European Union.

Thomas, D. R. (2006). A general inductive approach for analyzing qualitative evaluation data. *American Journal of Evaluation, 27*(2), 237–246. https://doi.org/10.1177/1098214005283748.

Entwicklung von Lernumgebungen zum Computational Thinking im Mathematikunterricht und ihr Einsatz in Lehrkräftefortbildungen

4

Steven Beyer⊙, Ulrike Dreher⊙, Frederik Grave-Gierlinger⊙, Katja Eilerts⊙ und Stephanie Schuler⊙

Inhaltsverzeichnis

4.1   Einleitung   74
4.2   Theoretischer Hintergrund   74
    4.2.1   Computational Thinking   74
    4.2.2   Lernumgebungen als Planungs- und Organisationskonzept   76
    4.2.3   Lernumgebungen zum *Computational Thinking*   77
4.3   Potenzial einer Lernumgebung zum *Computational Thinking*   79
    4.3.1   Methode   80
    4.3.2   Stichprobe und Design   81
    4.3.3   Ergebnisse   82
    4.3.4   Diskussion   83
4.4   Fortbildung zum *Computational Thinking* im Mathematikunterricht   84
    4.4.1   Kontext   84
    4.4.2   Fortbildungsdesign   84
    4.4.3   Begleitforschung   86
4.5   Implikationen der Ergebnisse   87
Literatur   88

S. Beyer (✉) · F. Grave-Gierlinger · K. Eilerts
Institut für Erziehungswissenschaften, Humboldt-Universität zu Berlin, Berlin, Deutschland
E-Mail: steven.beyer@hu-berlin.de

F. Grave-Gierlinger
E-Mail: frederik.gierlinger@hu-berlin.de

K. Eilerts
E-Mail: katja.eilerts@hu-berlin.de

U. Dreher · S. Schuler
Institut für Mathematik, Universität Koblenz-Landau, Landau, Deutschland
E-Mail: dreher@uni-landau.de

S. Schuler
E-Mail: stephanie_schuler@uni-landau.de

© Der/die Autor(en) 2023
J. Roth et al. (Hrsg.), *Die Zukunft des MINT-Lernens – Band 1*,
https://doi.org/10.1007/978-3-662-66131-4_4

4.1   Einleitung

Im transformativen Prozess der Digitalisierung kommt der Grundschule als Ort des gemeinsamen Lernens aller Kinder eine besondere Rolle zu, da sie fachüber-greifend informatische Bildungsinhalte bearbeiten soll und bisher kein eigen-ständiges Fach Informatik kennt. Zu den erweiterten Kompetenzfacetten, die durch die Kultusministerkonferenz (2017) in ihrem Strategiepapier formuliert wurden, gehört u. a., dass die Schülerinnen und Schüler algorithmische Strukturen in digitalen Werkzeugen erkennen und formulieren sowie eine strukturierte, algorithmische Sequenz zur Lösung eines Problems planen und einsetzen können. Daraus ergibt sich ein Lernbedarf für die Schülerinnen und Schüler (u. a. Umgang mit Algorithmen) und damit einhergehender Fortbildungsbedarf für Grundschul-lehrkräfte (u. a. Gestaltungsgrundlagen entsprechender Lernumgebungen).

Der vorliegende Beitrag greift die Kompetenzfacetten zum *Computational Thinking* auf und zeigt exemplarisch, wie diese im Mathematikunterricht der Grundschule gefördert werden können. Zu deren Förderung wurden verschiedene geometriebezogene Lernumgebungen auf der Unterrichtsebene (Studie 1, s. Abschn. 4.3) sowie auf der Fortbildungsebene (Studie 2, s. Abschn. 4.4) ent-wickelt.

Im Folgenden wird zuerst der theoretische Hintergrund zum Konzept des *Computational Thinking* erläutert, die Konzeption von mathematischen Lern-umgebungen vorgestellt sowie das 3-Tetraeder-Modell als Orientierungspunkt für die Entwicklung von Lernumgebungen und Fortbildungen einbezogen (s. Abschn. 4.2). Im Anschluss daran wird zum einen die qualitative Untersuchung von Potenzialen einer Lernumgebung zur Förderung des *Computational Thinking* sowie möglicher Weiterentwicklungsansätze vorgestellt (s. Abschn. 4.3). Zum anderen werden aufbauend auf der theoretischen und empirischen Grundlage der Unterrichtsebene die Herleitung eines entsprechenden Fortbildungsdesigns sowie laufende Begleitforschung präsentiert (s. Abschn. 4.4).

4.2   Theoretischer Hintergrund

4.2.1   Computational Thinking

Die Definition des *Computational Thinking* der ICILS[1]-Studien (Fraillon et al., 2019) kann als Synopse aus verschiedenen Argumentationssträngen verstanden werden und liegt dieser Arbeit zugrunde.

---

[1] International Computer and Information Literacy Study.

Computational Thinking

Computational Thinking bezieht sich auf die Fähigkeit einer Person, Aspekte realweltlicher Probleme zu identifizieren, die für eine [informatische] Modellierung geeignet sind, algorithmische Lösungen für diese (Teil-) Probleme zu bewerten und selbst so zu entwickeln, dass diese Lösungen mit einem Computer operationalisiert werden können. Die Modellierungs- und Problemlösungsprozesse sind dabei von einer Programmiersprache unabhängig. Der Europäische Rahmen für die digitale Kompetenz von Lehrenden beschreibt in sechs Bereichen die professionsspezifischen Kompetenzen, über die Lehrende zum Umgang mit digitalen Technologien verfügen sollten. Die Bereiche umfassen die Nutzung digitaler Technologien im beruflichen Umfeld (z. B. zur Zusammenarbeit mit anderen Lehrenden) und die Förderung der digitalen Kompetenz der Lernenden. Kern des DigCompEdu-Rahmens bildet der gezielte Einsatz digitaler Technologien zur Vorbereitung, Durchführung und Nachbereitung von Unterricht.

Weitere Definitionen stammen u. a. von Wing (2006) oder Angeli et al. (2016). Da jedoch allgemein anerkannte Teilkompetenzen im Fokus stehen, sind die geringfügigen Unterschiede der Definitionen nicht zentral. Stattdessen ist relevant, dass beim *Computational Thinking* eine Person sich eines realweltlichen Problems annimmt und dieses mithilfe von Algorithmen und weiteren Problemlösestrategien, die dem *Computational Thinking* inhärent sind, bearbeitet. Dabei ist, in einer breit gefassten Definition, zunächst nicht entscheidend, ob ein Computer bei diesem Prozess involviert ist oder nicht (Wing, 2006). Vielmehr ist das *Computational Thinking* eine Art des Denkens (Knöß, 1989, S. 121), die dazu genutzt wird, um Probleme zu lösen.

Innerhalb des *Computational Thinking* lassen sich mehrere Teilkomponenten identifizieren, die sich nach Autor und Jahr unterscheiden. Für die hier vorgestellten Studien sind die fünf Komponenten, die Problemlöseprozesse im Allgemeinen kennzeichnen, von Angeli et al. (2016) maßgeblich:

1. Beim *Abstrahieren* müssen relevante Eigenschaften eines Problems abgeleitet und von irrelevanten Eigenschaften abgesehen werden. Dies kann auch anhand von Alltagsproblemen erfolgen.
2. *Generalisieren* bezeichnet das flexible Formulieren und Lösen von Problemen, damit diese auf ähnliche Problemstellungen übertragen werden können. Hierbei spielt das Erkennen von Mustern eine wichtige Rolle.
3. *Dekomposition* meint das Zerlegen komplexer Probleme in Teilprobleme, um diese leichter verstehen und lösen zu können.

4. Beim *algorithmischen Denken* geht es darum, eine Schritt-für-Schritt-Anleitung zum Lösen eines Problems zu finden. Es bezeichnet die Fähigkeit, in Form von Sequenzen und Regeln zu denken.

   4.1. Beim *Sequenzieren* müssen die identifizierten Teilprobleme in einen Algorithmus übersetzt werden.

   4.2. Der *Kontrollfluss* dient dazu, die Teilschritte in die korrekte Reihenfolge zu bringen und während des Programmierens immer wieder zu kontrollieren. So wird sichergestellt, dass der Algorithmus funktioniert.

5 *Debugging* umfasst die Kompetenz, Fehler in einer Problemlösung bzw. in einem Algorithmus zu finden und zu beheben.

Dem algorithmischen Denken kann außerdem gemäß Knöß (1989) auch die grundlegende Tätigkeit des Verstehens von Handlungsabfolgen zugeordnet werden. Algorithmen werden somit nicht nur generiert, sondern auch nachvollzogen.

4.2.2 Lernumgebungen als Planungs- und Organisationskonzept

Das Konzept der Lernumgebungen (vgl. auch Abschn. 1.4 in Band 1) bildet einen geeigneten Rahmen zur unterrichtlichen Umsetzung selbstbestimmten, aktiv-entdeckenden und sozialen Lernens und wird in diesem Beitrag im Sinne der umfangreichen Arbeiten aus der Mathematikdidaktik verstanden:

> Eine Lernumgebung ist eine flexible große Aufgabe. Sie besteht in der Regel aus mehreren Teilaufgaben und Arbeitsaufgaben, die durch bestimmte Leitgedanken – immer basierend auf einer innermathematischen oder sachbezogenen Struktur – zusammengebunden sind (Hirt et al., 2010, S. 13).

Die kleinste Organisationseinheit sind „gute" bzw. substantielle Aufgaben, die durch natürliche Differenzierung bzw. Selbstdifferenzierung (z. B. Schütte, 2008; Krauthausen & Scherer, 2016) das gemeinsame Lernen an einem Gegenstand trotz unterschiedlicher Ausgangslagen ermöglichen. Dies wird bspw. über eine niedrige Eingangsschwelle für leistungsschwache Schüler und sog. Rampen[2] für leistungsstarke Schülerinnen und Schüler erreicht. Durch die flexible Zusammenstellung der Aufgaben in der Lernumgebung können für die jeweilige Lerngruppe lokale und temporäre Schwerpunkte gesetzt werden, die dann individuell durch die Lernenden bearbeitet werden können. Außerdem werden durch substantielle Aufgaben die Argumentations-, Kommunikations- sowie Problemlösefähigkeiten der Lernenden gefördert (z. B. Wollring, 2009).

---

[2] Teilaufgaben, die Bearbeitungswege auf höheren Niveaus ermöglichen.

> **Lernumgebung**
> Lernumgebungen bilden den Rahmen für das selbstständige Arbeiten von Lerngruppen oder individuell Lernenden. Sie organisieren und regulieren den Lernprozess über Impulse, wie z. B. Arbeitsanweisungen.

Lernumgebungen können aber nicht nur in der Schule, sondern auch in der Aus- und Fortbildung (angehender) Grundschullehrkräfte eingesetzt werden. Zum einen haben sich materialbasierte Ansätze in der Lehrkräftebildung als vielversprechender Ansatz für die Vermittlung von fachlichen und fachdidaktischen Inhalten erwiesen (Göb, 2017). Zum anderen werden „Lernumgebungen … als ein Planungs- und Organisationskonzept [angesehen, d. Verf.], mit dem konstruktivistisch orientierte[s] Lernen und ein damit verbundenes positives Lernklima zu realisieren sind. Lernumgebungen bilden somit sinnvolle Organisationseinheiten in der Lehrerbildung" (Wollring, 2009, S. 14).

4.2.3 Lernumgebungen zum *Computational Thinking*

Als strukturierendes Element bei der Planung von Lernumgebungen zum *Computational Thinking* kann das Drei-Tetraeder-Modell (Prediger et al., 2019) genutzt werden. In diesem Modell wurde das didaktische Dreieck um die Ecke der Materialien und Medien zu einem Tetraeder ergänzt sowie strukturgleich auf die Fortbildungs- sowie Qualifizierungsebene übertragen. Die Lehr-Lern-Situation kann dadurch als Ganzes in den Blick genommen, Lernwege der jeweiligen Akteure theoriebezogen gestaltet und forschungsbasiert optimiert werden (Prediger et al., 2019). Abb. 4.1 zeigt die beiden Tetraeder, die für die beiden

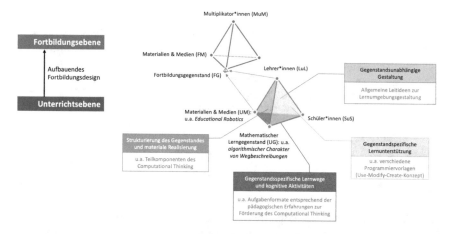

Abb. 4.1 Drei-Tetraeder-Modell in Anlehnung an Prediger et al. (2019)

vorgelegten Studien relevant sind und in der Planung als Strukturmodell genutzt werden können.

Die im theoretischen Hintergrund dargelegten Konstrukte lassen sich dem Tetraeder folgendermaßen zuordnen: Die Teilkomponenten des *Computational Thinking* können als Strukturierung des Lerngegenstandes herangezogen werden, der durch das Medium *Educational Robotics* realisiert wird (lila Seitenfläche). Die Anwendung der allgemeinen Leitideen zur Gestaltung von Lernumgebungen lassen sich dem Dreieck Lehrkraft-Lernende-Material/Medien zuordnen (graue Seitenfläche).

Bei der Gestaltung von Lernumgebungen zum *Computational Thinking* müssen noch weitere Aspekte des Tetraeders berücksichtigt werden. Im Folgenden werden drei davon überblicksartig dargestellt.

Educational Robotics

Eine Möglichkeit, um vor allem junge Kinder an die Teilkomponenten des *Computational Thinking* heranzuführen, besteht in der Arbeit mit Lernrobotern bzw. *Educational Robotics.* Sie bilden das eingesetzte Material bzw. Medium und sind in der linken unteren Ecke des Tetraeders zu verorten (Abb. 4.1). In verschiedenen Studien werden die Potenziale von Lernrobotern zur Förderung des *Computational Thinking* aufgezeigt (z. B. Yanik et al., 2017; Benvenuti & Mazzoni, 2020). In Trainingsstudien mit einfachen *Use Bots,* wie z. B. dem Bee-Bot oder dem BlueBot, können Leistungszuwächse in Bezug auf die Komponenten Fehlerbehebung, Mustererkennung und Sequenzieren bei Grundschulkindern erzielt werden (Bartolini Bussi & Baccaglini-Frank, 2015; Caballero-Gonzalez et al., 2019). Im späteren Grundschulalter kann auch mit *Built-Bots* bspw. von LEGO (Yanik et al., 2017) der Aufbau des *Computational Thinking* fortgeführt werden.

Konzept der pädagogischen Erfahrungen

Kotsopoulos et al. (2017, S. 154) stellen ein pädagogisches Rahmenkonzept für die Förderung des *Computational Thinking* vor, das vier in ihrer Komplexität aufsteigende pädagogische Erfahrungen umfasst:

1. *Unplugged:* Erfahrungen mit Materialien ohne digitale Unterstützung;
2. *Tinkering:* Veränderungen an bestehenden Objekten unter der Frage: „Was, wenn …?";
3. *Making:* Aktivitäten zum Erschaffen neuer Objekte;
4. *Remixing:* Verwendung von (Teil-)Objekten in anderen Objekten bzw. für andere Zwecke.

Jede Stufe stellt höhere kognitive Anforderungen. So ermöglichen die vier Erfahrungen eine zunehmend tiefere Auseinandersetzung mit dem Lerngegenstand. Ihre Abfolge kann variiert oder es können Erfahrungen wiederholt verwendet werden. Dieses Konzept lässt sich auf der Bodenfläche des Tetraeders (Lernende – Unterrichtsgegenstand – Material und Medien) verorten und zur Beschreibung gegenstandsspezifischer Lernwege zur Förderung des *Computational Thinking* heranziehen (Abb. 4.1).

Scaffolding
Der Ansatz des Scaffolding im Sinne des Use-Modify-Create-Konzeptes kann auf der rechten Fläche des Tetraeders (Lehrkraft-Lernende-Unterrichtsgegenstand) als gegenstandsbezogene Lernunterstützung verortet werden (Abb. 4.1).

> Je nach Stufe können den Lernenden nach der Erkundung des Problems unterschiedliche Programmiervorlagen als gegenstandsbezogene adaptive Hilfen im Lernprozess durch die Lehrkraft zur Verfügung gestellt werden (ausführlich Möller et al., 2022):
>
> - *Use:* fehlerhafte Programmiervorlage, die zur Lösungsfindung nachgebaut, gelesen und korrigiert werden muss;
> - *Modify:* stumme Programmiervorlage, in der Leerstellen zur Lösungsfindung noch gefüllt bzw. durch weitere Blöcke ergänzt werden müssen;
> - *Create:* freies Programmieren ohne Vorlage zur Lösungsfindung.

Im Folgenden werden nun zwei Arbeiten vorgestellt, die das *Computational Thinking* als gemeinsamen Bezugspunkt im Kontext der Auseinandersetzung mit Lernumgebungen auf den verschiedenen Ebenen thematisieren.

4.3 Potenzial einer Lernumgebung zum *Computational Thinking*

Am Institut für Mathematik (Landau) wurde eine Lernumgebung zur Förderung des *Computational Thinking* im Grundschulalter entwickelt. Es wird ein einfacher Use Bot verwendet, der BlueBot (Catlin et al., 2018, Abb. 4.2). Die Lernumgebung wird am außerschulischen Lernort PriMa Lernwerkstatt[3] eingesetzt. Ziel der vorgestellten Teilstudie ist es, das Potenzial der Lernumgebung zur Förderung des *Computational Thinking* aufzuzeigen und zu evaluieren.[4]

---

[3] https://www.uni-landau.de/primalernwerkstatt (abgerufen am 23.06.2022).

[4] Die Lernumgebung wurde von mehreren Studierenden im Rahmen ihrer Bachelor- und Masterarbeiten eingesetzt. Die Darstellung in diesem Artikel bezieht sich auf die Videodaten der Arbeit von Frau Sina Klomann.

Abb. 4.2 BlueBot mit
Befehlstasten

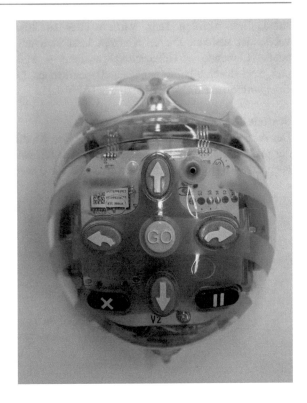

4.3.1 Methode

Dem *Design-based-Research*-Ansatz (Gravemeijer & Cobb, 2006) folgend
wurden zunächst prototypische Aufgaben zu verschiedenen Teilkomponenten des
Computational Thinking – algorithmisches Denken, Fehler finden und beheben,
Muster erkennen und verallgemeinern (Angeli et al., 2016) – entwickelt. Im ersten
Zyklus wurden die Formulierung, Reihung und Verständlichkeit der Aufgaben
für die Zielgruppe erprobt. Im zweiten Zyklus stand das Förderpotenzial der Auf-
gaben in Bezug auf die Teilkomponenten des *Computational Thinking* im Fokus.
Dazu wurden Videoaufzeichnungen mittels einer strukturierenden qualitativen
Inhaltsanalyse (Mayring, 2015) mithilfe der Software MaxQDA kodiert. Ziel
der Strukturierung war die theoriegeleitete Erfassung bestimmter Aspekte im
Datenmaterial (Mayring, 2015) – hier das Auftreten der Teilkomponenten des
Computational Thinking. Das Kategoriensystem wurde deduktiv aus der Theorie
entwickelt. Weiter wurden Kodierregeln formuliert und Ankerbeispiele aus dem
Material generiert. Das Kategoriensystem wurde durch konsensuelles Kodieren
mit drei Forschenden (Projektleitung, wissenschaftliche Mitarbeiterin und
studentische Hilfskraft) optimiert. Hierbei wurden Diskussionen zur Konsens-
findung eingesetzt (Kuckartz, 2022, S. 244 f.). Die Kodierung erfolgte im
Anschluss durch die in den Forschungsprozess eingebundene geschulte Hilfskraft.

Der Kodierleitfaden enthält folgende Haupt- und Subkategorien:

- Algorithmisches Denken:
  - Sequenzieren (Befehlsfolgen entwickeln)
  - Befehlsfolgen nachvollziehen
  - Kontrollfluss (Lösung evaluieren)
- Debugging:
  - Fehler finden und erkennen
  - Fehler beheben
- Muster:
  - Muster erkennen
  - Muster verallgemeinern

Im Folgenden wird auf diesen zweiten Zyklus der Kodierung Bezug genommen.

4.3.2 Stichprobe und Design

Die Lernumgebung wurde mit insgesamt acht Kindern im Alter zwischen 9 und 10 Jahren in Klasse vier erprobt. Die Aufgaben wurden im Tandem an vier aufeinanderfolgenden Terminen à 60 min bearbeitet. Die Lernumgebung besteht aus Aufgabenkarten, einem Forscherheft, digitalen Werkzeugen (BlueBot, Programmierleiste, Tablet) sowie gegenständlichen Materialien (Befehlskarten, Setzleiste, Plan)[5].

Der Aufbau der Lernumgebung orientiert sich an ausgewählten Teilkomponenten des *Computational Thinking* (Angeli et al., 2016) und den pädagogischen Grunderfahrungen (Kotsopoulos et al., 2017). So wurde einerseits darauf geachtet, dass in den Aufgabenstellungen verschiedene Teilkomponenten des *Computational Thinking* angeregt werden können. Andererseits wurden die pädagogischen Grunderfahrungen *Unplugged, Tinkering, Making* und *Remixing* in den Aufgaben berücksichtigt:

Zum Einstieg (Modul 1) navigiert ein Kind ein anderes Kind oder ein Stofftier von einem Start- zu einem Zielpunkt durch ein Gitternetz, indem es einen möglichen Weg durch verschiedene Befehle beschreibt. Digitale Werkzeuge kommen noch nicht zum Einsatz *(Unplugged)*. Weiter lernen die Kinder die Befehle des BlueBot kennen: Vorwärts, Rückwärts, Rechtsdrehung, Linksdrehung.

Im zweiten Modul lernen die Kinder unterschiedliche Darstellungen von Fahrtwegen kennen (Abb. 4.3): Pfeilfolgen, Wege im Gitternetz, verbale Beschreibungen. Sie entwickeln Algorithmen in Form von Befehlsfolgen *(Making)* und experimentieren mit verschiedenen Darstellungen, wenn Übersetzungen mit vorgegebenen Befehlsfolgen vorgenommen werden *(Tinkering)*.

---

[5] https://www.uni-landau.de/primalernwerkstatt (abgerufen am 23.06.2022).

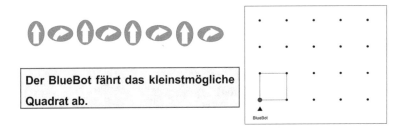

Abb. 4.3 Verschiedene Darstellungen eines Fahrtwegs

Im dritten Modul werden fehlerhafte Programmierungen in verschiedenen Darstellungen gefunden und korrigiert.

Im vierten Modul sollen Muster erkannt und verallgemeinert werden. Hierfür werden regelmäßige geometrische Figuren als Fahrtwege vorgegeben (Quadrat, Rechteck, Treppe), um die Entwicklung sich wiederholender Bausteine zu motivieren (Baustein *kleines Quadrat:* vorwärts, Rechtsdrehung; *Making*). Die Bausteine werden anschließend auf ähnliche Probleme übertragen und damit verallgemeinert (Baustein *größere Quadrate:* x-mal vorwärts, Rechts- oder Linksdrehung; *Remixing*).

4.3.3 Ergebnisse

Die Module zwei bis vier wurden entwickelt, um spezifische Teilkomponenten des *Computational Thinking* – algorithmisches Denken, Fehler finden und beheben, Muster erkennen und verallgemeinern – zu fördern. Die anderen beiden Teilkomponenten nach Angeli et al. (2016) – Abstrahieren und Dekomposition – spielen bei diesen Aufgaben keine Rolle.

Durch die strukturierende qualitative Inhaltsanalyse wurde geprüft, inwiefern sich die genannten Teilkomponenten beim Einsatz der Lernumgebung auch tatsächlich beobachten lassen. Hierzu wurde der Kodierleitfaden auf das gesamte Datenmaterial angewendet. Anschließend wurden in den Modulen zwei bis vier die Häufigkeiten der Haupt- und Subkategorien pro Aufgabe bestimmt, aber auch die Reihenfolge, in der sie im Bearbeitungsprozess auftraten.

In Tab. 4.1 sind die Häufigkeiten der einzelnen Subkategorien für die drei Module abgetragen. Es zeigte sich, dass die Teilkomponenten *Sequenzieren* sowie *Muster erkennen* und *verallgemeinern* durch die entwickelten Aufgabenstellungen gezielt evoziert werden können bzw. sogar müssen. So haben die Kinder eine Befehlsfolge nur dann entwickelt, wenn die in der Aufgabenstellung gefordert war. Vergleichbares gilt für das Erkennen und Weiterentwickeln von Mustern.

Hingegen traten die Teilkomponenten *Kontrollfluss* sowie *Fehler finden* und *beheben* über alle Module hinweg auf. Wenn die Kinder die Aufgabe nicht direkt beim ersten Versuch richtig bearbeitet haben, wechseln sich Kontrollfluss im Sinne des Evaluierens einer Problemlösung mit dem Fehler finden und beheben in einer

Tab. 4.1 Häufigkeiten der Subkategorien

Hauptkategorien	Subkategorie	Modul 2	Modul 3	Modul 4
Algorithmisches Denken	Sequenzieren (Befehlsfolgen entwickeln)	25	–	2
	Befehlsfolgen nachvollziehen	102	34	44
	Kontrollfluss (Lösung evaluieren)	47	20	37
Debugging	Fehler finden	23	41	10
	Fehler beheben	42	44	13
Muster	Erkennen	–	–	13
	Verallgemeinern	–	–	11

Abb. 4.4 Kodierung aus Modul 2 – Fahrtwege unterschiedlich darstellen

Schleife ab. Nach erneuter Evaluation kommt es bei Erfolg entweder zum Abbruch der Bearbeitung oder zur erneuten Fehlerkorrektur usw. Hierbei handelt es sich also um Teilkomponenten, die immer dann angeregt werden, wenn die korrekte Lösung nicht auf Anhieb gefunden wird. Dies konnte bei allen Tandems über nahezu alle Aufgaben hinweg beobachtet werden.

Abb. 4.4 zeigt einen exemplarischen Bearbeitungsprozess einer Aufgabe aus Modul 2 (Fahrtwege unterschiedlich darstellen). Der Farbverlauf gibt die Abfolge der Bearbeitung innerhalb der Transkripte wieder. Alle vier Tandems beginnen damit, eine Befehlsfolge zu entwickeln (Sequenzieren; dunkelblau). Während Tandem 1, 2 und 4 mehrere Schleifen aus Kontrollfluss (türkis), Fehler finden (hellgrün) und beheben (dunkelgrün) durchlaufen, benötigt Tandem 3 nur eine Schleife.

Die Anzahl und Länge der eben beschriebenen Bearbeitungsschleifen (Kontrollfluss – türkis, Fehlern finden und beheben – hellgrün/dunkelgrün) waren unterschiedlich, aber sie traten bei allen Tandems mindestens einmal auf.

4.3.4 Diskussion

In allen untersuchten Modulen der Lernumgebung treten das Entwickeln oder Nachvollziehen von Algorithmen (im Sinne einfacher Schritt-für-Schritt-Befehlsfolgen), allgemeine Problemlösestrategien wie das Evaluieren einer Befehlsfolge

sowie das Finden und Beheben von Fehlern auf und dies unabhängig von der
vorab angedachten Zielrichtung der Aufgabenstellungen. Das Evaluieren meint
die Ausführung der entwickelten Programmierung und erfolgt bei Befehlsfolgen
mit als auch ohne Fehler. Das Finden und Beheben von Fehlern schließt sich bei
fehlerhaften Befehlsfolgen an.

Teilkomponenten wie das Sequenzieren und das Erkennen und Verallgemeinern
von Mustern zeigen sich hingegen nur, wenn sie durch gezielte Aufgabenstellungen angeregt werden: So konnten das Sequenzieren nur in Modul 2 und 4
und das Erkennen und Verallgemeinern von Mustern nur in Modul 4 beobachtet
werden. Damit können durch die vorgenommene Analyse vergleichbare Lerngelegenheiten wie in anderen Studien aufgezeigt werden (Bartolini Bussi &
Baccaglini-Frank, 2015; Caballero-Gonzalez et al., 2019). Es wird aber auch
deutlich, dass die zuletzt genannten Teilkomponenten beim (Re)Design der Lernumgebung gezielt berücksichtigt werden müssen.

4.4 Fortbildung zum *Computational Thinking* im Mathematikunterricht

4.4.1 Kontext

Die Materialentwicklung auf der Unterrichtsebene allein ist nicht ausreichend,
um *Computational Thinking* nachhaltig mathematikbezogen in der Praxis zu
implementieren. Die Lehrkräfte müssen zusätzlich in der Vermittlung dieser
Kompetenzen fortgebildet werden, weil digitalbezogene Kompetenzen bisher
unzureichend Teil der Lehrkräftebildung waren. Auf Grundlage des *Design-based-
Research*-Ansatzes (DBR; Gravemeijer & Cobb, 2006) wurde deshalb im Rahmen
des math.media.lab[6] an der Humboldt-Universität zu Berlin eine Fortbildung zum
Computational Thinking im Mathematikunterricht entwickelt. Die Veranstaltungs-
reihe wurde wiederholt erprobt und iterativ weiterentwickelt. Durch die örtliche
Anbindung konnten u. a. materiale Unterstützungsangebote unmittelbar in die
Fortbildung integriert werden (ausführlich Beyer et al., 2020).

4.4.2 Fortbildungsdesign

Aufbauend auf theoretischen und empirischen Grundlagen zu mathematischen
Lernumgebungen zum *Computational Thinking* soll im Folgenden die Umsetzung
von Fortbildungsdesignprinzipien näher vorgestellt werden. Im Sinne des
Nesting wird dabei das gesamte Unterrichtstetraeder (vgl. Abschn. 4.2 und 4.3)
als Fortbildungsgegenstand in das Fortbildungstetraeder aufgenommen (Prediger

---

[6] https://hu.berlin/math-media-lab (abgerufen am 23.06.2022).

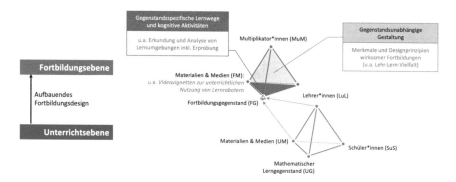

Abb. 4.5 Drei-Tetraeder-Modell in Anlehnung an Prediger et al. (2019) mit Fokus Fortbildungsebene

et al., 2019; Abb. 4.5). Dadurch entspricht die Strukturierung des Fortbildungsgegenstandes im Kern jener auf der Unterrichtsebene. Jedoch wird die materiale Realisierung durch Unterrichtsdokumente, z. B. Videovignetten von Kinder-Programmierungen angereichert. Allgemeine Ziele der Fortbildungsreihe sind: Wissen zur Rolle von Algorithmen im Mathematikunterricht vertiefen, Wissen zum Lernen und Lehren mit prototypischen Lernumgebungen zum *Computational Thinking* aufbauen sowie anwenden.

Die gegenstandsunabhängige Gestaltung der Fortbildung (Abb. 4.5, hintere Seitenfläche) orientiert sich an den Gestaltungsprinzipien wirksamer Fortbildungen. Im Fokus dabei: Kompetenzorientierung, Teilnehmendenorientierung, Lehr-Lern-Vielfalt und Reflexionsförderung (ausführlich Barzel & Selter, 2015). Insbesondere die Lehr-Lern-Vielfalt im Sinne einer Verschränkung von Input-, Erprobungs- und Reflexionsphasen wird betont, weil dadurch die berufliche Praxis unmittelbar integriert werden kann.

Die Gestaltung der gegenstandsspezifischen Lernwege und kognitive Aktivitäten (Abb. 4.5, untere Seitenfläche) orientiert sich an inhaltsübergreifenden Konzeptbausteinen (Tab. 4.2; Huhmann et al., 2019). Ausgangspunkt ist stets das handelnde Erkunden und Analysieren der fachlich-fachdidaktischen Hintergründe der Lernumgebung, z. B. der algorithmische Charakter von Wegbeschreibungen. Dabei analysieren die Lehrkräfte die Aufgaben hinsichtlich der Teilkomponenten (s. Abschn. 4.2.1) und der pädagogischen Erfahrungen (s. Abschn. 4.2.3) zur Förderung des *Computational Thinking*. Sie erkunden den Funktionsumfang der eingesetzten Lernroboter (*Use Bots*, s. Abschn. 4.2.3) und mit deren Einsatz verbundene Anforderungen, Handlungsmöglichkeiten und Potenziale. Außerdem lernen die Lehrkräfte Formen des *Scaffolding* (s. Abschn. 4.2.3) kennen sowie Vorlagen selbst zu gestalten, um den Lernenden entsprechend ihres Kompetenzstandes Hilfen geben zu können. Dieser Prozess ist nicht auf eine Einzelveranstaltung begrenzt, sondern wird in der schulischen Praxis fortgesetzt. Im Fokus der schulpraktischen Erprobung liegen die Planungs- und Implementationsprozesse. Auf Grundlage der eigenen Lernerfahrungen sollen die Lehrkräfte

Tab. 4.2 Übersicht der Lehrkraftperspektiven in Verbindung mit den Konzeptbausteinen nach Huhmann et al. (vgl. 2019, S. 281–282)

Lernenden-Perspektive der Lehrkraft		Lehrenden-Perspektive der Lehrkraft		
Fokus: eigenes Erkunden der Lernumgebung(en), um im eigenen Lernprozess Gemeinsames, Unterschiedliches, inhalts- sowie prozessbezogene Anforderungen und Herausforderungen wahrzunehmen und zu analysieren		Fokus: Auf Basis der Erfahrungen und Analysen erfolgen Planungen für die unterrichtliche Erprobung. Wie und warum werden digitale Elemente in die eigene Lehre eingebunden? Erfolgte eine Implementation durch Adaption oder Neuentwicklung?		
Baustein 1	**Baustein 2**	**Baustein 3**	**Baustein 4**	**Baustein 5**
Input: theoretische Hintergründe (vgl. Abschn. 4.2)	Erkundung, Analyse und Reflexion von Lernumgebung(en)	Vorbereitung unterrichtlicher Erprobung	Durchführung und Dokumentation unterrichtlicher Erprobung	Analyse und Reflexion der unterrichtlichen Erprobung
Kontinuierlich begleitende Forschenden-Perspektive der Lehrkraft				
Welche Herausforderungen und Grenzen analogen Lernens lassen sich identifizieren? Welche digitalen Unterstützungselemente können zur Bewältigung/Überwindung dienen? Welche Potenziale und Grenzen beinhalten die digitalen Unterstützungen? Was müsste ein digital unterstützendes Element leisten? Leisten es die entwickelten und erprobten Elemente? Wie zeigt sich das in der Interaktion mit Lernenden?				

nun die Teilaufgaben der Lernumgebung für ihren lokalen Kontext zusammenstellen und adaptieren. In der Folgeveranstaltung werden die schulpraktischen Erfahrungen gemeinsam anhand von Dokumentationen reflektiert, im Anschluss kooperativ Lernumgebungsdesigns weiterentwickelt und miteinander geteilt.

4.4.3 Begleitforschung

Die Fortbildung wurde begleitend beforscht, um Fragen der inhaltlichen und methodischen Gestaltung sowie zu Unterstützungsangeboten zu untersuchen und das Angebot im Sinne des DBR-Ansatzes weiterzuentwickeln. Im Folgenden werden zu diesen Schwerpunkten ausgewählte Ergebnisse der Begleitforschung vorgestellt.

Kontrollerfahrungen

Eine Studie untersuchte affektiv-motivationale Faktoren, von denen auf Grundlage bestehender Forschungsergebnisse anzunehmen ist, dass sie den tatsächlichen Einsatz digitaler Medien im Klassenzimmer vorhersagen können. Die Befunde dieser Studie weisen u. a. auf die besondere Bedeutung wahrgenommener Kontrolle über digitale Medien für die Selbstwirksamkeitserwartung und damit den tatsächlichen Einsatz digitaler Medien hin. Dem folgend stellt der für die Fortbildung gewählte Ansatz intensiver und selbstständiger Auseinandersetzung mit Lernumgebungen zum *Computational Thinking* eine erfolgversprechende Herangehensweise dar: Lehrkräfte werden gezielt in die Lage versetzt, Mathematikunterricht mit programmierbaren Lernrobotern und Blockprogrammiersprachen zu planen, durchzuführen und zu bewerten (ausführlich vgl. Kap. 5 in Band 1).[7]

Transferhürden

Im Rahmen der Fortbildungsevaluation stellte sich der Transfer der Inhalte in den schulischen Alltag als größte Hürde dar. Dieser Befund deckt sich mit Forschungsergebnissen zu Herausforderungen von Fortbildungsmaßnahmen für Lehrkräfte und war Anlass für ein Entwicklungsprojekt zum *Mobile Learning* mit Chatbots zur situativen Unterstützung von schulpraktischen Erprobungen[8] (Beyer et al., 2020).

Ausgangspunkt der Chatbot-Entwicklung war die Erfassung kritischer Ereignisse, Spannungsverhältnisse und Handlungsmuster in Lernwegen von Lehrkräften im Rahmen der Fortbildung. Diese Probleme können sowohl technisch-organisatorische als auch didaktische Schwierigkeiten während der Erprobung im Klassenzimmer zur Folge haben, sodass Unterrichtseinheiten entweder nur unvollständig umgesetzt oder abgebrochen wurden. Als Konsequenz des ermittelten Bedarfs konzentriert sich die Entwicklung des Chatbots auf die Begleitung von Planungsphasen, um so Lehrkräfte bei der optimalen Vorbereitung der schulpraktischen Erprobung zu unterstützen (ausführlich Beyer, 2022).

Insgesamt hat sich in der Begleitforschung gezeigt, dass das mehrteilige Fortbildungsdesign und damit verbundene Lernaktivitäten grundlegende Erwartungen erfüllen. Zugleich besteht weiterer Forschungsbedarf im Hinblick auf nachhaltigen Transfer der Fortbildungsinhalte in die Unterrichtspraxis.

4.5 Implikationen der Ergebnisse

Mit dem vorliegenden Beitrag haben wir exemplarisch aufgezeigt, wie eine Förderung des *Computational Thinking,* einer grundlegenden Kompetenz im Zusammenhang mit der zunehmenden Digitalisierung, im Rahmen des Mathematikunterrichts und der Fortbildung von Lehrkräften integriert werden kann. Dazu wurden zwei Lerngelegenheiten für Lernende und Lehrkräfte forschungsbasiert entwickelt und optimiert. Die beiden unabhängigen Projekte beleuchten dabei Möglichkeiten der fachbezogenen Implementation des *Computational Thinking*. Diese benötigt weitere universitäre Entwicklungsarbeit sowohl auf der Unterrichts- als auch auf der Fortbildungsebene, um langfristig Innovationsprozesse in der Bildungspraxis zu unterstützen. Die vorgestellte Lernumgebung kann hierbei als Prototyp für die eigene unterrichtliche Umsetzung

---

[7] https://hu.berlin/mtpack (abgerufen am 23.06.2022).

[8] https://hu.berlin/matched (abgerufen am 23.06.2022).

herangezogen werden. Die vorgestellte Fortbildungskonzeption bietet einen inhalt-lich-organisatorischen Rahmen zur vorunterrichtlichen Auseinandersetzung, die situativ adaptiert werden kann. Diese Arbeiten können dabei als Ausgangspunkt weiterer mathematikbezogener Forschung zum *Computational Thinking* gesehen werden.

Literatur

Angeli, C., Voogt, J., Fluck, A., Webb, M., Cox, M., Malyn-Smith, J., & Zagami, J. (2016). A k-6 computational thinking curriculum framework: Implications for teacher knowledge. *Educational Technology & Society, 19*(3), 47–57.

Bartolini Bussi, M. G., & Baccaglini-Frank, A. (2015). Geometry in early years: Sowing seeds for a mathematical definition of squares and rectangles. *ZDM Mathematics Education, 47*(3), 391–405.

Barzel, B., & Selter, C. (2015). Die DZLM-Gestaltungsprinzipien für Fortbildungen. *Journal der Mathematikdidaktik, 36,* 259–284. https://doi.org/10.1007/s13138-015-0076-y.

Benvenuti, M., & Mazzoni, E. (2020). Enhancing wayfinding in pre-school children through robot and socio-cognitive conflict. *British Journal of Educational Technology, 51*(2), 436–458.

Beyer, S. (2022). Developing a chatbot for mathematics teachers to support digital innovation of subject-matter teaching and learning. In E. Langran (Hrsg.), *Proceedings of society for information technology & teacher education international conference* (S. 1344–1348). Association for the Advancement of Computing in Education (AACE).

Beyer, S., Grave-Gierlinger, F., & Eilerts, K. (2020). math.media.lab – Ein mathematik-didaktischer Makerspace für die Aus- und Fortbildung von Grundschullehrkräften. *Medienimpulse, 58*(4). https://doi.org/10.21243/mi-04-20-24.

Caballero-Gonzalez, Y., García-Valcárcel, A., & García-Holgado, A. (2019). Learning computational thinking and social skills development in young children through problem solving with educational robotics. *TEEM'19: Proceedings of the seventh international conference on technological ecosystems for enhancing multiculturality,* 19–23. https://doi.org/10.1145/3362789.3362874.

Catlin, D., Holmquist, S., & Kandlhofer, M. (2018). *EduRobot Taxonomy: A Provisional Schema for Classifying Educational Robots* [Poster Session], Malta.

Fraillon, J., Ainley, J., Schulz, W., Duckworth, D., & Friedman, T. (2019). *Computational thinking framework. IEA International Computer and Information Literacy Study 2018 Assessment Framework.* Springer. https://doi.org/10.1007/978-3-030-19389-8_3.

Göb, N. (2017). Professionalisierung durch Lehrerfortbildung: Wie wird der Lernprozess der Teilnehmenden unterstützt? *DDS – Die Deutsche Schule, 109*(1), 9–27.

Gravemeijer, K., & Cobb, P. (2006). Design research from a learning design perspective. In J. van den Akker, K. Gravemeijer, S. McKenney, & N. Nieveen (Hrsg.), *Educational design research* (S. 17–51). Routledge.

Hirt, U., Wälti, B., & Wollring, B. (2010). Lernumgebungen für den Mathematikunterricht in der Grundschule: Begriffsklärung und Positionierung. In U. Hirt & B. Wälti (Hrsg.), *Lernumgebungen im Mathematikunterricht: Natürliche Differenzierung für Rechenschwache bis Hochbegabte* (2. Aufl., S. 11–14). Kallmeyer.

Huhmann, T., Eilerts, K., & Höveler, K. (2019). Digital unterstütztes Mathematiklehren und -lernen in der Grundschule – Konzeptionelle Grundlage und übergeordnete Konzeptbausteine für die Mathematiklehreraus- und -fortbildung. In D. Walter & R. Rink (Hrsg.), *Digitale Medien in der Lehrerbildung Mathematik – Konzeptionelles und Beispiele für die Primarstufe (Lernen, Lehren und Forschen mit digitalen Medien in der Primarstufe, Band 5)* (S. 277–308). WTM-Verlag.

Knöß, P. (1989). *Fundamentale Ideen der Informatik im Mathematikunterricht*. Dt. Univ.-Verl.

Konferenz der Kultusminister der Länder in der Bundesrepublik Deutschland. (2017). *Strategie „Bildung in der digitalen Welt"*. Beschluss vom 8.12.2016, Stand: 09.11.2017. https://www. kmk.org/fileadmin/Dateien/pdf/PresseUndAktuelles/2017/Digitalstrategie_KMK_Weiterbildung.pdf. Zugegriffen: 23. Juni 2022.

Kotsopoulos, D., Floyd, L., Khan, S. et al. (2017). A pedagogical framework for computational thinking. *Digital experiences in mathematics education 3* (S. 154–171). https://doi. org/10.1007/s40751-017-0031-2.

Krauthausen, G., & Scherer, P. (2016). *Natürliche Differenzierung im Mathematikunterricht. Konzepte und Praxisbeispiele aus der Grundschule* (2. Aufl.). Klett.

Kuckartz, U. (2022). *Qualitative Inhaltsanalyse*. Beltz.

Mayring, P. (2015). *Qualitative Inhaltsanalyse. Grundlagen und Techniken* (12., überarb. Aufl.). Beltz.

Möller, R., Eilerts, K., Collignon, P., & Beyer, S. (2022). Zur aktuellen Bedeutung von Algorithmen im Mathematikunterricht – Perspektiven der Digitalisierung. In K. Eilerts, R. D. Möller, & T. Huhmann (Hrsg.), *Auf dem Weg zum neuen Mathematiklehren und -lernen 2.0* (S. 177–193). Springer Fachmedien. https://doi.org/10.1007/978-3-658-33450-5_12.

Prediger, S., Rösken-Winter, B., & Leuders, T. (2019). Which research can support PD facilitators? Strategies for content-related PD research in the Three-Tetrahedron Model. *Journal of Mathematics Teacher Education, 22,* 407–425. https://doi.org/10.1007/s10857-019-09434-3.

Schütte, S. (2008). *Qualität im Mathematikunterricht der Grundschule sichern. Für eine zeitgemäße Unterrichts- und Aufgabenkultur*. Oldenbourg.

Wing, J. M. (2006). Computational thinking. *Communications of the ACM, 49*(3), 33–35.

Wollring, B. (2009). Zur Kennzeichnung von Lernumgebungen für den Mathematikunterricht in der Grundschule. In A. Peter-Koop, G. Lilitakis, & B. Spindeler (Hrsg.), *Lernumgebungen – Ein Weg zum kompetenzorientierten Mathematikunterricht in der Grundschule* (S. 9–23). Mildenberger Verlag.

Yanik, B., Kurz, T., & Memis, Y. (2017). Learning from programming robots: Gifted third graders explorations in mathematics through problem solving. In H. Ozcinar, G. Wong, & T. Ozturk (Hrsg.), *Teaching computational thinking in primary education* (S. 230–255). IGI GLOBAL.

Eine Untersuchung der Selbstwirksamkeitserwartung von Lehramtsstudierenden bezogen auf den Einsatz digitaler Technologien im Mathematikunterricht aus Perspektive der Control-Value Theory

5

Frederik Grave-Gierlinger⬡, Lars Jenßen⬡ und Katja Eilerts⬡

Inhaltsverzeichnis

5.1 Einleitung 92
5.2 Theoretischer Hintergrund 93
    5.2.1 Selbstwirksamkeitserwartung 93
    5.2.2 Freude 93
    5.2.3 Kontrolle und Wert 93
    5.2.4 Beziehungen zwischen den Konstrukten 94
5.3 Anliegen der Studie 95
5.4 Methoden 95
    5.4.1 Stichprobe 95
    5.4.2 Datenerhebung 95
    5.4.3 Datenanalyse 96
5.5 Ergebnisse 96
5.6 Diskussion 98
Literatur 101

F. Grave-Gierlinger (✉) · L. Jenßen · K. Eilerts
Institut für Erziehungswissenschaften, Humboldt-Universität zu Berlin, Berlin, Deutschland
E-Mail: frederik.gierlinger@hu-berlin.de

L. Jenßen
E-Mail: lars.jenssen@hu-berlin.de

K. Eilerts
E-Mail: katja.eilerts@hu-berlin.de

© Der/die Autor(en) 2023
J. Roth et al. (Hrsg.), *Die Zukunft des MINT-Lernens – Band 1*,
https://doi.org/10.1007/978-3-662-66131-4_5

5.1   Einleitung

Der Kompetenz, digitale Technologien effektiv und effizient zu nutzen, wird im Zusammenhang mit der Frage, welche Kompetenzen Schülerinnen und Schüler im Rahmen ihrer schulischen Laufbahn erwerben sollen, in der jüngeren Vergangenheit zunehmend Bedeutung zugesprochen (Chalkiadaki, 2018; Voogt & Roblin, 2012). Folglich nehmen digitale Kompetenzen als Teilaspekt der professionellen Kompetenz von Lehrkräften eine immer wichtiger werdende Rolle ein (From, 2017; Krumsvik, 2008). Die universitäre Aus- und Fortbildung von Lehrkräften hat dieser neuen Anforderung an Lehrkräfte durch die Bereitstellung entsprechender Angebote Rechnung zu tragen: Lehrkräfte sind darauf vorzubereiten, digitale Technologien lernzielorientiert und didaktisch begründet in ihren Unterricht zu integrieren; sie müssen mit anderen Worten nicht nur kompetente Nutzerinnen und Nutzer digitaler Technologien sein, sondern darüber hinaus auch Wissen darüber erwerben, wie digitale Technologien im schulischen Unterricht eingesetzt werden können, um Lehr-Lern-Prozesse effektiv und effizient zu unterstützen.

> **Digitale Technologien**
> Digitale Technologien werden als Sammelbezeichnung für technische Geräte (Hardware), die darauf befindlichen digitalen Inhalte (Software) sowie für Kombinationen aus beidem verwendet (Roth et al., Kap. 1 in Bd. 1).

Entsprechende Angebote und die dafür notwendige technische Infrastruktur sind jedoch an vielen Standorten erst im Aufbau begriffen, weswegen es nicht überrascht, dass Lehrkräfte in Deutschland eine niedrige Selbstwirksamkeitserwartung mit Bezug auf den Einsatz digitaler Technologien im Unterricht aufweisen (Fraillon et al., 2019) und eine deutliche Ausweitung der Aus- und Fortbildungsangebote zum Einsatz digitaler Technologien von Seiten der Lehrkräfte gewünscht wird (Autorengruppe Bildungsberichterstattung, 2020). Das macht erforderlich, der Frage nachzugehen, wie Aus- und Fortbildungsmaßnahmen gestaltet sein müssen, um langfristig eine nachhaltige Integration digitaler Technologien in die schulische Unterrichtspraxis sicherzustellen.

Zahlreiche Studien zeigen, dass die Häufigkeit des Einsatzes digitaler Technologien im Unterricht signifikant und positiv mit der Selbstwirksamkeitserwartung der befragten Lehrkräfte korreliert (Li et al., 2019; Hatlevik & Hatlevik, 2018; Hatlevik, 2017; Scherer & Siddiq, 2015; Player-Koro, 2012). Das legt nahe, dass die Entwicklung und Förderung der Selbstwirksamkeitserwartung von Lehrkräften ein zentrales Anliegen der Aus- und Fortbildung von Lehrkräften sein sollten (Gudmundsottir & Hatlevik, 2018). Studien haben zudem gezeigt, dass Emotionen die Entscheidung für oder wider den Einsatz digitaler Technologien im (Mathematik-)Unterricht beeinflussen (Kaleli-Yilmaz, 2015; Mac Callum et al.,

2014). Bisherige Forschungsarbeiten adressieren jedoch beinahe ausschließlich unangenehme Emotionen wie Angst. Vor dem Hintergrund, dass Freude als Quelle von Selbstwirksamkeitserwartung bekannt ist (Bandura, 1997), gilt es deshalb zu untersuchen, wie im Rahmen von Aus- und Fortbildungsmaßnahmen das Zustandekommen angenehmer Emotionen begünstigt werden kann.

5.2 Theoretischer Hintergrund

5.2.1 Selbstwirksamkeitserwartung

Als Konstrukt leitet sich die Selbstwirksamkeit aus der sozialkognitiven Lerntheorie (Bandura, 1977) ab und beschreibt das Vertrauen in die eigene Fähigkeit, eine bestimmte Aufgabenstellung erfolgreich zu bewältigen (Bandura, 1997). Mit Blick auf die Nutzung digitaler Technologien haben verschiedene Operationalisierungen der Selbstwirksamkeitserwartung Eingang in den Fachdiskurs gefunden, wobei in der Regel zwischen einem Einsatz digitaler Technologien zur Bewältigung alltäglicher Aufgaben und der Nutzung digitaler Technologien als didaktische Werkzeuge im Unterricht unterschieden wird (Fanni et al., 2013; Scherer & Siddiq, 2015; Hatlevik & Hatlevik, 2018).

5.2.2 Freude

Freude kann als angenehme und aktivierende Emotion konzeptualisiert werden (Barrett & Russell, 1998). Das Erleben von Freude während Lernaktivitäten ist direkt mit dem Erleben eigener Kompetenz verknüpft (Pinxten et al., 2014) und wird sowohl während der Leistungserbringung als auch in Bezug auf das Leistungsergebnis erlebt (Putwain et al., 2018a). Mit Blick auf digitale Technologien haben Forschungsarbeiten offengelegt, dass Freude bei der Nutzung digitaler Technologien eine umfangreichere und intensivere Auseinandersetzung mit diesen begünstigt (Agarwal & Karahanna, 2000).

5.2.3 Kontrolle und Wert

Die subjektive Beurteilung des Wertes digitaler Technologien wird gängig als Komponente der Bereitschaft konzeptualisiert, digitale Technologien einzusetzen. Zahlreiche Autorinnen und Autoren betonen deshalb, dass Lehrkräften im Rahmen ihrer Aus- und Fortbildung die Möglichkeit geboten werden sollte, den Wert digitaler Technologien für die Unterrichtspraxis zu erleben (Ottenbreit-Leftwich et al., 2010; Sadaf & Johnson, 2017). Empirische Befunde weisen darüber hinaus auf eine mögliche Bedeutung wahrgenommener Kontrolle über digitale Technologien hin: Wenn Lehrkräfte sich durch gute technische Infrastruktur und/oder die Zusammenarbeit mit Kolleginnen und Kollegen unterstützt fühlen, dann wirkt sich das positiv auf ihre Selbstwirksamkeitserwartung aus (Hatlevik & Hatlevik, 2018; Jin & Harp, 2020; Li et al., 2019). Außerdem zeigt sich, dass Berufserfahrung den erfolgreichen Einsatz digitaler Technologien im Unterricht begünstigt (Fraillon et al., 2014). Sowohl vorhandene Unterstützungssysteme als auch die berufliche Erfahrung (durch damit einhergehende Kompetenzen und Strategien) lassen sich konzeptuell unter der subjektiv wahrgenommenen Kontrolle über eine Situation subsumieren. Wahrgenommene Kontrolle stellt im Allgemeinen zudem eine relevante Größe im Zusammenhang mit der Selbstwirksamkeitserwartung dar (Bandura, 1997).

5.2.4 Beziehungen zwischen den Konstrukten

Eine Vielzahl theoretischer Modelle, wie das Will-*Skill-Tool*-Modell (Velázquez, 2006) oder das *Technology Acceptance Model* (Davis, 1989) betonen die Bedeutung affektiv-motivationaler Faktoren als unabhängige Variablen für die Vorhersage des Einsatzes digitaler Technologien im Unterricht. Das *Technology Acceptance Model* modelliert die wahrgenommene Nützlichkeit *(Perceived Usefulness)* und die wahrgenommene Benutzerfreundlichkeit *(Perceived Ease of Use)* als wichtigste Einflussfaktoren auf die Bereitschaft, eine bestimmte Technologie zu nutzen. In das *Will-Skill-Tool*-Modell fließt die Bereitschaft zur Technologienutzung *(Will)* neben den vorhandenen Fertigkeiten *(Skill)* und den Merkmalen der Technologie *(Tool)* hingegen als unabhängige Variable ein. Beiden Modellen ist jedoch die Annahme gemein, dass das Vertrauen von Lehrkräften in ihre eigenen Kompetenzen, digitale Technologien gezielt im Unterricht einzusetzen, gestärkt werden muss, um zu gewährleisten, dass Lehrkräfte digitale Technologien auch tatsächlich im Unterricht einsetzen (Petko, 2012). Auffallend ist allerdings, dass Emotionen in der vorhandenen Literatur in der Regel und mit wenigen Ausnahmen (Stephan et al., 2019) nicht als relevante Faktoren adressiert werden. Da digitale Technologien spezifische emotionale Erfahrungen auslösen (Plass & Kaplan, 2016) und Emotionen sich signifikant auf den Verlauf von Lern- und Leistungsprozessen auswirken (Pekrun & Perry, 2014), stellt dies eine Lücke in der bisherigen Forschung dar.

Auf Grundlage der *Control-Value Theory* kann angenommen werden, dass Freude erlebt wird, wenn ein Individuum überzeugt ist, Kontrolle über eine bestimmte Situation zu haben, und der Situation, der Domäne oder einer Sache zudem einen hohen Wert bzw. hohe Nützlichkeit beimisst (Pekrun & Perry, 2014; Putwain et al., 2018b). Stephan et al. (2019) haben diesbezüglich gezeigt, dass eine hohe Wertüberzeugung bezogen auf digitale Technologien mit dem Erleben von Freude in digital unterstützten Lernumgebungen einhergeht. Bezogen auf den Einsatz digitaler Technologien durch (angehende) Lehrkräfte betonen die Autorinnen und Autoren der Studie die Wichtigkeit weiterer Forschungsarbeiten zum Einfluss der wahrgenommenen Kontrolle und des wahrgenommenen Wertes auf die Selbstwirksamkeitserwartung.

5.3   Anliegen der Studie

Der vorliegende Beitrag untersucht die Selbstwirksamkeitserwartung von Lehramtsstudierenden mit Blick auf den Einsatz digitaler Technologien im Mathematikunterricht und geht der Frage nach, ob und inwiefern die Selbstwirksamkeitserwartung mit dem Erleben von Freude beim Einsatz digitaler Technologien im Mathematikunterricht zusammenhängt. Darüber hinaus werden mögliche Effekte wahrgenommener Kontrolle und wahrgenommenen Wertes auf beide genannten Konstrukte überprüft. Abb. 5.1 zeigt eine grafische Darstellung aller theoretisch angenommenen Beziehungen zwischen den untersuchten Konstrukten.

5.4   Methoden

5.4.1   Stichprobe

Das theoretische Modell wurde mit $n = 249$ Lehramtsstudierenden der Humboldt-Universität zu Berlin überprüft. Die deutliche Mehrheit der Teilnehmenden gab an, Frauen zu sein (82,9 % weiblich, 17,1 % männlich). Das durchschnittliche Alter betrug $M = 28,2$ Jahre ($SD = 8,0$). Die Teilnehmenden wurden aus den Bachelor- und Masterstudiengängen der Grundschulpädagogik mit Lehramtsoption rekrutiert. Im Schnitt befanden sich die Teilnehmenden im vierten Semester ihres jeweiligen Studiums ($M = 3,80$; $SD = 2,42$; $Min = 1$; $Max = 15$). Etwa zwei Drittel der Teilnehmenden befanden sich im Bachelorstudium (65 %) und ein Drittel im Masterstudium (35 %). Die Teilnehmenden erhielten keine Anreize für ihre Teilnahme und konnten die Befragung jederzeit und ohne Nennung eines Grundes beenden.

5.4.2   Datenerhebung

Die Datenerhebung erfolgte mittels eines standardisierten Online-Fragebogens. Eine vollständige Auflistung aller Items, mit denen die vier untersuchten

Abb. 5.1 Theoretisches Modell zur Selbstwirksamkeitserwartung von Lehrkräften bezogen auf den Einsatz digitaler Technologien

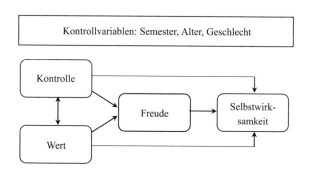

Konstrukte (Kontrolle, Wert, Freude, Selbstwirksamkeitserwartung) operationalisiert wurden, ist in der Studie von Jenßen et al. (2021) veröffentlicht. Die Teilnehmenden wurden instruiert, jedes Item des Fragebogens auf einer sechsstufigen Skala von 1 („trifft gar nicht zu") bis 6 („trifft völlig zu") einzuschätzen. Höhere Werte bedeuteten in allen Fällen einen höheren Ausprägungsgrad des jeweiligen Merkmals. Die inhaltliche Validität wurde während der Item-Entwicklung in Anlehnung an das Vorgehen in Jenßen et al. (2015) durch systematische Überprüfung und iterative Überarbeitung durch das Projektteam abgesichert.

5.4.3 Datenanalyse

Die Analyse der erhobenen Daten erfolgte über ein Strukturgleichungsmodell, wobei die abgefragten Items als manifeste Indikatoren für latente Faktoren genutzt wurden. Aufgrund der kleinen Stichprobengröße wurde eine Maximum-Likelihood-Schätzung mit robusten Standardfehlern (MLR) angewandt (Rhemtulla et al., 2012). Zur Berücksichtigung fehlender Werte wurde die Full-Information-Maximum-Likelihood-(FIML-)Prozedur angewandt (Little & Rubin, 2019). Gängige Fit-Indizes wurden herangezogen, um die Anpassungsgüte des Modells zu überprüfen (Hu & Bentler, 1999). Alle statistischen Auswertungen wurden mit *Mplus 8* (Muthén & Muthén, 2017) durchgeführt. Eine ausführliche Darstellung des gewählten methodischen Vorgehens findet sich bei Eid et al. (2017).

5.5 Ergebnisse

Tab. 5.1 zeigt die deskriptiven Ergebnisse. Unter Berücksichtigung der Spannweite zeigt sich, dass die Teilnehmenden die eigene Kontrolle über digitale Technologien, den Wert digitaler Technologien, die erlebte Freude sowie ihre Selbstwirksamkeitserwartung beim Einsatz digitaler Technologien auf den Skalen als hoch einschätzten.

Alle Faktorladungen waren signifikant ($p < 0{,}001$) und substanziell ($\lambda > 0{,}3$). Die Reliabilität der Skalen für Kontrolle (McDonald's $\omega = 0{,}79$) und Freude (McDonald's $\omega = 0{,}83$) war gut. Für Wert ($\omega = 0{,}90$) und Selbstwirksamkeitserwartung ($\omega = 0{,}93$) weist das geschätzte McDonald's ω auf sehr gute Reliabilität hin. Varianzen der latenten Faktoren waren signifikant ($p < 0{,}001$). Standardisierte

Tab. 5.1 Deskriptive Ergebnisse

	Kontrolle	Wert	Freude	SWE
Mittelwert (SD)	11,46 (3,03)	16,44 (3,04)	12,20 (2,97)	16,53 (3,78)
Minimum, Maximum	3; 18	4; 24	3; 18	5; 24

Anmerkung: SD = Standardabweichung, SWE = Selbstwirksamkeitserwartung

Tab. 5.2 Korrelationen zwischen latenten Variablen (untere Dreiecksmatrix) und Varianzen der latenten Variablen (entlang der Diagonalen)

	Kontrolle	Wert	Freude	SWE
Kontrolle	0,81			
Wert	0,40	0,34		
Freude	0,83	0,56	0,64	
SWE	0,72	0,50	0,78	0,71

Anmerkung: SWE = Selbstwirksamkeitserwartung

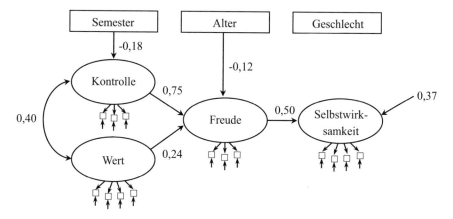

Abb. 5.2 Latentes Strukturgleichungsmodell zur Überprüfung des theoretischen Modells (Abb. 5.1) zur Selbstwirksamkeitserwartung von Lehrkräften bezogen auf den Einsatz digitaler Technologien. *Anmerkung:* Die Darstellungsform folgt den gebräuchlichen Standards für Mess- und Strukturmodelle; nur signifikante Koeffizienten sind abgebildet

Korrelationen zwischen den latenten Faktoren waren substanziell und positiv, wie theoretisch angenommen. Die geschätzten Parameter sind in Tab. 5.2 dargestellt.

Das theoretisch angenommene Modell wies eine hohe Anpassungsgüte auf ($\chi^2(103) = 162,11$; $p = 0{,}0002$: RMSEA = 0,04 (95 %-KI: 0,03–0,05), CFI = 0,96, SRMR = 0,04). Die Ergebnisse sind in Abb. 5.2 dargestellt. Nur signifikante Koeffizienten sind ausgewiesen ($p < 0{,}001$). Geschlecht hatte keinen Einfluss auf irgendeine andere Variable des Modells. Die Semesteranzahl hatte einen direkten negativen Effekt auf die Kontrolleinschätzung. Alter hatte einen direkten negativen Effekt auf Freude. Beide Effekte waren gering. Semesterzahl und Alter wiesen keinen signifikanten Zusammenhang zueinander auf ($p = 0{,}81$). Kontroll- und Werteinschätzungen waren positiv korreliert.

Wie theoretisch angenommen, beeinflusste das Erleben von Freude beim Einsatz digitaler Technologien direkt die Selbstwirksamkeitserwartung angehender Lehrkräfte. Der Effekt war positiv und von mittlerer Stärke. Kontroll- und Werteinschätzungen beeinflussten beide das Erleben von Freude positiv. Jedoch erwies sich der Effekt der wahrgenommenen Kontrolle auf Freude als dreimal so stark wie der Effekt des wahrgenommenen Werts. Es konnte weder von der wahrgenommenen Kontrolle noch von dem wahrgenommenen Wert ein direkter Effekt auf die Selbstwirksamkeitserwartung gefunden werden. Es zeigte sich jedoch ein indirekter Effekt von wahrgenommener Kontrolle auf die Selbstwirksamkeitserwartung, der durch das Erleben von Freude vermittelt wurde ($\beta_{i1} = 0{,}38$, $p < 0{,}05$). Da sich keine direkten Effekte von wahrgenommener Kontrolle auf die Selbstwirksamkeitserwartung zeigten, jedoch eine positive latente Korrelation zwischen den beiden Variablen besteht, wenn diese allein betrachtet werden, kann Freude als vollständiger Mediator zwischen der Kontrollüberzeugung und der Selbstwirksamkeitserwartung aufgefasst werden. Der indirekte Effekt des wahrgenommenen Werts auf die Selbstwirksamkeitserwartung betrug $\beta_{i2} = 0{,}12$, war jedoch nicht signifikant ($p = 0{,}051$). Es zeigte sich außerdem ein indirekter Effekt der Semesteranzahl auf Freude, vermittelt durch die wahrgenommene Kontrolle mit $\beta_{i3} = -0{,}13$. Dieser indirekte Effekt war signifikant ($p = 0{,}04$), jedoch gering.

5.6   Diskussion

Unsere Studie zeigt, dass Freude eine wichtige Emotion in der Vermittlung zwischen der wahrgenommenen Kontrolle über digitale Technologien und der Selbstwirksamkeitserwartung hinsichtlich des Einsatzes digitaler Technologien im Unterricht darstellt. Die Ergebnisse zeigen zudem, dass die wahrgenommene Kontrolle in der befragten Gruppe von Studierenden deutlich stärker das Erleben von Freude vorhersagt als der wahrgenommene Wert digitaler Technologien. Zwar sind beide Konstrukte positive Prädiktoren des Erlebens von Freude, das Regressionsgewicht der wahrgenommenen Kontrolle ist jedoch um ein Vielfaches höher als jenes des wahrgenommenen Werts. Hinzu kommt, dass der wahrgenommene Wert digitaler Technologien keinen signifikanten Effekt auf die Selbstwirksamkeitserwartung hatte, weder direkt noch indirekt.

Alter und Semesterzahl haben in unserem Modell geringe Effekte auf andere Variablen; kein Effekt zeigt sich hinsichtlich des Geschlechts. Mit Ausnahme des Effekts bereits absolvierter Semester auf die wahrgenommene Kontrolle, liegen keine weiteren Effekte der Semesteranzahl vor. Dies könnte auf Stabilität des Modells über die Semesterzahl hindeuten; ob dem tatsächlich so ist, müsste in einer Längsschnittstudie überprüft werden. Der Effekt der Semesterzahl auf die wahrgenommene Kontrolle über digitale Technologien war bemerkenswerterweise negativ; d. h., je länger sich eine befragte Person bereits in der universitären Ausbildung befindet, umso geringer ist deren wahrgenommene Kontrolle ausgeprägt. Dieser Effekt könnte damit zusammenhängen, dass Lehrveranstaltungen zum Einsatz digitaler Technologien im Mathematikunterricht zum Zeitpunkt der Befragung eher am Ende des Studiums angesiedelt waren: Die Einsicht, dass die Gestaltung einer guten digital unterstützten Lernumgebung eine komplexe und anspruchsvolle Herausforderung darstellt, hat möglicherweise zur Konsequenz, dass die eigene Kontrolle über digitale Technologien als geringer wahrgenommen wird als vor Besuch einer entsprechenden Lehrveranstaltung. Andererseits können wir auf Grundlage unseres Erhebungsinstruments nicht zwischen Fällen unterscheiden, in denen die Verringerung der wahrgenommenen Kontrolle auf Schwierigkeiten in der Handhabung digitaler Technologien zurückgeht und solchen Fällen, in denen diese Verringerung auf Schwierigkeiten in der didaktisch fundierten Aufbereitung mathematischer Inhalte zurückgeht. Der gefundene Effekt könnte entsprechend auch aus dem Umstand herrühren, dass die didaktische Aufarbeitung mathematischer Ideen und Begriffe in höheren Semestern als anspruchsvoller erlebt wird (und zwar unabhängig davon, ob der Unterricht mit analogen oder digitalen Materialien geplant wird). Der festgestellte Effekt ist zwar von geringer Stärke, kann jedoch als Anlass dienen, über die durch die Studienordnung vorgegebene Abfolge von Inhalten der universitären Ausbildung von Lehrkräften nachzudenken und Impulse dahingehend zu setzen, digitale Technologien möglichst von Studienbeginn an in fachdidaktischen Veranstaltungen zu berücksichtigen. Eine entsprechende curriculare Anpassung könnte zudem dazu beitragen, dass angehende Lehrkräfte digitale Technologien nicht nur als mögliche Ergänzung traditionellen Unterrichts auffassen, sondern digitale Technologien ganz selbstverständlich als Faktor in die Planung, Durchführung und Evaluation von Unterricht einfließen lassen.

Die Resultate der durchgeführten Studie zeigen auch, dass Freude in der Nutzung digitaler Technologien im Mathematikunterricht mit steigendem Alter sinkt. Dieser Effekt kann nicht auf den beobachteten negativen Effekt der Semesterzahl zurückgeführt werden. Eine mögliche Erklärung könnte sein, dass der Enthusiasmus für digitale Technologien unter jüngeren Studierenden stärker ausgeprägt ist. Jüngere Personen könnten digitalen Technologien eher auf emotionaler Ebene begegnen, während ältere Personen möglicherweise einen stärker kognitiv-rationalen Zugang zu digitalen Technologien bevorzugen. Jüngere Personen verfügen darüber hinaus u. U. über mehr Erfahrung mit digitalen Technologien, was sich in einem höheren wahrgenommenen Wert von digitalen Technologien ausdrücken kann (Siddiq et al., 2016). Das wiederum könnte dazu beitragen, dass andere Variablen die beobachtete Beziehung zwischen Alter und erlebter Freude beim Einsatz digitaler Technologien im Mathematikunterricht verursachen: Im Sinne der Control-Value Theory und Evidenzen aus anderen Kontexten lässt sich vermuten, dass das Selbstkonzept und das vorhandene Wissen direkt die erlebten Emotionen beeinflussen (Van der Beek et al., 2017) und mitunter durch die vorhandene Erfahrung in einem bestimmten Bereich bedingt werden.

Die hier berichteten Ergebnisse müssen vor dem Hintergrund ihrer Grenzen betrachtet werden. Die durchgeführte Studie fokussierte auf den Einsatz digitaler Technologien im Mathematikunterricht. Aus diesem Grund sind die Befunde u. U. nicht auf andere Fächer übertragbar. Auch aus der Zusammensetzung der Stichprobe ergeben sich möglicherweise Einschränkungen des Geltungsbereichs der vorliegenden Resultate. Da alle befragten Studierenden in einem Bachelor- oder Masterstudiengang für Grundschulpädagogik immatrikuliert waren, sind die Ergebnisse eventuell nicht auf Lehramtsstudierende übertragbar, die Mathematik prospektiv in der Sekundarstufe I und II unterrichten. Zugleich ist anzumerken, dass die Grundschule in Berlin und Brandenburg auch die Klassen 5 und 6 umfasst und die durchgeführte Studie entsprechend einen Teil der Sekundarstufe I mit abbildet.

Aus den vorgestellten Resultaten lassen sich Ansatzpunkte für eine Verbesserung der Lehrkräftebildung ableiten. Die Daten bestärken die Vermutung, dass Universitäten eine wichtige Rolle bei der Entwicklung und Förderung digitaler Kompetenzen von Lehrkräften spielen (Bridgstock, 2016). Bildungsprogramme müssen Lehrkräfte auf geeignete Weise auf den Einsatz digitaler Technologien im Unterricht vorbereiten (Erstad et al., 2015). Das erfordert kompetente Dozierende, die angehenden Lehrkräften bei der Entwicklung entsprechender Fähigkeiten beratend und unterstützend zur Seite stehen (Instefjord & Munthe, 2017; Krumsvik, 2014): (1) Diese Unterstützung betrifft allerdings nicht nur die lernzielorientierte Nutzung digitaler Technologien im Unterricht. Die Ergebnisse unserer Studie legen nahe, dass auch der emotionalen Begleitung eine große Bedeutung für die Stärkung der Selbstwirksamkeitserwartung zukommt. Im Besonderen sollte darauf Wert gelegt werden, Freude bei der Erkundung didaktischer Möglichkeiten digitaler Technologien sichtbar und erfahrbar zu machen. Das kann indirekt geschehen, indem angehende Lehrkräfte auf die Bedeutung emotionalen Erlebens für erfolgreiche Bildungsprozesse aufmerksam gemacht werden, oder direkt erfolgen, indem nach persönlichen Erfahrungen von Freude im Zusammenhang mit durchgeführten Lernaktivitäten zum Einsatz digitaler Technologien gefragt wird. (2) Studien belegen, dass die subjektive Wahrnehmung des Wertes digitaler Technologien in Lehrveranstaltungen positiv beeinflusst werden kann, indem der Wert digitaler Technologien direkt thematisiert wird (Anderson & Maninger, 2007). Aufgrund der großen Bedeutung der wahrgenommenen Kontrolle über digitale Technologien für die Stärkung des Vertrauens in die eigene Kompetenz, digitale Technologien effektiv im Unterricht einzusetzen, sollte auch gewährleistet werden, dass Lehramtsstudierende ausreichend Gelegenheiten erhalten, Kontrollerfahrungen bei der Nutzung digitaler Technologien als Unterrichtsmittel zu sammeln. Dazu ist anzumerken, dass subjektiv wahrgenommene Kontrolle sich insbesondere dann erhöht, wenn Personen mit Situationen konfrontiert werden, die überwindbare Herausforderungen beinhalten. Solche Situationen lassen sich im Rahmen von Lehrveranstaltungen bewusst gestalten oder können im Zuge praktischer Erprobungsphasen durch geeignete Aufgabenstellungen herbeigeführt werden. Studien zeigen, dass die Nutzung digitaler Technologien in Schulen durch solche Maßnahmen erhöht werden kann (Choy et al., 2009; Ottenbreit-Leftwich et al., 2018). Beide Herangehensweisen haben jedoch die Verfügbarkeit geeigneter digitaler Technologien zur Voraussetzung. (3) Universitäten und pädagogische Hochschulen sind dementsprechend angehalten, einen Grundbestand digitaler Geräte für den Einsatz in der Lehre bereitzuhalten. Mit Blick auf die nach wie vor unzureichende technologische Infrastruktur an deutschen Schulen (Autorengruppe Bildungsberichterstattung, 2020) und die eingeschränkte mediale Ausstattung insbesondere der Primarstufe (Vogel et al., 2020) sollten Institutionen, die mit der Aus- und Fortbildung von Lehrkräften betraut sind, darüber hinaus Angebote zur kurzfristigen Ausleihe digitaler Technologien aufbauen, um sowohl Studierenden während der Praxisphasen als auch angehenden Lehrkräften während des Referendariats den Einsatz digitaler Technologien im schulischen Unterricht zu ermöglichen. Entsprechende Angebote sollten aufgrund der durch die Studie offengelegten Bedeutung wahrgenommener Kontrolle an geeignete Unterstützung in Form fachdidaktischer und technologischer Beratung gekoppelt sein. Die Wirksamkeit der diskutierten Maßnahmen ist in weiteren Studien zu überprüfen.

Literatur

Agarwal, R., & Karahanna, E. (2000). Time flies when you're having fun: Cognitive absorption and beliefs about information technology use. *MIS Quarterly, 24*(4), 665–694.

Anderson, S. E., & Maninger, R. M. (2007). Preservice teachers' abilities, beliefs, and intentions regarding technology integration. *Journal of Educational Computing Research, 37*(2), 151–172.

Autorengruppe Bildungsberichterstattung. (2020). *Bildung in Deutschland 2020. Ein indikatorengestützter Bericht mit einer Analyse zu Bildung in einer digitalisierten Welt.* WBV Publikation.

Bandura, A. (1977). *Social learning theory.* Prentice-Hall.

Bandura, A. (1997). *Self-efficacy: The exercise of control.* W. H. Freeman and Company.

Barrett, L. F., & Russell, J. A. (1998). Independence and bipolarity in the structure of current affect. *Journal of Personality and Social Psychology, 74*(4), 967–984.

Bridgstock, R. (2016). Educating for digital futures: What the learning strategies of digital media professionals can teach higher education. *Innovations in Education and Teaching International, 53*(3), 306–315.

Chalkiadaki, A. (2018). A systematic literature review of 21st century skills and competencies in primary education. *International Journal of Instruction, 11*(3), 1–16.

Choy, D., Wong, A. F. L., & Gao, P. (2009). Student teachers' intentions and actions on integrating technology into their classrooms during student teaching: A singapore study. *Journal of Research on Technology in Education, 42*(2), 175–195.

Davis, F. D. (1989). Perceived usefulness, perceived ease of use, and user acceptance of information technology. *MIS Quarterly: Management Information Systems, 13*(3), 319–339.

Dede, C. (2010). Comparing frameworks for 21st century skills. In J. Bellanca & R. Brandt (Hrsg.), *21st century skills: Rethinking how students learn* (S. 51–76). Solution Tree Press.

Eid, M., Gollwitzer, M., & Schmitt, M. (2017). *Statistik und Forschungsmethoden.* Beltz.

Erstad, O., Eickelmann, B., & Eichhorn, K. (2015). Preparing teachers for schooling in the digital age: A meta-perspective on existing strategies and future challenges. *Education and Information Technologies, 20*(4), 641–654.

Fanni, F., Rega, I., & Cantoni, L. (2013). Using self-efficacy to measure primary school teachers' perception of ICT: Results from two studies. *International Journal of Education and Development Using Information and Communication Technology (IJEDICT), 9*(1), 100–111.

Fraillon, J., Ainley, J., Schulz, W., Friedman, T., & Gebhardt, E. (2014). *Preparing for life in a digital age.* Springer Open: International Association for the Evaluation of Educational Achievement (IEA).

Fraillon, J., Ainley, J., Schulz, W., Duckworth, D., & Friedman, T. (2019). *IEA international computer and information literacy study 2018 international report.* Springer Nature.

From, J. (2017). Pedagogical digital competence—Between values, knowledge and skills. *Higher Education Studies, 7*(2), 43.

Gudmundsdottir, G. B., & Hatlevik, O. E. (2018). Newly qualified teachers' professional digital competence: Implications for teacher education. *European Journal of Teacher Education, 41*(2), 214–231.

Hatlevik, O. E. (2017). Examining the relationship between teachers' self-efficacy, their digital competence, strategies to evaluate information, and use of ICT at school. *Scandinavian Journal of Educational Research, 61*(5), 555–567.

Hatlevik, I. K. R., & Hatlevik, O. E. (2018). Examining the relationship between teachers' ICT self-efficacy for educational purposes, collegial collaboration, lack of facilitation and the use of ICT in teaching practice. *Frontiers in Psychology, 9*(Jun), 1–8.

Hu, L. T., & Bentler, P. M. (1999). Cutoff criteria for fit indexes in covariance structure analysis: Conventional criteria versus new alternatives. *Structural Equation Modeling, 6*(1), 1–55.

Instefjord, E. J., & Munthe, E. (2017). Educating digitally competent teachers: A study of integration of professional digital competence in teacher education. *Teaching and Teacher Education, 67*, 37–45.

Jenßen, L., Gierlinger, F., & Eilerts, K. (2021). Pre-service teachers' enjoyment and ict teaching self-efficacy in mathematics – An application of control-value theory. *Journal of Digital Learning in Teacher Education, 37*(3), 183–195.

Jenßen, L., Dunekacke, S., & Blömeke, S. (2015). Qualitätssicherung in der Kompetenzforschung. Kompetenzen von Studierenden. *61. Beiheft der Zeitschrift für Pädagogik*, 11–31.

Jin, Y., & Harp, C. (2020). Examining preservice teachers' TPACK, attitudes, self-efficacy, and perceptions of teamwork in a stand-alone educational technology course using flipped classroom or flipped team-based learning pedagogies. *Journal of Digital Learning in Teacher Education, 36*(3), 166–184.

Kaleli-Yilmaz, G. (2015). The views of mathematics teachers on the factors affecting the integration of technology in mathematics courses. *Australian Journal of Teacher Education, 40*(8), 132–148.

Krumsvik, R. J. (2008). Situated learning and teachers' digital competence. *Education and Information Technologies, 13*(4), 279–290.

Krumsvik, R. J. (2014). Teacher educators' digital competence. *Scandinavian Journal of Educational Research, 58*(3), 269–280.

Li, Y., Garza, V., Keicher, A., & Popov, V. (2019). Predicting high school teacher use of technology: Pedagogical beliefs, technological beliefs and attitudes, and teacher training. *Technology, Knowledge and Learning, 24*(3), 501–518.

Little, R. J. A., & Rubin, D. B. (2019). *Statistical analysis with missing data* (3. Aufl.). Wiley.

Mac Callum, K., Jeffrey, L., & Kinshuk. (2014). Comparing the role of ICT literacy and anxiety in the adoption of mobile learning. *Computers in Human Behavior, 39*, 8–19.

Muthén, L., & Muthén, B. (2017). *Mplus user's guide* (8. Aufl.). Muthén & Muthén.

Ottenbreit-Leftwich, A. T., Glazewski, K. D., Newby, T. J., & Ertmer, P. A. (2010). Teacher value beliefs associated with using technology: Addressing professional and student needs. *Computers & Education, 55*(3), 1321–1335.

Ottenbreit-Leftwich, A. T., Kopcha, T. J., & Ertmer, P. A. (2018). Information and communication technology dispositional factors and relationship to information and communication technology practices. In J. Voogt, G. Knezek, R. Christensen, & K.-W. Lai (Hrsg.), *Second handbook of information technology in primary and secondary education* (S. 309–333). Springer International Publishing.

Pekrun, R. (2006). The control-value theory of achievement emotions: Assumptions, corollaries, and implications for educational research and practice. *Educational Psychology Review, 18*(4), 315–341.

Pekrun, R., & Perry, R. P. (2014). Control-value theory of achievement emotions. In R. Pekrun & L. Linnenbrink-Garcia (Hrsg.), *International Handbook of Emotions in Education* (S. 120–141). Routledge.

Petko, D. (2012). Teachers' pedagogical beliefs and their use of digital media in classrooms: Sharpening the focus of the "will, skill, tool" model and integrating teachers' constructivist orientations. *Computers and Education, 58*(4), 1351–1359.

Pinxten, M., Marsh, H. W., De Fraine, B., Van Den Noortgate, W., & Van Damme, J. (2014). Enjoying mathematics or feeling competent in mathematics? Reciprocal effects on mathematics achievement and perceived math effort expenditure. *British Journal of Educational Psychology, 84*(1), 152–174.

Plass, J. L., & Kaplan, U. (2016). *Emotional design in digital media for learning. Emotions, Technology, Design, and Learning*. Elsevier Inc.

Player-Koro, C. (2012). Factors influencing teachers' use of ICT in education. *Education Inquiry, 3*(1), 93–108.

Putwain, D. W., Becker, S., Symes, W., & Pekrun, R. (2018a). Reciprocal relations between students' academic enjoyment, boredom, and achievement over time. *Learning and Instruction, 54*, 73–81.

Putwain, D. W., Pekrun, R., Nicholson, L. J., Symes, W., Becker, S., & Marsh, H. W. (2018b). Control-value appraisals, enjoyment, and boredom in mathematics: A longitudinal latent interaction analysis. *American Educational Research Journal, 55*(6), 1339–1368.

Rhemtulla, M., Brosseau-Liard, P. É., & Savalei, V. (2012). When can categorical variables be treated as continuous? A comparison of robust continuous and categorical SEM estimation methods under suboptimal conditions. *Psychological Methods, 17*(3), 354–373.

Sadaf, A., & Johnson, B. L. (2017). Teachers' beliefs about integrating digital literacy into classroom practice: An investigation based on the theory of planned behavior. *Journal of Digital Learning in Teacher Education, 33*(4), 129–137.

Scherer, R., & Siddiq, F. (2015). Revisiting teachers' computer self-efficacy: A differentiated view on gender differences. *Computers in Human Behavior, 53*, 48–57.

Siddiq, F., Scherer, R., & Tondeur, J. (2016). Teachers' emphasis on developing students' digital information and communication skills (TEDDICS): A new construct in 21st century education. *Computers and Education, 92–93*, 1–14.

Stephan, M., Markus, S., & Gläser-Zikuda, M. (2019). Students' achievement emotions and online learning in teacher education. *Frontiers in Education, 4*(October), 1–12.

Van der Beek, J. P. J., Van der Ven, S. H. G., Kroesbergen, E. H., & Leseman, P. P. M. (2017). Self-concept mediates the relation between achievement and emotions in mathematics. *British Journal of Educational Psychology, 87*(3), 478–495.

Velázquez, C. M. (2006). *Cross-cultural validation of the will, skill, tool model of technology integration*. Univesity of North Texas.

Vogel, S., Eilerts, K., Huhmann, T., & Höveler, K. (2020). Mediale Ausstattungen deutscher Primarstufen für den Mathematikunterricht – eine erste Standortbestimmung. In H.-S. Siller, W. Weigel, & J. F. Wörler (Hrsg.), *Beiträge zum Mathematikunterricht 2020* (S. 973–976). WTM-Verlag.

Voogt, J., & Roblin, N. P. (2012). A comparative analysis of international frameworks for 21st century competences: Implications for national curriculum policies. *Journal of Curriculum Studies, 44*(3), 299–321.

Untersuchung von Usability und Design von Online-Lernplattformen am Beispiel des Video-Analysetools ViviAn

6

Christian Alexander Scherb⦿, Marc Rieger⦿ und Jürgen Roth⦿

Inhaltsverzeichnis

6.1 Entwicklung und Evaluation einer Online-Lernplattform 106
    6.1.1 Hintergründe zum Fallbeispiel ViviAn 106
    6.1.2 Methoden der Usability-Evaluation und Bedeutsamkeit für digitale Lernangebote. 106
    6.1.3 Weiterentwicklung der Online-Lernplattform auf Grundlage der Usability-Evaluationen 107
6.2 Konzeption und Durchführung der Usability-Evaluation. 109
    6.2.1 Methodischer Überblick 109
    6.2.2 Stichprobenauswahl 109
    6.2.3 Inhalte des Fragebogens 110
    6.2.4 Trackingtool: Matomo Analytics 111
    6.2.5 Untersuchungsdesign und Datenauswertung 111
6.3 Befunde zur Nutzung 112
    6.3.1 Bevorzugtes Endgerät zur Nutzung 112
    6.3.2 Bewertung der Online-Lernplattformen 113
    6.3.3 Wahrgenommene Usability-Probleme und Desiderat der Nutzer*innen 115
    6.3.4 Nutzung verfügbarer Funktionen 116
6.4 Diskussion und Ausblick. 118
Literatur 120

C. A. Scherb (✉)
Institut für naturwissenschaftliche Bildung, Universität Koblenz-Landau, Landau, Deutschland
E-Mail: scherb@uni-landau.de

M. Rieger
E-Learning-Einheit Landau, Universität Koblenz-Landau, Landau, Deutschland
E-Mail: rieger@uni-landau.de

J. Roth
Institut für Mathematik, Universität Koblenz-Landau, Landau, Deutschland
E-Mail: roth@uni-landau.de

© Der/die Autor(en) 2023
J. Roth et al. (Hrsg.), *Die Zukunft des MINT-Lernens – Band 1*,
https://doi.org/10.1007/978-3-662-66131-4_6

6.1 Entwicklung und Evaluation einer Online-Lernplattform

6.1.1 Hintergründe zum Fallbeispiel ViviAn

Das Erkennen von Lernvoraussetzungen und -prozessen von Lernenden im Unterricht stellt eine grundlegende Kompetenz von Lehrkräften dar (Praetorius et al., 2012). Um die dazu notwendige diagnostische Fähigkeit zu trainieren, wurde das Video-Analysetool ViviAn entwickelt, das in allen Phasen der Lehrkräftebildung genutzt wird (Bartel & Roth, 2017; https://vivian.uni-landau.de/). Studierende können auf Grundlage von jeweils einer etwa fünf Minuten langen Video-Vignette, die eine charakteristische Unterrichtssituation zeigt (z. B. vier Lernende, die eine Mathematikaufgabe bearbeiten und über deren Lösung diskutieren), eine eigene Diagnose entwickeln und auf der Lernplattform eintragen. Grundsätzlich hat ein Video-Analysetool den Vorteil, dass Lernprozesse realitätsnah abgebildet und wiederholt analysiert werden können. ViviAn stellt darüber hinaus Zusatzinformationen zu Lernvoraussetzungen und zur -situation bereit. Nutzerinnen und Nutzer können ihre selbst erarbeiteten Diagnosen und abgeleiteten Unterrichtsmaßnahmen mit validierten Experten-Urteilen vergleichen. Studien, die den Mehrwert von ViviAn untersuchten, belegen, dass diagnostische Fähigkeiten mit und durch ViviAn gefördert werden (Hofmann & Roth, 2020; Bartel & Roth, 2020; Walz & Roth, 2019).

6.1.2 Methoden der Usability-Evaluation und Bedeutsamkeit für digitale Lernangebote

Der Lernprozess kann durch die Gestaltung der Online-Lernplattformen, ihre Gebrauchstauglichkeit (Usability), maßgeblich beeinflusst werden (Meiselwitz & Sadera, 2008). Die Einbindung der (späteren) Nutzerinnen und Nutzer in den Entwicklungsprozess stellt eine sinnvolle Maßnahme dar, um etwaigen Fehlentwicklungen frühzeitig entgegenzuwirken (Sarodnick & Brau, 2016).

> **Usability**
> Usability ist nach der DIN EN ISO 9241 das Ausmaß, in dem ein technisches System durch bestimmte Nutzerinnen und Nutzer „in einem bestimmten Nutzungskontext verwendet werden kann, um bestimmte Ziele effektiv, effizient und zufriedenstellend zu erreichen" (Sarodnick & Brau, 2016, S. 20).

Ohne die Durchführung einer Usability-Evaluation bleibt verborgen, welche Funktionalitäten der Plattform intuitiv und zweckdienlich genutzt werden und an welcher Stelle Probleme auftreten. Bereits 2006 stellten Debevc und Bele (2006) fest, dass es für E-Learning-Anwendungen kein passgenaues Instrument zur Usability-Evaluation gibt. Daran hat sich bis heute wenig geändert. In nationalen (z. B. Sarodnick & Brau, 2016) und internationalen (z. B. Rubin & Chisnell, 2008) Standardwerken der Usability-Evaluation findet man ein breites Spektrum an Methoden für unterschiedliche Einsatzzwecke. Diese entstanden jedoch in Verbindung mit der Beurteilung der Gebrauchstauglichkeit kommerzieller Produkte, häufig Software, oder analoger Bedienelemente und besitzen vor diesem Hintergrund keine optimale Passung für Online-Lernplattformen. So beziehen sich einige Items beispielsweise ausschließlich auf Desktop-Anwendungen, die nicht oder nur ansatzweise auf Online-Lernplattformen übertragbar sind.

> **Usability-Evaluation**
> Bewertung von Systemen hinsichtlich ihrer Gebrauchstauglichkeit. Es wird unterschieden in formative und summative Usability-Evaluation: Die *formative Usability-Evaluation* erfolgt prozessbegleitend (z. B. das Testen von Prototypen) und dient der Verbesserung der Entwicklung. Die *summative Usability-Evaluation* bezeichnet eine finale Evaluation am Ende und soll die gesamte Entwicklung bewerten

Dzida et al. (1978) führten unter dem Begriff *User-Perceived Quality* sieben Aspekte bzw. Dimensionen ein, die als Leitbilder für die Realisierung von Usability verstanden werden können (Tab. 6.1). Diese Aspekte stellten die spätere Grundlage für die Gestaltung der Ergonomie der Mensch-System-Interaktion (DIN EN ISO 9241–110) dar. Tab. 6.1 nennt je ein Beispiel, das zeigt, wie die bewusste Berücksichtigung dieser Aspekte bei der Konzeption von ViviAn hilft, etwaige Usability-Fehler initial zu vermeiden. Ein auf diesen Aspekten aufbauender Usability-Test kann überprüfen, inwieweit die Aspekte realisiert wurden. Ein Fragebogen, der alle sieben Aspekte abdeckt, wurde beispielsweise von Prümper und Anft (2021) entwickelt.

6.1.3 Weiterentwicklung der Online-Lernplattform auf Grundlage der Usability-Evaluationen

Während der Entwicklung von ViviAn seit 2014 wurden mehrfach formative Usability-Evaluationen durchgeführt. Dazu wurden Probandinnen und Probanden aus allen drei Phasen der Lehrkräftebildung (Lehramtsstudium, Studienseminar, Lehrerfortbildung) gewonnen. Das Nutzer-Feedback wurde mit unterschiedlicher Stichprobengröße anlassbezogen erhoben, um einzelne Prototypen oder Funktionalitäten zu testen. Die jüngst durchgeführte Neukonzeption

Tab. 6.1 Sieben Aspekte der User-Perceived Quality nach Dzida et al. (1978) und exemplarische Umsetzung anhand der Online-Lernplattform ViviAn

Aspekt der User-Perceived Quality	Beispiel aus ViviAn
Aufgabenangemessenheit	Bei der Bearbeitung einer Videovignette werden alle nicht relevanten Buttons ausgeblendet.
Selbstbeschreibungsfähigkeit	Bevor die Bearbeitung eines Diagnoseauftrags zur gegebenen Lernsituation abgeschickt werden kann, müssen alle Dialogfenster ausgefüllt werden.
Erwartungskonformität	Nach dem Laden der Seite ist das erste Eingabefeld ausgewählt.
Lernförderlichkeit	Im Vorfeld der Nutzung wird über wesentliche Funktionalitäten aufgeklärt und deutlich gemacht, dass Fenster skalierbar sind und verschoben werden können.
Steuerbarkeit	Die Nutzer-Eingaben können (zwischen-)gespeichert werden.
Fehlertoleranz	Die frei verschiebbaren Bedienelemente können mit einem Klick auf einen Reverse-Button in den Ursprungszustand zurückversetzt werden. Korrekturen können mit minimalem Aufwand durchgeführt werden.
Individualisierbarkeit	Zoomfunktion, Skalierbarkeit und frei verschiebbare Elemente sind abhängig von der Bildschirmgröße.

und technische Erneuerung der Plattform hatten schließlich zum Ziel: A) bereits etablierte und erprobte Funktionen beizubehalten, B) ein zeitgemäßes Webseitendesign zu realisieren, C) die Navigation auf allen Ebenen der Lernplattform intuitiver zu gestalten, D) Fenster und Menüs für die Arbeit mit unterschiedlichen Endgeräten, Bildschirmformaten und -größen frei skalierbar und verschiebbar zu gestalten sowie E) Hilfestellungen zur Arbeit mit ViviAn zu entwickeln (z. B. Erklärvideos).

Zur Überprüfung des Gelingens der Neukonzeption wurde nach Fertigstellung des Prototyps eine summative Usability-Evaluation durchgeführt, die hier vorgestellt wird. Da die Ergebnisse in die weitere Entwicklung der Plattform einfließen, besitzt sie als Zwischenevaluation zugleich formativen Charakter. Das hier vorgestellte Vorgehen soll am Beispiel der Online-Lernplattform ViviAn exemplarisch aufzeigen, wie die Usability-Evaluation gelingen kann. Vor dem Hintergrund der genannten Ziele haben sich folgende explorative Forschungsfragen ergeben:

1. Mit welchem Endgerät wird die Lernplattform hauptsächlich genutzt?
2. Wie bewerten die Nutzerinnen und Nutzer die Lernplattform?
3. Welche Usability-Probleme bzw. Verbesserungsvorschläge werden genannt?
4. In welchem Maß werden die Funktionalitäten der Plattform verwendet?

6.2 Konzeption und Durchführung der Usability-Evaluation

6.2.1 Methodischer Überblick

Während die zuvor genannten Forschungsfragen grundsätzlich mit einer direkten Nutzer-Befragung beantwortet werden könnten, erlauben Trackingtools für Webseiten die automatisierte Erfassung und Quantifizierung von Nutzer-Daten. Insbesondere an Stellen, an denen Nutzerinnen und Nutzer nur schwer zu einer realistischen Selbsteinschätzung gelangen würden (z. B. Maß der Nutzung der Funktionalitäten), erweitert ein Trackingtool das Erkenntnisspektrum. Zur Beantwortung der vier Forschungsfragen bietet sich daher ein Mixed-Method-Ansatz an, der die Integration und Triangulation multiperspektivisch gewonnener quantitativer sowie qualitativer Daten zum Nutzungsverhalten erlaubt. Ein Online-Fragebogen wurde mit *LimeSurvey* realisiert, da dieses Umfragewerkzeug direkt in ViviAn integriert ist. Als Trackingtool kam *Matomo Analytics* zum Einsatz.

6.2.2 Stichprobenauswahl

Im Zuge von Usability-Tests ist davon auszugehen, dass mit einer Stichprobe von etwa 50 Teilnehmenden fast alle Usability-Fehler eines Systems identifiziert werden (Sarodnick & Brau, 2016, S. 174). Da auf Grundlage von Einzelrückmeldungen im Vorfeld informell deutlich wurde, dass die Online-Lernplattform auf Endgeräten mit unterschiedlichen Bildschirmgrößen und Betriebssystemen benutzt wird, erschien es sinnvoll, eine deutlich größere Stichprobengröße einzubeziehen, um auch Endgerät-spezifische Usability-Fehler hinreichend abzubilden. Für eine größere Stichprobe spricht ebenso die dann erhöhte Datenqualität von Trackingtools.

Die intendierten Zielgruppen der Lernplattform sind Studierende, Referendarinnen und Referendare sowie Lehrkräfte. Aus forschungspragmatischer Sicht wurde die Stichprobe aus der am leichtesten zugänglichen Zielgruppe gezogen. Da die Gruppe der Studierenden hinsichtlich verschiedener Merkmale heterogen ist[1] und dieselben Lerninhalte bearbeitet wie andere Nutzer-Gruppen, erscheint dieser Entschluss auch ökologisch valide. Eine heterogene Stichprobe von Nutzerinnen und Nutzern ist für die Identifizierung von Usability-Problemen zuträglich (Sarodnick & Brau, 2016). Im Sommersemester 2021 wurde die Usability-Studie im Rahmen der Vorlesungen *Fachdidaktische Grundlagen* und

---

[1]Zur Bestätigung dieser im Vorfeld getroffenen Annahme wurden beispielsweise die Skalen zur Computerkompetenz, zur E-Learning-Affinität sowie zur Nutzung technischer Geräte im Studium nach Karapanos und Fendler (2015) eingesetzt. Einschränkend muss darauf hingewiesen werden, dass Lehramtsstudierende eines MINT-Fachs meist über eine höhere digitale Kompetenz verfügen als Lehramtsstudierende anderer Fächer (vgl. Senkbeil et al., 2021).

Didaktik der Zahlbereichserweiterung des Studiengangs Bachelor of Education Mathematik durchgeführt. In den Vorlesungen wird ViviAn systematisch in jedem Semester eingesetzt. An der Studie nahmen insgesamt 219 Studierende freiwillig teil. Die Teilnehmenden benötigten zur Bearbeitung des Fragebogens durchschnittlich etwa 25 Minuten. Da 18 Studierende den Fragebogen in unrealistischen Bearbeitungszeiträumen von weniger als fünf Minuten abschlossen sowie 33 Studierende nur einen geringen Teil der jeweiligen Kursinhalte auf der Lernplattform bearbeiteten (weniger als drei Video-Vignetten), wurden die Daten dieser Studierenden nicht einbezogen. Die korrigierte Stichprobe umfasst daher $N = 168$.

6.2.3   Inhalte des Fragebogens

Der erste Teil des Fragebogens umfasst das zur Arbeit mit ViviAn verwendete Endgerät, die ungefähre Bildschirmgröße, die Nutzung der angebotenen Hilfestellungen und eine Abfrage der Selbsteinschätzung der Studierenden zu ihrem Umgang mit neu entwickelten Funktionen mit folgenden drei Items:

- *In der Vignettenansicht von ViviAn habe ich häufig Fenster größer oder kleiner gemacht.*
- *In der Vignettenansicht von ViviAn habe ich häufig Fenster verschoben.*
- *Fenster in der Vignettenansicht von ViviAn zu verschieben, erschien mir sinnvoll, um die Darstellung nach meinen Bedürfnissen anzupassen.*

Der zweite Teil des Fragebogens besteht aus dem ISONORM 9241/110 nach Prümper und Anft (2021). In der Langfassung umfasst dieser für jeden der sieben Aspekt der Norm fünf siebenstufige Items sowie ein Zusatzitem, über das Nutzerinnen und Nutzer einschätzen, inwieweit der jeweilige Aspekt innerhalb des Systems für die eigene Tätigkeit relevant ist. Darüber hinaus wird zu jedem der sieben Aspekte nach einem Beispiel gefragt, das diesen verletzt. Da die Auswertung auf Grundlage des Mittelwerts erfolgt, ist es möglich, einzelne Items zu entfernen. Wegen der für Online-Lernplattformen unpassenden Formulierungen entfielen die Items sw03, sw13, sw14, sw28, sw31 und sw33. In den verbleibenden 36 Items des Fragebogens wurde der Bezeichner „Software" jeweils durch „ViviAn" ersetzt:

- Ursprüngliche Formulierung: *Die Steuerbarkeit der* **Software** *ist für meine Tätigkeit …*
- Adaptierte Formulierung: *Die Steuerbarkeit von* **ViviAn** *ist für meine Tätigkeit …*

Der dritte Teil des Fragebogens beinhaltet Plattform-spezifische Items mit vierstufiger Likert-Skala: Interesse an der Arbeit mit ViviAn (5 Items), wahrgenommene Relevanz der Arbeit mit ViviAn (5 Items), wahrgenommene Schwierigkeiten (4 Items), wahrgenommene Realitätsnähe (2 Items), Gestaltung der Lernumgebung (4 Items) nach Bartel und Roth (2020) sowie folgende drei Items mit gleicher Skala:

- *Auf der ViviAn-Homepage finde ich mich schnell zurecht.*
- *Die Hilfestellungen zur Registrierung auf der ViviAn-Homepage sind hilfreich.*
- *Ich finde die ViviAn-Homepage vom Design ansprechend.*

An diese Items schlossen fünf offene Fragestellungen mit Freitextfeldern an. Ziel war es herauszufinden, welche Zusatzinformationen bei der Bearbeitung der Vignetten am meisten geholfen haben, was beim Bearbeiten der Videos als positiv empfunden wurde, welche Änderungen am System gewünscht werden und welche sonstigen Anmerkungen zum Umgang mit ViviAn oder zum Fragebogen existieren. Abschließend wurde um eine Gesamtbewertung der Arbeit mit den Video-Vignetten sowie um eine Gesamtbewertung der ViviAn-Plattform als Ganzes nach dem Schulnotensystem gebeten.

6.2.4 Trackingtool: Matomo Analytics

Matomo Analytics ist eine Open-Source-Webanalytik-Plattform, die eine DSGVO-konforme Verwendung zulässt. Mit ihr lässt sich die Nutzung von Webseiten untersuchen. Im Rahmen dieser Erhebung kam das Plugin *Heatmap & Session Recording* zum Einsatz. Mit Heatmaps lassen sich die Klicks der Nutzerinnen und Nutzer auf definierten Seiten visualisieren. Durch relative Werte ist eine aggregierte Darstellung trotz unterschiedlicher Auflösungen möglich. Mit dem Sessiontracking lässt sich individuelles Verhalten auf der Nutzungsoberfläche nachvollziehen. Dies ermöglicht auch die Überprüfung der Heatmaps.

6.2.5 Untersuchungsdesign und Datenauswertung

Parallel zur Vorlesung *Fachdidaktische Grundlagen* wurde in sechs aufeinanderfolgenden Wochen jeweils eine Vignette bearbeitet, also insgesamt sechs Vignetten, während parallel zur Vorlesung *Didaktik der Zahlbereichserweiterungen* in vier aufeinanderfolgenden Wochen jeweils zwei Vignetten bearbeitet wurden. Die Studierenden wurden darauf hingewiesen, dass Hilfestellungen (z. B. Erklärvideos) zum Umgang mit ViviAn verfügbar sind. Am Ende der letzten Woche der Videobearbeitung wurden die Studierenden unmittelbar nach Abschluss gebeten, den Fragebogen auszufüllen. Für die oben genannten Items wurden jeweils Mittelwert und Standardabweichung bestimmt. Die Auswertung der Items mit Freitextfeldern erfolgte mittels MAXQDA 2020. Die genannten Usability-Probleme und Wünsche wurden nach Häufigkeit der Nennung sortiert.

6.3   Befunde zur Nutzung

6.3.1   Bevorzugtes Endgerät zur Nutzung

Ziel der ersten Forschungsfrage bestand darin, herauszufinden, mit welchen End-geräten die Online-Lernplattform hauptsächlich genutzt wird. Die Auswertung zeigt, dass ViviAn mit 67 % am häufigsten auf Laptops zum Einsatz kommt. Desk-top-PCs und Tablets werden jeweils zu 15,7 % genutzt. Auf dem Handy ist ViviAn nur in drei Fällen zum Einsatz gekommen. In 16,7 % der Fälle wurde mehr als ein Endgerät zur Bearbeitung verwendet, wobei der Laptop am häufigsten in Kombination mit einem Tablet benutzt wird.

Der größte Teil der Studierenden nutzt nach eigener Einschätzung Bildschirmgrößen von mehr als 11 bis 19 Zoll (Abb. 6.1a). 19,6 % der Befragten

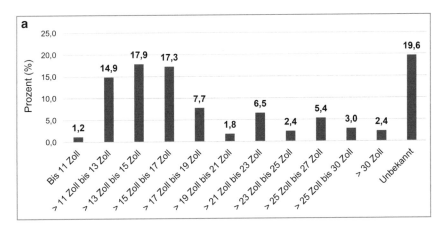

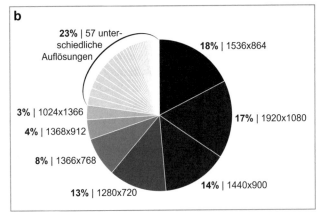

Abb. 6.1 **a** Bildschirmgröße der Endgeräte (Einschätzung), **b** Auflösung der Endgeräte (Matomo Analytics)

konnten keine Angaben zur Bildschirmgröße ihres Endgerätes machen. Die Auswertung in Matomo Analytics zeigt, dass ViviAn in 64 unterschiedlichen Auflösungen, die von 320×712 px bis 7680×2160 px reichen, gestartet wurde. Nur
in zwei Fällen wurde die Seite in einer Auflösung von 4k oder höher verwendet
(Abb. 6.1b).

6.3.2   Bewertung der Online-Lernplattformen

Die zweite Forschungsfrage adressiert die Bewertung der Lernplattform. Der
Arbeit mit den Vignetten wird durchschnittlich die Note 1,89 ($SD = 0,72$) und
der Lernplattform exklusive Diagnosetool die Note 2,02 ($SD = 0,72$) gemäß
dem Schulnotensystem gegeben. Die Nutzereinschätzung fällt auch für die
anderen Skalen weitestgehend überdurchschnittlich positiv aus (Abb. 6.2). Die
Auswertung der Items zur wahrgenommenen Schwierigkeit zeigt, dass die
Studierenden die Arbeit mit den Videos und den Diagnoseaufträgen in ViviAn

Item-Gruppe / Skala		
Item	M	SD
Gesamtnote [6-stufig: „sehr gut" (1) bis „ungenügend" (6)]		
▪ Welche Note (gemäß Schulnotensystem) würden Sie der Arbeit mit den Vignetten geben? [Note1]	1,89	0,72
▪ Welche Note (gemäß Schulnotensystem) würden Sie der ViviAn-Plattform als Ganzes ohne die Vignettenebene geben? [Note2]	2,02	0,72
Gestaltung der Lernumgebung[1]		
▪ Ich finde die Benutzeroberfläche der Lernumgebung ViviAn übersichtlich. [GdL1]	3,70	0,52
▪ Meiner Meinung nach sind zu viele unterschiedliche Materialien in ViviAn integriert. (-) [GdL2]	1,79	0,96
▪ Durch die vielen Buttons ist es mir schwergefallen, mich zurechtzufinden. (-) [GdL3]	1,32	0,68
▪ Das Design der Lernumgebung ist selbsterklärend. [GdL4]	3,56	0,64
Interesse an der Arbeit mit ViviAn[1]		
▪ Ich habe Interesse an der Bearbeitung der Videos. [Int1]	3,40	0,69
▪ Ein solches Video würde ich auch außerhalb der Veranstaltung bearbeiten. [Int2]	2,79	0,93
▪ Ich bearbeite die Videos ausschließlich, um die Bonuspunkte zu erlangen. (-) [Int3]	1,99	0,90
▪ Ich finde das Bearbeiten der Videos überflüssig. (-) [Int4]	1,23	0,51
▪ Ich würde gerne weitere Videos zu anderen Themenbereichen bearbeiten. [Int5]	3,27	0,76
Wahrgenommene Relevanz der Arbeit mit ViviAn[1]		
▪ Ich halte das Arbeiten mit den Videos für relevant für meine spätere Unterrichtspraxis. [Rel1]	3,73	0,56
▪ Das Bearbeiten der Videos stellt für mich eine gute Verbindung zwischen Theorie und Praxis dar. [Rel2]	3,65	0,61
▪ Das Bearbeiten der Videos hat nichts mit dem Unterricht in der Schule zu tun. (-) [Rel3]	1,33	0,65
▪ Das Bearbeiten der Videos stellt eine praktische Auseinandersetzung mit den theoretischen Inhalten der Vorlesung dar. [Rel4]	3,38	0,72
▪ Ich halte die Bearbeitung der Videos im Hinblick auf meine berufliche Ausbildung für sinnvoll. [Rel5]	3,76	0,56
Wahrgenommene Schwierigkeit[1]		
▪ Das Arbeiten mit Videos empfinde ich als schwierig. (-) [VVT4]	1,80	0,83
▪ Das Bearbeiten der Videos nehme ich als mühsam war. (-) [VVT5]	1,96	0,86
▪ Das Beantworten der Diagnoseaufträge mithilfe der Videos fällt mir leicht. [VVT6]	2,83	0,67
▪ Das Beantworten der Diagnoseaufträge mithilfe des Videos empfinde ich als anstrengend. (-) [VVT7]	2,08	0,78
Wahrgenommene Realitätsnähe[1]		
▪ Durch das Arbeiten mit ViviAn erfährt man viel über Lehr-Lern-Prozesse. [VVT8]	3,39	0,72
▪ Das Arbeiten mit Videos empfinde ich als realitätsnah. [VVT9]	3,46	0,69
Ergänzende Einschätzung		
▪ Auf der ViviAn-Homepage finde ich mich schnell zurecht. [Zufried]	3,49	0,67
▪ Die Hilfestellungen zur Registrierung auf der ViviAn-Homepage (Menüpunkt: „Wie melde ich mich an?") sind hilfreich. [Hilfrei]	3,76	0,52
▪ Ich finde die ViviAn-Homepage vom Design ansprechend. [Anspre ch]	3,20	0,77

Abb. 6.2   Ergebnisse zu den Skalen der Bewertung und zur Arbeit mit ViviAn.
([1]Nach Bartel & Roth (2020). 4-stufig: „triff voll zu" (4) bis „trifft nicht zu" (1))

	Aspekt 1: Aufgabenangemessenheit		
Item	ViviAn …	*M*	*SD*
[sw01]	… ist <u>unkompliziert/kompliziert</u> zu bedienen	6,18	1,14
[sw02]	… bietet <u>nicht alle/alle</u> Funktionen, um die anfallenden Aufgaben effizient zu bewältigen.	5,73	1,39
[sw04]	… <u>erfordert/erfordert keine</u> überflüssigen Eingaben.	5,31	1,65
[sw05]	… ist <u>schlecht/gut</u> auf die Anforderungen der Arbeit zugeschnitten.	5,75	1,25
[sww1]	Die Aufgabenangemessenheit von ViviAn ist für meine Tätigkeit <u>sehr unwichtig/sehr wichtig</u>.	6,12	1,05

Aspekt 2: Selbstbeschreibungsfähigkeit			**Aspekt 3: Erwartungskonformität**		
Item	*M*	*SD*	Item	*M*	*SD*
[sw06]	6,15	1,11	[sw11]	6,27	1,13
[sw07]	6,24	1,28	[sw12]	5,31	1,64
[sw08]	5,34	1,57	[sw15]	6,40	1,31
[sw08]	5,17	1,45	[sww3]	5,73	1,14
[sw10]	5,05	1,46			
[sww2]	5,57	1,21			

Aspekt 4: Lernförderlichkeit			**Aspekt 5: Steuerbarkeit**		
Item	*M*	*SD*	Item	*M*	*SD*
[sw16]	5,79	1,26	[sw21]	4,53	2,03
[sw17]	4,29	1,45	[sw22]	4,99	1,68
[sw18]	4,85	1,83	[sw23]	5,76	1,44
[sw19]	5,48	1,30	[sw24]	6,13	1,27
[sw20]	6,03	1,33	[sw25]	6,22	1,32
[sww4]	5,95	1,16	[sww5]	5,60	1,29

Aspekt 6: Fehlertoleranz			**Aspekt 7: Individualisierbarkeit**		
Item	*M*	*SD*	Item	*M*	*SD*
[sw26]	5,59	1,53	[sw32]	5,54	1,53
[sw27]	4,39	1,70	[sw34]	5,39	1,42
[sw29]	5,12	1,61	[sw35]	5,93	1,46
[sw30]	4,32	1,77	[sww7]	5,33	1,42
[sww6]	5,24	1,33			

Abb. 6.3 Ergebnisse zu den sieben Aspekten des ISONORM 9241/110, verändert nach Prümper und Anft (2021). Anmerkung: 7-stufige Skala: — (1), −, -, -/+,+,+ +,+ + +(7) | Die Items sw03, sw13, sw14, sw28, sw31 und sw33 entfielen (vgl. Abschn. 6.2.3). Die alternativen Aussagen der gegenläufigen Pole sind jeweils unterstrichen

durchschnittlich weder als leichte noch als schwere/anstrengende Aufgabe ein-schätzen.

Die Ergebnisse in Abb. 6.3 zeigen für das Beispiel ViviAn exemplarisch, wie der nach Prümper und Anft (2021) veränderte Fragebogen in der Lage ist, gelungene und verbesserungswürdige Aspekte einer Online-Lernplattform abzu-bilden. Die Interpretation der Mittelwerte und Standardabweichungen kann dabei stets nur vor dem Hintergrund der Rahmenbedingungen des beurteilten Systems erfolgen. Die Auswertung der Freitextfelder kann aufklärende Funktion bei der Interpretation der Werte übernehmen. So tendiert beispielsweise der Mittel-wert des Items sw21 mit 4,53 bei einer siebenstufigen Likert-Skala zur Mitte und die Standardabweichung von 2,03 fällt im Vergleich zu den anderen Items am höchsten aus. Erst bei der Auswertung der Freitextfelder wird klar, dass die Nutzerinnen und Nutzer eine Option zur Zwischenspeicherung ihrer Einträge als wünschenswert ansehen und das Fehlen dieser Option zugleich als Usability-Problem benennen. Die Ergebnisse der Items sww1–7 zeigen, dass jeder der

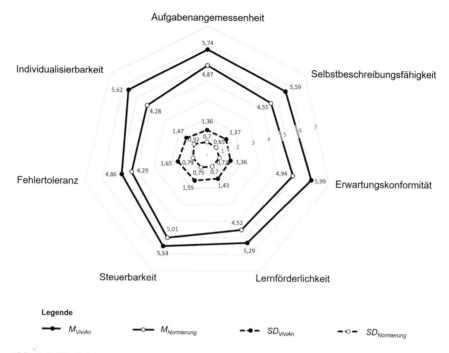

Abb. 6.4 Vergleich der Mittelwerte und Standardabweichungen für jeden der sieben Aspekte zwischen ViviAn und der Normierungsstichprobe aus Prümper (1997, S. 259)

sieben Aspekte aus der Sichtweise der Teilnehmenden für die untersuchte Online-Lernplattform relevant ist.

Der Abgleich mit den Mittelwerten und den Standardabweichungen aus der Normierungstabelle von Prümper (1997) zeigt, dass ViviAn hinsichtlich aller sieben Aspekte höhere Werte liefert als die Normierungsstichprobe (Abb. 6.4). Der Normierungstabelle liegen Usability-Evaluationen von 41 Softwareanwendungen mit durchschnittlich 24,6 beurteilenden Nutzerinnen und Nutzern zugrunde.

6.3.3   Wahrgenommene Usability-Probleme und Desiderat der Nutzer*innen

Die dritte Forschungsfrage bezieht sich auf die Usability-Probleme und Verbesserungsvorschläge. Diese wurden entweder im Rahmen der Freitextfelder des ISONORM 9241/110 oder am Ende des Fragebogens bei den offenen Fragen genannt. Da die Usability-Probleme und Verbesserungsvorschläge oftmals eng zusammenhängen, werden diese hier gemeinsam berichtet (Abb. 6.5) und in Abschn. 6.4 die daraus abgeleiteten Konsequenzen diskutiert.

n	Rückmeldung	n	Rückmeldung (*Fortsetzung*)
55	Individuelleres Feedback	3	Variation der Fragestellungen
36	Bessere Audioqualität	3	Videovignetten könnten länger sein
23	Abwechslungsreicheres Angebot (andere Schularten, -stufen, Inhalte)	3	Videovignetten könnten kürzer sein
23	Option zum Zwischenspeichern	2	Button zum Vor-/Zurückspringen (5-10 s) in Videos
15	Verschieben und Schließen von Fenstern schwierig	2	Drücken von Enter führt nicht zum erwarteten Ergebnis
14	Präzisierung der gestellten Fragen	2	Musterlösung bei erster Frage fehlt
13	Infofenster/Einführende Hinweise	2	Nachträgliches Ändern der Antworten ermöglichen
13	Summe der Aufgaben zu umfangreich	2	Option zum Download der Lösungen
12	Nachträgliches Betrachten von Eingaben/Lösungen ermöglichen	2	Rückmeldung, dass ein Feld bearbeitet wurde
10	Zusätzliches Material wäre hilfreich	2	Unmittelbares Feedback (anstatt nur am Ende)
7	Unübersichtliche Formatierung der Eingaben/Lösungen	2	Veränderung der Wiedergabegeschwindigkeit
6	Bessere Videoqualität	2	Verschiebbare Buttons besser greifbar machen
4	Bildschirmausgabe nicht intuitiv erschließbar	2	Vollbildmodus für Videos
4	Dynamisch skalierbares Videofenster	2	Weitere Videos zum freiwilligen Üben
4	Endgerät-spezifische Schwierigkeiten	2	Zu viele Wechsel zwischen Fenstern, unübersichtlich
4	Informationen dazu, wie Lehrkräfte eingreifen würden	1	Anmeldung ist kompliziert
4	Materialien zu groß für (sehr) kleine Bildschirme	1	Fehlerhafte Auswahloption (ja und nein ankreuzbar)
4	Mehr kurze Antwortformate (Multiple Choice)	1	Option zum Melden von Fehlern
4	Zu wenig Platz	1	Überspringen von Fragen ermöglichen
3	Autokorrektur bei Wörtern	1	Video hängt sich wiederholt auf
3	Textfeld für Notizen	1	Vorschaubild des Videos beim Vor- und Zurückspulen

Abb. 6.5 Auswahl der genannten Usability-Probleme und Verbesserungsvorschläge in absteigender Häufigkeit

6.3.4 Nutzung verfügbarer Funktionen

Die vierte Forschungsfrage beabsichtigt herauszufinden, inwiefern ausgewählte neu hinzugefügte Funktionalitäten genutzt werden. So ist es beispielsweise in der aktuellen Version von ViviAn möglich, die meisten Fenster der Lernumgebung frei zu skalieren und zu verschieben, um die Lernumgebung an die eigenen Bedürfnisse anzupassen. Während etwa zwei Drittel der Befragten diese Optionen als sinnvoll einstufen ($M = 5,99$, $SD = 1,74$), geben anteilmäßig weniger Befragte an, dass sie von der Skalierung von Fenstern ($M = 4,61$, $SD = 2.26$) oder dem Verschieben von Fenstern ($M = 5,64$, $SD = 1,97$) frequentiert Gebrauch gemacht haben. Die Teilnehmenden verwenden außerdem durchschnittlich 1,8 Hilfestellungen, z. B. schriftliche Anleitung auf der Webseite (34 %) oder im PDF-Format (5 %) oder Erklärvideos (24 %).

Heatmaps Als exemplarische Heatmap wird für diesen Beitrag eine Auflösung mit 1440 px Breite gewählt (Abb. 6.6), welche 14 % der Teilnehmenden (Abb. 6.1) nutzten. Rote Flächen kennzeichnen Positionen auf die mindestens zwei Personen geklickt haben. Grüne Flächen hingegen zeigen vereinzelte Klicks. Sehr deutlich zu sehen ist, dass die Buttons wie vorgesehen genutzt wurden. Ebenso zeigt sich, dass die Funktionen zur Individualisierung des Fensterlayouts regen Gebrauch gefunden haben. Durch die längliche rote Fläche an der rechten Seite unterhalb des „Diagnoseauftrag"-Fensters sowie in der rechten unteren Ecke

Abb. 6.6 Aggregierung von Heatmap-Daten der Vignettenoberfläche auf einem exemplarischen Vignetten-Screenshot mit einer Auflösung von 1440 × 900 px

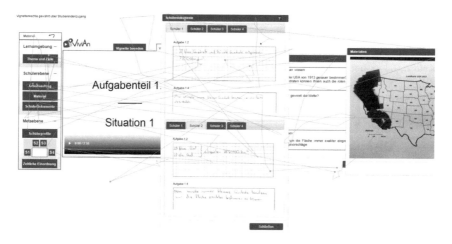

Abb. 6.7 Screenshot aus dem Sessiontracking einer Vignettenbearbeitung mit einer Auflösung von 1920 × 1080 px

des Videos wird deutlich, dass die Resize-Funktion genutzt wurde. Die vielen Klicks im weißen Bereich rechts daneben deuten darauf hin, dass die Material-Fenster mit der Drag-Funktion dorthin gezogen wurden. Dies kann mithilfe des *Session Recording* überprüft werden (Abb. 6.7 und 6.8).

Sessiontracking Zu sehen sind zwei ausgewählte Bearbeitungszeitpunkte in 1920 × 1080 px (Abb. 6.7) und 1536 × 864 px (Abb. 6.8), die mit dem Plugin für *Session Recording* extrahiert wurden. Es zeigt sich, dass einzelne Hilfe-stellungen sowie deren Verschiebbarkeit genutzt wurden. Ebenso stützen sie die in der Heatmap aggregierten Daten und zeigen exemplarisch, dass unabhängig von

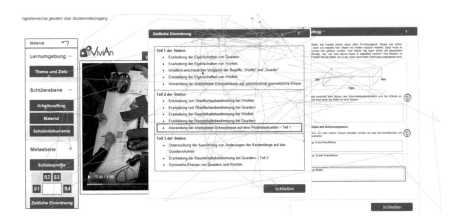

Abb. 6.8 Screenshot aus dem Sessiontracking einer Vignettenbearbeitung mit einer Auflösung von 1536 × 864 px

der Bildschirmauflösung tendenziell die volle Bildschirmbreite zur Bearbeitung genutzt wird. Die orangene Linie zeigt hierbei den Verlauf des Mauszeigers während der Bearbeitung. Die orangenen Punkte auf der Linie markieren die Stellen, an denen geklickt wurde. Da diese Screenshots Momentaufnahmen darstellen, gehören manche dieser Klicks zu den Positionen bereits geschlossener Hilfeboxen.

6.4   Diskussion und Ausblick

Die Untersuchung zeigte, dass die Studierenden ihre Tätigkeit auf der Plattform als überdurchschnittlich relevant für die spätere Berufsausübung einstufen, die Gestaltung der Benutzeroberfläche als überdurchschnittlich gut angesehen wird und mobile Endgeräte (Tablet, Smartphone) bei der Nutzung eine untergeordnete Rolle spielen.

Aus den Ergebnissen der Heatmaps und des Sessiontrackings geht hervor, dass alle Optionen, die die Oberfläche von ViviAn bietet, in der intendierten Art und Weise genutzt werden. Die freie Anordnungsmöglichkeit der Arbeitsmaterialien wird gut angenommen und es kommt zu keinen Missverständnissen oder Irritationen, durch die verfügbaren Funktionen der Oberfläche, die die Bearbeitung erschweren würden.

Für die sieben Dimensionen des ISONORM 9241/110 schnitt ViviAn in allen Bereichen besser ab als die Referenzwerte aus der Normierungstabelle, die anhand von 41 Softwareanwendungen ermittelt wurden (Prümper, 1997). Die höhere Standardabweichung im Vergleich zur Normierungstabelle kann nicht zweifelsfrei geklärt werden. Eine mögliche Ursache könnte in der großen Vielfalt der verwendeten Endgeräte, Bildschirmgrößen und -auflösungen liegen, die nicht alle gleich gut für die Nutzung von ViviAn geeignet sind. So wurde z. B. deutlich, dass die Befragten zum Teil sehr kleine Bildschirmauflösungen verwenden und daher nur bedingt das Potenzial von frei verschiebbaren und skalierbaren Fenstern und Menüs ausnutzen können. So ist es zwar in der mit 18 % am häufigsten vertretenen Bildschirmauflösung (1536×864) möglich, das Videovignetten-Fenster neben dem Diagnoseauftrag zu positionieren, es wird aber kaum möglich sein, weitere Fenster überschneidungsfrei zu öffnen (z. B. Arbeitsmaterialien und Lösungen). Nur 17 % der Nutzerinnen und Nutzer arbeiteten an einem Bildschirm mit Full-HD-Auflösung (1920×1080) und in weniger als 2 % wurde ViviAn in höherer Auflösung aufgerufen.

Die Berücksichtigung der genannten Verbesserungsvorschläge und die Beseitigung der aufgedeckten Usability-Probleme sind essenziell für die Weiterentwicklung der Online-Lernplattformen ViviAn. Im Rahmen der Freitextfelder äußerten die Teilnehmenden am häufigsten den Wunsch nach einem individuellen Feedback ($n = 55$). Diesem Wunsch kommen wir nach, indem neben den Studierendenantworten nachträglich ein Freitextfeld erscheint, indem die Kursleiterinnen und Kursleiter eine individuelle Rückmeldung anbringen können. Häufig wurde zudem angeführt, dass einzelne Abschnitte der Dialoge der Schülerinnen und Schüler in den Videos schwer verständlich sind ($n = 36$). Dies ist bekannt und wird bei der Generierung und Implementierung neuer Videovignetten berücksichtigt. Bei den bestehenden Vignetten wurde diesem Hinweis bereits nachgekommen, indem der/die jeweils im Video Sprechende markiert ist. Die Rückmeldung eines abwechslungsreicheren Angebotes ($n = 23$), d. h. Vignetten anderer Schularten/-stufen, ist zum Teil nachvollziehbar, da die bearbeiteten Vignetten Schülerinnen und Schüler aus zwei Schularten und drei -stufen zeigen. Eine Erweiterung des Vignetten-Angebots ist für die Zukunft angedacht. Die Option zur Zwischenspeicherung der gemachten Eingaben ($n = 23$) stellt eine wichtige Funktionalität dar, die bei der Weiterentwicklung der Plattform berücksichtigt wird. In diesem Zusammenhang wird ebenso realisiert, dass gemachte Eingaben nachträglich mit den Musterlösungen im Kursprofil abgeglichen werden können ($n = 12$). Ohne die beiden zuletzt genannten Funktionen kann es bei technischen Schwierigkeiten zu wiederholtem Datenverlust kommen. In dieser Folge kann es zu Frustration und zur Beeinträchtigung des Lernprozesses kommen. Existiert hingegen eine Option zur Zwischenspeicherung, so kann die Arbeit grundsätzlich auch unterbrochen und zu einem späteren Zeitpunkt fortgeführt werden. Inzwischen wurden alle der zuvor genannten wünschenswerten Funktionalitäten der Plattform hinzugefügt.

Auch wurde deutlich, dass die Teilnehmenden teilweise konträre Wünsche äußern (Abb. 6.5). So geben 13 Personen an, dass die Aufgaben in Summe zu umfangreich sind, und 3 Personen, dass die Videovignetten kürzer ausfallen hätten können. Dahingegen äußern 10 Personen, dass zusätzliches Material hilfreich gewesen wäre, und 3 Personen, dass die Videovignetten länger hätten sein können. Diese Aussagen von wenigen Studierenden, die symmetrisch jeweils beide Pole der Möglichkeiten ansprechen, verdeutlichen, dass diesbezüglich die getroffenen Design-Entscheidungen im Mittel passgenau sind. Doch auch Rückmeldungen mit geringer Häufigkeit können hilfreich für die Weiterentwicklung sein: So weisen wenige Befragte darauf hin, dass die Musterlösung bei einer Frage fehlt, bei einer Auswahloption zwischen „Ja" und „Nein" beide Antwortalternativen ausgewählt werden können und eine Option zum Melden von Fehlern hilfreich wäre.

Vor dem Hintergrund des breiten Spektrums an Endgeräten, Bildschirmgrößen und -auflösungen war es sinnvoll, eine große Stichprobe zu nutzen und damit die empfohlene Stichprobengröße nach Sarodnick und Brau (2016, S. 174) von etwa 50 Teilnehmenden für Usability-Tests zu übersteigen. Auf Grund der seltenen Nennungen einzelner Antworten ist jedoch davon auszugehen, dass mit einer noch größeren Stichprobe weitere seltene Usability-Probleme hätten identifiziert werden können. Der systematische Rahmen der Usability-Evaluation lieferte dennoch eine Vielzahl an für die Weiterentwicklung relevanten Erkenntnissen, die ohne diese Form der Untersuchung verborgen geblieben wären.

Wie Meiselwitz und Sadera bereit 2008 feststellten, kann der Lernprozess durch die Gestaltung der verwendeten Online-Lernplattformen, genauer gesagt ihrer Gebrauchstauglichkeit (Usability), maßgeblich beeinflusst werden. Vor diesem Hintergrund und den Erkenntnissen der hier dargestellten Untersuchung plädieren die Autoren dafür, dem entwicklungsbegleitenden Usability-Engineering und der formativen sowie summativen Usability-Evaluation digitaler Lernangebote mehr Aufmerksamkeit zu schenken. Es ist bei Online-Lernplattformen grundsätzlich darauf zu achten, dass mögliche Systemhürden minimiert und das Arbeiten möglichst intuitiv gestaltet werden, denn nur so können die Anwenderinnen und Anwender – gemäß der Usability-Definition – ihre Ziele effektiv, effizient und zufriedenstellend erreichen.

Literatur

Bartel, M. E., & Roth, J. (2017). Diagnostische Kompetenzen von Lehramtsstudierenden fördern. Das Videotool ViviAn. In J. Leuders, T. Leuders, S. Prediger, & S. Ruwisch (Hrsg.), *Mit Heterogenität im Mathematikunterricht umgehen lernen – Konzepte und Perspektiven für eine zentrale Anforderung an die Lehrerbildung* (S. 43–52). Springer Spektrum.

Bartel, M. E., & Roth, J. (2020). Video- und Transkriptvignetten aus dem Lehr-Lern-Labor – Die Wahrnehmung von Studierenden. In B. Priemer & J. Roth (Hrsg.), *Lehr-Lern-Labore. Konzepte und deren Wirksamkeit in der MINT-Lehrpersonenbildung* (S. 299–315). Springer.

Debevc, M., & Bele, J. L. (2006). Usability testing of e-learning content as used in two learning management systems. *European Journal of Open, Distance and E-Learning, 11*(1), 1–8.

Dzida, W., Herda, S., & Itzfeld, W. D. (1978). User-perceived quality of interactive systems. *IEEE Transactions on Software Engineering, SE4*(4), 270–276.

Hofmann, R., & Roth, J. (2020). Arbeiten mit Funktionsgraphen – Zur Diagnose von Fehlern und Fehlvorstellungen beim Funktionalen Denken. *mathematica didactica, 43*(1), 1–17.

Karapanos, M. & Fendler, J. (2015). Lernbezogenes Mediennutzungsverhalten von Studierenden der Ingenieurswissenschaften. Eine geschlechterkomparative Studie. *Journal of Technical Education, 3*(1), 39–55.

Meiselwitz, G., & Sadera, W. A. (2008). Investigating the connection between usability and learning outcomes in online learning environments. *Journal of Online Learning and Teaching, 4*(2), 234–242.

Praetorius, A.-K., Lipowsky, F., & Karst, K. (2012). Diagnostische Kompetenz von Lehrkräften: Aktueller Forschungsstand, unterrichtspraktische Umsetzbarkeit und Bedeutung für den Unterricht. In R. Lazarides & A. Ittel (Hrsg.), *Differenzierung im mathematisch-naturwissenschaftlichen Unterricht* (S. 115–146). Klinkhardt.

Prümper, J. (1997). Der Benutzungsfragebogen ISONORM 9241/10: Ergebnisse zur Reliabilität und Validität. In R. Liskowsky, B. M. Velichkovsky, & W. Wünschmann (Hrsg.), *Software-Ergonomie '97 – Usability Engineering: Integration von Mensch-Computer-Interaktion und Software-Entwicklung* (S. 253–262). Teubner.

Prümper, J. & Anft, M. (2021). *ISONORM 9241/110 (Langfassung) Beurteilung von Software auf Grundlage der Internationalen Ergonomie-Norm DIN EN ISO 9241–110.* https://docplayer.org/31220569-Isonorm-9241-110-langfassung.html. Zugegriffen: 23. Juni 2021.

Rubin, J., & Chisnell, D. (2008). *Handbook of usability testing: How to plan, design, and conduct effective tests* (2. Aufl.). Wiley Publishing.

Sarodnick, F., & Brau, H. (2016). *Methoden der Usability Evaluation. Wissenschaftliche Grundlagen und praktische Anwendung* (3. Aufl.). Hogrefe.

Senkbeil, M., Ihme, J. M., & Schöber, C. (2021). Schulische Medienkompetenzförderung in einer digitalen Welt: Über welche digitalen Kompetenzen verfügen angehende Lehrkräfte? Psychologie in Erziehung und Unterricht. *Zeitschrift für Forschung und Praxis, 68*(1), 4–22.

Walz, M., & Roth, J. (2019). Interventionen in Schülergruppenarbeitsprozesse und Reflexion von Studierenden – Einfluss diagnostischer Fähigkeiten. In A. Frank, S. Krauss, & K. Binder (Hrsg.), *Beiträge zum Mathematikunterricht* (S. 1099–1102). WTM-Verlag.

Ein Beispielansatz zur Vermittlung von digitaler Kompetenz im MINT-Lehramtsstudium

7

Clarissa Lachmann, Mina Ghomi und Niels Pinkwart ⓘ

Inhaltsverzeichnis

7.1   Einleitung 123
7.2   Digitale Kompetenz und professionsspezifische Kompetenzmodelle 124
7.3   Berufsbezogene digitale Kompetenzen Lehramtsstudierender. 125
7.4   Dokumentenanalyse 126
       7.4.1   Fragestellung. 126
       7.4.2   Durchführung 127
       7.4.3   Ergebnisse 128
7.5   Konzeption und Evaluation eines Seminars zur Förderung der berufsbezogenen
      digitalen Kompetenzen von Lehramtsstudierenden 128
       7.5.1   Seminarkonzeption 129
       7.5.2   Seminarevaluation. 129
       7.5.3   Ergebnisse der Seminarevaluation 130
7.6   Diskussion und Ausblick. 135
Literatur 136

7.1 Einleitung

Digitale Kompetenzen gewinnen stetig an Bedeutung. So werden digitale Kompetenzen nicht nur im Alltag, sondern auch in der modernen Arbeitswelt immer wichtiger. Daher muss sichergestellt werden, dass alle Menschen die Möglichkeit haben, entsprechende Kompetenzen zu erwerben.

C. Lachmann (✉) · M. Ghomi · N. Pinkwart
Institut für Informatik, Humboldt-Universität zu Berlin, Berlin, Deutschland
E-Mail: clarissa.lachmann.1@hu-berlin.de

M. Ghomi
E-Mail: mina.ghomi@hu-berlin.de

N. Pinkwart
E-Mail: pinkwart@hu-berlin.de

© Der/die Autor(en) 2023
J. Roth et al. (Hrsg.), *Die Zukunft des MINT-Lernens – Band 1*,
https://doi.org/10.1007/978-3-662-66131-4_7

Die Kultusministerkonferenz (KMK) reagierte 2016 mit ihrem Strategiepapier *Bildung in der digitalen Welt* auf diese Entwicklung und machte die Förderung von digitalen Kompetenzen von Schülerinnen und Schülern sowie den didaktisch sinnvollen Einsatz digitaler Medien in Lehr- und Lernprozessen zu einem verpflichtenden Ziel aller Unterrichtsfächer in Deutschland (KMK, 2017, S. 24 f.). Damit Lehrkräfte dazu fähig sind, müssen sie, laut der KMK, in allen Phasen der Lehrkräftebildung darauf vorbereitet werden. Dabei liegt die Verantwortung zur verbindlichen Integration dieser Kompetenzen in der ersten Phase bei den Universitäten und hier sowohl bei den Fachwissenschaften, den Fachdidaktiken als auch bei den Bildungswissenschaften. Folglich stellt sich die Frage, ob die Universitäten in Deutschland dieser Verpflichtung hinreichend nachkommen. In diesem Beitrag wird zunächst dieser Frage nachgegangen, indem Studien- und Prüfungsordnungen von Lehramtsstudiengängen untersucht werden. Da MINT-Lehrkräfte digitale Medien häufiger in ihrem Unterricht einsetzen als Nicht-MINT-Lehrkräfte (Endberg & Lorenz, 2017, S. 170), wurde dabei der Fokus auf MINT-Lehramtsstudiengänge gelegt. Abschließend wird exemplarisch herausgearbeitet, wie eine erfolgreiche Förderung digitaler Kompetenzen im Lehramtsstudium aussehen kann, indem die Konzeption und Evaluation eines entsprechenden Seminars dargestellt wird.

7.2   Digitale Kompetenz und professionsspezifische Kompetenzmodelle

Die Frage danach, wie eine erfolgreiche Förderung der professionsbezogenen digitalen Kompetenzen von Lehramtsstudierenden aussehen kann, erfordert zunächst die Begriffsbestimmung von digitaler Kompetenz und die Wahl eines geeigneten Bezugsrahmens.

Digitale Kompetenz
Digitale Kompetenz umfasst die sichere, kritische und verantwortungsvolle Nutzung von und Auseinandersetzung mit digitalen Technologien für die allgemeine und berufliche Bildung, die Arbeit und die Teilhabe an der Gesellschaft. Sie erstreckt sich auf Informations- und Datenkompetenz, Kommunikation und Zusammenarbeit, Medienkompetenz, die Erstellung digitaler Inhalte (einschließlich Programmieren), Sicherheit (einschließlich digitalem Wohlergehen und Kompetenzen in Verbindung mit Cybersicherheit), Urheberrechtsfragen, Problemlösung und kritisches Denken" (Abl. EU, 2018, S. 9).

Nach der Definition der Europäischen Union umfasst digitale Kompetenz ein sehr breitgefächertes Spektrum an Fähigkeiten. Unter anderem bezieht sie sich auch auf berufsspezifische Fertigkeiten. Diese auf den Beruf bezogenen Kompetenzen lassen sich nicht allgemein beschreiben, sondern müssen professionsspezifisch bestimmt werden. Für den Lehrkräfteberuf wurde eine solche Bestimmung in der Vergangenheit von verschiedenen Akteuren vorgenommen (Brandhofer et al., 2020; Mishra & Koehler, 2006; Redecker, 2017). Bezogen auf Deutschland fordert die KMK (2021) in ihrer Erweiterung des Strategiepapiers, dass alle Länder auf Basis des Europäischen Referenzrahmens für die digitale Kompetenz von Lehrenden (kurz: DigCompEdu) eigene Kompetenzrahmen für die Aus-, Fort- und Weiterbildung der Lehrkräfte entwickeln sollen (KMK, 2021, S. 26). Daher wurde für die Konzeption und Evaluation des Seminars auf den DigCompEdu-Rahmen (vgl. Kap. 3) zurückgegriffen.

DigCompEdu
Der europäische Rahmen für die Digitale Kompetenz von Lehrenden beschreibt in sechs Bereichen die professionsspezifischen Kompetenzen, über die Lehrende zum Umgang mit digitalen Technologien verfügen sollten. Die Bereiche umfassen die Nutzung digitaler Technologien im beruflichen Umfeld (z. B. zur Zusammenarbeit mit anderen Lehrenden) und die Förderung der digitalen Kompetenz der Lernenden. Kern des DigCompEdu-Rahmens bildet der gezielte Einsatz digitaler Technologien zur Vorbereitung, Durchführung und Nachbereitung von Unterricht.

7.3 Berufsbezogene digitale Kompetenzen Lehramtsstudierender

Die aktuelle Studienlage zu professionsbezogenen digitalen Kompetenzen von Lehramtsstudierenden in Deutschland ist noch sehr spärlich (Senkbeil et al., 2020, S. 17). Existierende Untersuchungen kommen alle zu dem Schluss, dass die Förderung der berufsbezogenen digitalen Kompetenzen angehender Lehrkräfte während des Studiums noch unzureichend stattfindet und eine Intensivierung der Förderungsbestreben notwendig ist (Brinkmann & Müller, 2018; Eickelmann, 2017; Herzig & Martin, 2018).

Eine Befragung von Lehrpersonen der Sekundarstufe I (Sek. I) im Rahmen des Länderindikators 2016 zeigt, dass auch Lehrkräfte den Bedarf einer stärkeren Förderung digitaler Kompetenzen im Lehramtsstudium sehen (Eickelmann et al., 2016). Zudem zeigen die Ergebnisse der International Computer and Information Literacy Study (ICILS) 2018, dass die Förderung berufsbezogener digitaler Kompetenzen im Lehramtsstudium in der Vergangenheit zu kurz gekommen ist und Deutschland hinsichtlich mehrerer Kriterien schlechter abschneidet als der internationale Durchschnitt (Drossel et al., 2019). Im Hinblick auf die Tatsache, dass die Ausbildung als zentraler Prädiktor für die Nutzungshäufigkeit digitaler Medien von Lehrpersonen angesehen wird (Drossel et al., 2019, S. 223), sind diese Ergebnisse besorgniserregend.

Senkbeil et al., (2020, S. 15) konnten mit ihren Untersuchungen zeigen, dass Lehramtsstudierende schon zum Anfang ihres Studiums weniger digitale Kompetenzen aufweisen als Studierende anderer Fächer. Diese Unterschiede werden im Verlauf des Studiums größer. Das Lehramtsstudium schafft es momentan also noch nicht, bestehende Kompetenzunterschiede auszugleichen. Herzig und Martin (2018, S. 110) stellen fest, dass die medienpädagogischen Defizite von Lehramtsstudierenden auch auf die strukturell fehlenden Lerngelegenheiten zurückzuführen sind. Es fehlt in der ersten Phase der Lehrkräfteausbildung an ausgehandelten Gesamtkonzepten (Eickelmann et al., 2016, S. 152). Gleichzeitig fehlt es auch an rechtlichen Vorgaben. So existieren in der Mehrheit der Bundesländer Deutschlands keine Vorgaben darüber, dass Lehrveranstaltungen zum Erwerb von professionellen Kompetenzen zum Umgang mit digitalen Medien oder für den methodisch-didaktischen Einsatz digitaler Medien in Schule und Unterricht im Lehramtsstudium anzubieten sind (Brinkmann & Müller, 2018, S. 6 f.).

Van Ackeren et al. (2019, S. 109) bringen das Problem, dass die Anforderungen und notwendigen Veränderungen in der Lehrerbildung bezüglich des digitalen Wandels in Deutschland bisher zu kurz kommen, auf den Punkt: „Eine umfassende, fächerübergreifende und fächerspezifische, medienbezogene bildungswissenschaftliche und informatische Kompetenzentwicklung ist in der Lehramtsausbildung bislang nicht systematisch und damit nicht verbindlich angelegt." Ferner fehlt es an Studien zur genauen Feststellung der Defizite von Lehramtsstudierenden in Bezug auf ihre berufsbezogenen digitalen Kompetenzen sowie Konzepten zur Förderung dieser Kompetenzen. Bei der Beantwortung der Frage danach, wie eine nachhaltige Förderung digitaler Kompetenzen von Lehramtsstudierenden aussehen kann, liefert dieser Beitrag erste Antworten.

7.4 Dokumentenanalyse

7.4.1 Fragestellung

Durch die Analyse von Studien- und Prüfungsordnungen sowie Modulhandbüchern wurde zunächst die Frage geklärt, wie berufsbezogene digitale Kompetenzen momentan an den Universitäten in MINT-Lehramtsstudiengängen vermittelt werden. Dabei wurden folgende Aspekte genauer untersucht:

1. Inwieweit gibt es in ausgewählten Bundesländern Deutschlands eine Verankerung von Veranstaltungen zur Förderung der professionsbezogenen digitalen Kompetenzen von Lehramtsstudierenden in den Studien- und Prüfungsordnungen oder Modulhandbüchern?
2. In welchen Bereichen (Bildungswissenschaft oder Fachdidaktik) ist die Förderung berufsbezogener digitaler Kompetenzen von Studierenden verankert?
3. Inwiefern handelt es sich um verpflichtende Veranstaltungen für die Studierenden?

7.4.2   Durchführung

Für die Analyse wurden im Frühjahr 2021 entsprechende Dokumente von neun Universitäten aus drei Regionen (Nordrhein-Westfalen, Hessen und Berlin-Brandenburg) in Deutschland untersucht. Die Auswahl erfolgte anhand von Daten des *Länderindikators* von 2017 (Lorenz et. al) sowie des *Monitors Lehrerbildung* (Schmid et al., 2017) so, dass jeweils ein Bundesland ausgewählt wurde, das in Bezug auf die berufsbezogene digitale Kompetenz von Lehrkräften im deutschlandweiten Vergleich eher gut, mittelmäßig und eher schlecht dasteht (Tab. 7.1). Es wurden folgende Faktoren berücksichtigt:

1. Faktor: die selbst eingeschätzte Kompetenz der Lehrkräfte
2. Faktor: die Förderung der digitalen Kompetenzen der Schülerinnen und Schüler
3. Faktor: Vorgaben zu Veranstaltungen während des Lehramtsstudiums zum Umgang mit digitalen Medien
4. Faktor: Vorgaben zum Erwerb von Kompetenzen zum methodisch-didaktischen Einsatz von digitalen Medien während des Lehramtsstudiums

Aufgrund der unmittelbaren Nähe von Berlin und Brandenburg sowie der Tatsache, dass viele Studierende aus beiden Bundesländern anschließend in dem jeweils anderen Bundesland arbeiten, wurden beide zusammengefasst betrachtet. Die ausgesuchten Universitäten bieten alle MINT-Fächer zum Lehramtsstudium für das Gymnasium an. Die Freie Universität bildet hierbei eine Ausnahme, da dort das Fach Geografie nicht angeboten wird. Mangels weiterer lehrkräftebildender Universitäten in Berlin oder Brandenburg wurde sie trotzdem betrachtet.

Tab. 7.1 Übersicht der Bundesländerdaten und der ausgewählten Universitäten

	NRW	Hessen	Berlin	Brandenburg
Faktor 1	Oberer Bereich	Mittlerer Bereich	Unterer Bereich	Heterogene Verteilung
Faktor 2	Oberer Bereich	Mittlerer Bereich	Unterer Bereich	Heterogene Verteilung
Faktor 3	Ja, für die Sek. I	Nein, aber andere Steuerungsmaßnahmen	Nein	Nein, aber geplant
Faktor 4	Ja, für die Sek. I	Nein, aber andere Steuerungsmaßnahmen	Nein	Nein, aber geplant
Ausgewählte Universitäten	Universität Münster, Universität Wuppertal, Universität Bonn	Goethe Universität Frankfurt am Main, Justus-Liebig Universität Gießen, Philipps Universität Marburg	Humboldt-Universität zu Berlin, Freie Universität Berlin	Universität Potsdam

Anmerkung: Die Daten stammen aus dem Länderindikator 2017 (Lorenz et al., 2017, S. 143 & S. 167) und dem Monitor Lehrerbildung (Schmid et al., 2017)

Die ausgesuchten Dokumente wurden zunächst nach Seminaren oder Modulen durchsucht, deren Inhalte oder Qualifikationsziele mit der Förderung von berufsbezogenen digitalen Kompetenzen im Zusammenhang stehen. Dabei lag der Fokus auf den Bildungswissenschaften und den Modulen der entsprechenden Fachdidaktik. Eine detaillierte Inhaltsanalyse war aufgrund des Mangels an ausführlichen Inhalts- oder Kompetenzbeschreibungen in den entsprechenden Dokumenten nicht möglich. Daher wurde auch kein Leitfaden zur Kodierung erstellt.

7.4.3 Ergebnisse

In Bezug auf die erste Frage wurde festgestellt, dass an allen untersuchten Universitäten Veranstaltungen in den entsprechenden Dokumenten verankert sind, die in irgendeiner Weise die berufsbezogenen digitalen Kompetenzen von Lehramtsstudierenden fördern sollen. Hinsichtlich der zweiten Fragestellung konnte festgestellt werden, dass diese Veranstaltungen hauptsächlich in der Fachdidaktik zu verorten sind, wobei es in Nordrhein-Westfalen und Hessen auch entsprechende Veranstaltungen in den Bildungswissenschaften gibt. Bezüglich der dritten Fragestellung, ob es sich um Wahl- oder Pflichtveranstaltungen handelt, muss zwischen Veranstaltungen unterschieden werden, die sich ausschließlich der Förderung digitaler Kompetenzen widmen, und solchen, in denen beispielsweise der Umgang mit digitalen Medien nur ein Inhalt von vielen ist. Veranstaltungen, die sich nicht ausschließlich der Thematik widmen, sind überwiegend verpflichtend zu besuchen. Es handelt sich dabei meist um fachdidaktische Module, in denen unter anderem auch digitale Medien behandelt werden. Im Gegensatz dazu sind Veranstaltungen, die primär digitale Kompetenzen in den Blick nehmen, überwiegend Wahlpflichtveranstaltungen.

Zusammenfassend lässt sich sagen, dass die Förderung der digitalen Kompetenzen von Lehramtsstudierenden in den entsprechenden Dokumenten verankert ist, allerdings noch nicht in einem zufriedenstellenden Ausmaß. Es fehlt an Pflichtveranstaltungen, die sich ausschließlich dieser Thematik widmen. Die schlichte Aufnahme von entsprechenden Inhalten in bestehende Veranstaltungen der Fachdidaktiken scheint vor dem Hintergrund der hohen Bedeutsamkeit des Themas unzureichend.

7.5 Konzeption und Evaluation eines Seminars zur Förderung der berufsbezogenen digitalen Kompetenzen von Lehramtsstudierenden

Die Ergebnisse der Dokumentenanalyse sowie der aktuelle Forschungsstand legen nahe, dass die Förderung der digitalen Kompetenzen Lehramtsstudierender derzeit an den Universitäten in Deutschland noch zu wenig Beachtung findet. Daher wurde ein Seminar konzipiert, das sich dieser Aufgabe widmet.

Tab. 7.2 Übersicht der Seminarinhalte

Termin	Inhalte
1.	Einführung in das Thema Online-Kollaboration
2.	Stationenlernen zu: Assessment-Tools, Videoeinsatz und -produktion, interaktiven Übungen, Datenschutz, Urheberrecht, Blogs, Podcasts und Wikis, digitaler Teilhabe, digitalen Weiterbildungsmöglichkeiten
3.	Präsentationen der von den Studierenden erstellten digitalen Lerneinheiten zum DigCompEdu-Kompetenzrahmen
4.	Entwicklung eigener Unterrichtskonzepte mit Peer-Feedback

7.5.1 Seminarkonzeption

Das konzipierte Seminar gliedert sich in vier Termine mit einer Länge von jeweils acht Stunden. Das Seminar wurde im Sommersemester 2021 an der Humboldt-Universität zu Berlin im überfachlichen Wahlpflichtbereich für Lehramtsstudierende im Masterstudium angeboten. Alle Seminartermine fanden über die Videokonferenzsoftware Zoom statt. Der Abstand zwischen den einzelnen Terminen betrug eine Woche. Die behandelten Themen der jeweiligen Veranstaltungen sind in Tab. 7.2 abgebildet.

Die Inhalte wurden so gewählt, dass möglichst alle Kompetenzen aus dem DigCompEdu-Rahmen angesprochen werden. Der Einsatz digitaler Medien und Lernformen ist essenziell und zieht sich durch den gesamten Seminarverlauf. So wird es den Teilnehmenden möglich, nicht nur theoretisches Wissen über den Einsatz digitaler Medien zu erlangen, sondern auch praktische Erfahrungen zu sammeln. Dabei sollen die praktischen Erfahrungen aus der Perspektive der Lernenden den Studierenden helfen, im späteren Berufsalltag die Schwierigkeiten der Schülerinnen und Schüler besser antizipieren zu können. Gleichzeitig sollen die praktischen Erfahrungen mit der eigenen Produktion und dem Einsatz digitaler Medien dazu beitragen, Ängste abzubauen und im zukünftigen Berufsleben den Einsatz digitaler Medien zu erleichtern.

7.5.2 Seminarevaluation

Zur Untersuchung der Wirksamkeit des Seminars wurde ein Pre-Post-Design ausgewählt, welches in Abb. 7.1 abgebildet ist. Ferner wurden Daten während des Seminarverlaufs erhoben.

Vor Beginn des Seminars (Messzeitpunkt I) wurden die Teilnehmenden gebeten, einen Fragebogen mit Selbsteinschätzungsfragen zu ihrer berufsbezogenen digitalen Kompetenz und zu ihrer computerbezogenen Selbstwirksamkeit auszufüllen. Die Fragen zur digitalen Kompetenz beziehen sich auf den DigCompEdu-Rahmen und stammen aus dem Selbsteinschätzungsinstrument der Europäischen Kommission zum DigCompEdu (Ghomi & Redecker, 2019). Da es sich dabei um einen Fragebogen für bereits berufstätige Lehrkräfte handelt, wurden die Fragen

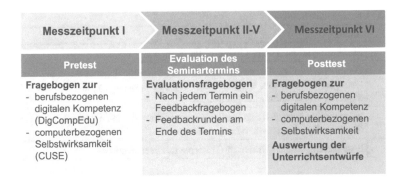

Abb. 7.1 Studiendesign

entsprechend umformuliert, um Lehramtsstudierende anzusprechen. Die Fragen zur computerbezogenen Selbstwirksamkeit (Computer User Self-Efficacy: CUSE) stammen aus dem von Bescherer und Spannagel (o. J.) reduzierten Fragebogen zur computerbezogenen Selbstwirksamkeit von Cassidy und Eachus (2002). Zu den Messzeitpunkten II–V wurde, nach jeder der vier Seminarveranstaltungen, ein Feedbackfragebogen von den Teilnehmenden ausgefüllt. Nach Abschluss des Seminars (Messzeitpunkt VI) erfolgte ein Posttest, in dem die Seminarteilnehmenden den gleichen Selbsteinschätzungsfragebogen ausfüllen sollten wie im Pretest. Um einen individuellen Pre-Post-Vergleich zu ermöglichen, wurde zu den Messzeitpunkten I und VI in der Umfrage von Befragten zusätzlich eine persönliche ID erstellt. Dadurch konnten die Pre- und Posttestfragebögen bei der Auswertung individuell einander zugeordnet werden. Es erfolgte zudem eine Auswertung der von den Studierenden eingereichten Unterrichtsentwürfe.

Von besonderem Interesse bei der Evaluation des Seminars war dessen Wirksamkeit in Bezug auf die Förderung der digitalen Kompetenz der Studierenden sowie das individuelle Feedback der Teilnehmenden. Erwartet wurde, dass sich die digitale Kompetenz der Teilnehmenden im Pre-Post-Vergleich erhöht. Darüber hinaus sollte überprüft werden, ob es Unterschiede zwischen Studierenden, die kein, ein oder zwei MINT-Fächer studieren, in Bezug auf die digitale Kompetenz oder die computerbezogene Selbstwirksamkeit gibt. Dies ist von Interesse, da im Durchschnitt MINT-Lehrkräfte digitale Medien häufiger in ihrem Unterricht einsetzen als Nicht-MINT-Lehrkräfte (Endberg & Lorenz, 2017, S. 170). Es wurde daher vermutet, dass Studierende, die ein oder zwei MINT-Fächer studieren, eine höhere digitale Kompetenz und computerbezogene Selbstwirksamkeit aufweisen als Studierende, die kein MINT-Fach studieren.

7.5.3 Ergebnisse der Seminarevaluation

Insgesamt nahmen 24 Studierende an dem Seminar teil. Für den individuellen Pre-Post-Vergleich konnten Daten von 16 Teilnehmenden, die sowohl am Pre- als auch am Posttest teilnahmen, berücksichtigt werden.

Abb. 7.2 Vergleich der erreichten Punktzahlen (DigCompEdu) im Pre- und Posttest

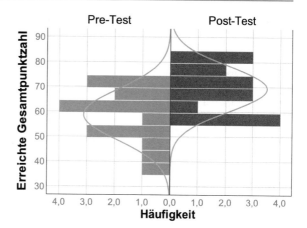

Abb. 7.3 Vergleich der erreichten Kompetenzniveaus (DigCompEdu) im Pre- und Posttest

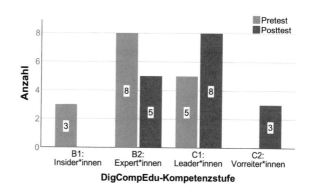

Berufsbezogene digitale Kompetenz

In Abb. 7.2 und 7.3 lässt sich erkennen, dass eine Verbesserung der berufsbezogenen digitalen Kompetenz erreicht wurde. Ein *t*-Test zeigt, dass die erreichten Punktzahlen im DigCompEdu-Selbsteinschätzungsinstrument nach dem Seminarbesuch deutlich höher waren als vor Beginn des Seminars, $M_{\text{Pretest}} = 58{,}8$, $SD_{\text{Pretest}} = 10{,}2$, $M_{\text{Posttest}} = 69{,}3$, $SD_{\text{Posttest}} = 9{,}1$.

Die Unterschiede zwischen den Mittelwerten der beiden Messzeitpunkte sind hoch signifikant mit einer großen Effektstärke, $t(15) = 7{,}25$, $p < {,}001$, $d_z = 1{,}81$. Als Maß der Effektstärke wurde Cohens (1988) Effektstärkemaß für abhängige Stichproben d_z verwendet. Alle 16 individuellen Vergleiche zeigen eine Verbesserung der Gesamtpunktzahl im Selbsteinschätzungsinstrument. Diese Verbesserung betrug im Mittel 10,6 Punkte, $SD = 5{,}8$.

Es wurde eine ANOVA durchgeführt, um eventuelle Unterschiede in Bezug auf den Faktor MINT-Studium und der Veränderung der Gesamtpunktzahl im Selbsteinschätzungsinstrument zur digitalen Kompetenz zu untersuchen. Die Mittelwerte der Veränderung der Gesamtpunktzahl im Selbsteinschätzungsfragebogen für die

Tab. 7.3 Übersicht zur durchschnittlichen Veränderung in der Gesamtpunktzahl im DigCompEdu-Selbsteinschätzungsfragebogen zwischen Pre- und Posttest

N		M der Veränderung der Gesamtpunktzahl (SD) im DigCompEdu-Selbsteinschätzungsinstrument
Studiert kein MINT-Fach	6	11,5 (6,8)
Studiert ein MINT-Fach	3	8,3 (1,5)
Studiert zwei MINT-Fächer	7	10,7 (6,5)
Gesamt	16	10,6 (5,8)

einzelnen Gruppen sind in Tab. 7.3 aufgeführt. Die Faktorstufe, *studiert ein MINT-Fach,* weist den kleinsten Mittelwert der Veränderung auf. Es konnten allerdings keine statistisch signifikanten Unterschiede in Bezug auf die Verbesserung des Kompetenzniveaus zwischen den untersuchten Gruppen festgestellt werden, $F(2, 13) = 0{,}27$, $p = {,}768$. Der Faktor MINT-Studium führte zu keiner nachweislichen Verbesserung der Gesamtpunktzahl.

Computerbezogene Selbstwirksamkeit
In Bezug auf ihre computerbezogene Selbstwirksamkeit haben sich zehn Teilnehmende verbessert, zwei zeigen keine Verbesserung und vier haben sich verschlechtert. Der *t*-Test weist auf einen signifikanten mittleren positiven Effekt hin, $t(15) = 2{,}62$, $p < {,}05$, $dz = 0{,}655$. Also auch hier ist eine Verbesserung der computerbezogenen Selbstwirksamkeit nach dem Seminar zu beobachten. Abb. 7.4 stellt die erreichten Gesamtpunktzahlen zur computerbezogenen Selbstwirksamkeit im Pre- und Posttest gegenüber. Darauf ist die Verbesserung ebenfalls zu erkennen.

Abb. 7.4 Vergleich der erreichten Punktzahlen zur computerbezogenen Selbstwirksamkeit im Pre- und Posttest

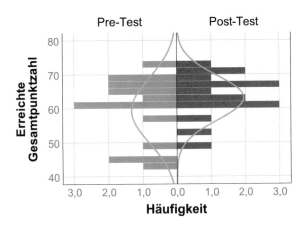

Feedback der Teilnehmenden

Die Bewertungen der Studierenden für die einzelnen Seminartermine waren insgesamt sehr positiv. Abb. 7.5 und 7.6 zeigen die Antworten der Teilnehmenden zu den Aussagen: „Ich bin insgesamt zufrieden mit dem Seminar" und „Ich habe das Gefühl, heute etwas gelernt zu haben", für alle vier Termine.

Die Mehrheit der befragten Teilnehmenden ist mit allen Seminarterminen zufrieden gewesen und gab an, etwas gelernt zu haben. Lediglich eine Person war mit dem ersten Termin aufgrund der langen Gruppenarbeitsphase nicht zufrieden. Die Länge der jeweils achtstündigen Veranstaltungen wurde in zwei Fällen als Kritikpunkt genannt. Beim zweiten Termin wurde von der Person, welche nur teilweise zufrieden damit war, die Menge an Input kritisiert und das Format als Online-Veranstaltung für Anfängerinnen und Anfänger als weniger geeignet empfunden.

Abb. 7.5 Antworten auf die Aussage: „Ich bin insgesamt zufrieden mit dem Seminar", für alle vier Termine

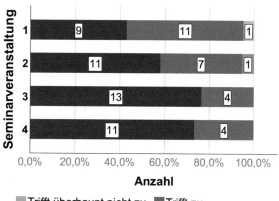

Abb. 7.6 Antworten auf die Aussage: „Ich habe im heutigen Seminar etwas Neues gelernt", für alle vier Termine

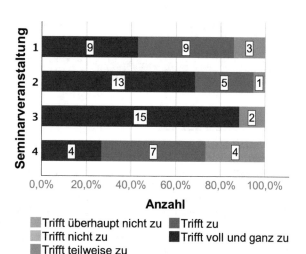

Der inhaltliche Umfang wurde auch in der dritten Veranstaltung von über der Hälfte der Teilnehmenden kritisiert. Ansonsten beurteilten die Teilnehmenden das Seminar weitgehend positiv. Zu allen Seminarterminen gaben die Studierenden an, etwas Neues und für den Beruf einer Lehrkraft Relevantes gelernt zu haben. Die Relevanz der Seminarinhalte für den späteren Beruf, aber auch für das weitere Studium nutzten einige Teilnehmende auch als Begründung für ihre Forderung, das Seminar zu einer Pflichtveranstaltung im Lehramtsstudium zu machen.

Auswertung der Unterrichtsentwürfe
Insgesamt gaben 18 Studierende eine schriftliche Ausarbeitung ihrer Unterrichtsentwürfe ab. Diese wurden anhand verschiedener Kriterien (wie beispielsweise die Anzahl der eingesetzten digitalen Werkzeuge oder die Einordnung des Medieneinsatzes auf eine der SAMR-Stufen, vgl. Abschn. 1.3 und Abb. 1.6) ausgewertet. Die Auswertung ergab, dass meist zwei digitale Werkzeuge ($n = 17$) eingesetzt wurden (z. B. Online-Kollaborationswerkzeuge wie Padlet.com, Quiz-Tools, interaktive Übungen oder Erklärvideos). Die entwickelten Lerneinheiten umfassten etwa die Produktion von Videos durch Schülerinnen und Schüler ($n = 6$), das Erstellen oder die Durchführung eines digitalen Quiz ($n = 11$) sowie das Anfertigen oder Bearbeiten einer interaktiven Übung ($n = 6$). Darüber hinaus wurde der Einsatz digitaler Medien zum kollaborativen Arbeiten geplant ($n = 10$). Dabei wurde der Einsatz von digitalen Medien stets nachvollziehbar begründet und das Potenzial der digitalen Werkzeuge ausgeschöpft. In der Mehrheit der Fälle ($n = 15$) wurde zumindest der Einsatz eines digitalen Mediums auf einer der zwei höchsten SAMR-Stufen[1] von Puentedura (2006) geplant. In drei Unterrichtsentwürfen wurden ohne Begründung analoge Medien digitalen vorgezogen, obwohl diese einen Vorteil mit sich bringen würden. Rechtliche Aspekte wurden in nur in etwa einem Viertel ($n = 5$) der Unterrichtsentwürfe explizit berücksichtigt und erwähnt.

> **Digitale Werkzeuge**
> Digitale Werkzeuge sind im Sinne der MINT-Didaktiken konkrete digitale Anwendungen und technische Geräte, deren interaktive Funktionalität gezielt dazu eingesetzt wird, um den Kompetenzerwerb bei Lernenden zu fördern und den Prozess der Erkenntnisgewinnung zu unterstützen.

---

[1] Das SAMR-Modell von Puentedura (2006) unterscheidet zwischen vier Ebenen, auf denen Lehrkräfte digitale Medien einsetzen können: Die unterste Stufe ist die der *Substitution* (S), auf der das digitale Medium das Analoge lediglich ersetzt. Die zweite Stufe ist die *Augmentation* (A), auf der das digitale Medium eine funktionale Erweiterung mit sich bringt. Auf der dritten Stufe, der *Modification* (M), wird durch den Einsatz digitaler Medien eine Umgestaltung der Aufgaben möglich. Und der Einsatz digitaler Medien auf der höchsten Stufe, der *Redefinition* (R), lässt ganz neue Aufgabenformate zu. Die ersten beiden Ebenen gehen laut Puentedura mit einer Verbesserung von Unterricht einher, die letzten beiden bewirken eine Transformation des Unterrichts.

7.6   Diskussion und Ausblick

Mit der exemplarischen Untersuchung ausgewählter Modulhandbücher sowie Studien- und Prüfungsordnungen konnte in diesem Beitrag der Mangel an Lehrveranstaltungen zur Förderung digitaler Kompetenzen von Lehramtsstudierenden an deutschen Hochschulen aufgezeigt werden, auf den bereits andere Untersuchungen hinweisen. Die Lehrveranstaltungen an den Universitäten sind sowohl in den Bildungswissenschaften als auch in einzelnen Fachdidaktiken zu verorten. Häufig handelt es sich um Wahlpflichtangebote. Dies bedeutet, dass nicht alle Lehramtsstudierenden die Möglichkeit erhalten, während ihres Studiums notwendige digitale Kompetenzen zu erwerben. Die Notwendigkeit einer Veränderung in der Lehrkräftebildung lässt sich auch nach diesen Untersuchungen nicht von der Hand weisen. Das konzipierte und evaluierte Seminar kann einen Schritt zur Etablierung einer flächendeckenden Förderung digitaler Kompetenzen Lehramtsstudierender darstellen, indem es erste Hinweise darauf gibt, wie eine solche Förderung aussehen kann. Die Ergebnisse des Pre-Post-Vergleichs in Bezug auf die berufsbezogenen digitalen Kompetenzen der Seminarteilnehmenden machen die Wirksamkeit des ersten Durchlaufs des Seminars deutlich. Alle Studierenden verbesserten ihre Einschätzungen im Fragebogen zur berufsbezogenen digitalen Kompetenz signifikant. Auch die Auswertung der von den Studierenden erstellten Unterrichtskonzepte konnte diesen Eindruck bestärken. Die Unterrichtskonzepte zeugten von ausreichenden Fähigkeiten zur didaktisch gut begründeten Planung des Einsatzes digitaler Medien im Unterricht. Die im Seminar entwickelten und präsentierten digitalen Lerneinheiten der Studierenden zeigen, dass diese in der Lage sind, den Einsatz digitaler Medien in der Praxis umzusetzen. Die Befragungen der Teilnehmenden nach jeder Seminarveranstaltung zeigten, dass diese überwiegend zufrieden mit dem Seminar waren und das Gefühl hatten, etwas Praxisrelevantes gelernt zu haben. Gleichzeitig konnten mit den Befragungen Stärken und Schwächen des Seminars identifiziert werden. Aus diesen lassen sich Handlungsempfehlungen für weitere Seminare dieser Art ableiten. Das Kennenlernen und praktische Ausprobieren neuer digitaler Werkzeuge und Methoden in einem solchen Seminar sind dringend zu empfehlen. Im Seminar gemachte Erfahrungen mit dem Einsatz digitaler Medien aus der Perspektive der Lernenden wurden ebenfalls sehr positiv von den Studierenden aufgenommen. Gleichzeitig wurde der gemeinsame Austausch wertgeschätzt und sollte dementsprechend gefördert werden. Das kann zum Beispiel in Gruppenarbeiten, Diskussionen im Plenum oder durch gegenseitiges Peer-Feedback geschehen. Die Wahlfreiheit aus einem breitgefächerten Angebot an Informationen und praktischen Übungen zum Einsatz digitaler Medien im Schulkontext ist ebenso empfehlenswert. Hier sollte jedoch darauf geachtet werden, unerfahrene Studierende ausreichend bei der Auswahl der Informationen zu unterstützen. Zudem hat sich gezeigt, dass die Länge der einzelnen Seminarveranstaltungen weniger als acht Stunden betragen sollte.

In Hinblick auf die Wirksamkeit des Seminars müssen jedoch Einschränkungen gemacht werden. Da an dem durchgeführten Seminar keine Studierenden der untersten Kompetenzstufen des DigCompEdu-Kompetenzmodells (A1 und A2) teilnahmen, lassen sich keine Aussagen darüber treffen, ob die Wirksamkeit auch bei Anfängerinnen und Anfängern gegeben ist. Hier sind weitere Seminardurchführungen und Untersuchungen notwendig. Aufgrund der kleinen Probandenzahl lässt sich zudem nicht ausschließen, dass Effekte bezüglich gewisser Faktoren nicht sichtbar gemacht werden konnten. Auch hier sollten weitere Untersuchungen folgen.

Zusammenfassend lässt sich sagen, dass sich das entwickelte Seminar, mit den oben genannten Einschränkungen, als wirksam herausgestellt hat. Es eignet sich somit als Vorbild für weitere Formate dieser Art. Ferner lässt sich die Forderung von Expertinnen und Experten sowie die der Teilnehmenden nach einer Pflichtveranstaltung solcher Art in allen Lehramtsstudiengängen noch einmal bekräftigen. Die unbestreitbare Relevanz digitaler Kompetenzen in der modernen Gesellschaft sollte Argument genug dafür sein, eine flächendeckende, nachhaltige Förderung der professionsbezogenen digitalen Kompetenzen von Lehramtsstudierenden in Deutschland zu etablieren und zu realisieren.

Literatur

Bescherer, C. & Spannagel, C. (o. J.). CUSE-D-r: Fragebogen zur computerbezogenen Selbstwirksamkeit – reduziert.

Brandhofer, G., Miglbauer, M., Fikisz, W., Höfler, E. & Kayali, F. (2020). Die Weiterentwicklung des Kompetenzrasters digi.kompP für Pädagog*innen. In C. Trültzsch-Wijnen & G. Brandhofer (Hrsg.), *Bildung und Digitalisierung* (S. 51–72). Nomos Verlag. https://doi.org/10.5771/9783748906247-51

Brinkmann, B. & Müller, U. (2018). Lehramtsstudium in der digitalen Welt: Professionelle Vorbereitung auf den Unterricht mit digitalen Medien?!. Bertelsmann Stiftung, Centrum für Hochschulentwicklung gGmbH, Deutsche Telekom Stiftung & Stifterverband für die Deutsche Wissenschaft (Hrsg). https://www.monitor-lehrerbildung.de/web/publikationen/digitalisierung/Vorwort-00009. Zugegriffen: 23. Juni 2022.

Cassidy, S. & Eachus, P. (2002). Developing the Computer User Self-Efficacy (CUSE) Scale. Investigating the Relationship between Computer Self-Efficacy, Gender and Experience with Computers. *Journal of Educational Computing Research, 26*(2), 133–153.

Cohen, J. (1988). *Statistical Power Analysis for the Behavioral Sciences* (2. Aufl). Routledge.

Drossel, K., Eickelmann, B., Schaumburg, H. & Labusch, A. (2019). Nutzung digitaler Medien und Prädikatoren aus der Perspektive der Lehrerinnen und Lehrer im internationalen Vergleich. In B. Eickelmann, W. Bos, J. Gerick, F. Goldhammer, H. Schaumburg, K. Schwippert, M. Senkbeil & J. Vahrenhold (Hrsg.), *ICILS 2018 #Deutschland. Computer- und informationsbezogene Kompetenzen von Schülerinnen und Schülern im zweiten internationalen Vergleich und Kompetenzen im Bereich Computational Thinking* (S. 205–240). Waxmann.

Eickelmann, B. (2017). *Kompetenzen in der digitalen Welt: Konzepte und Entwicklungsperspektiven. Gute Gesellschaft – soziale Demokratie #2017plus.* Friedrich-Ebert-Stiftung Abteilung Studienförderung. http://library.fes.de/pdf-files/studienfoerderung/13644.pdf. Zugegriffen: 23. Juni 2022.

Eickelmann, B., Lorenz, R. & Endberg, M. (2016). Relevanz der Phasen der Lehrerausbildung hinsichtlich der Vermittlung didaktischer und methodischer Kompetenzen für den schulischen Einsatz digitaler Medien in Deutschland und im Bundesländervergleich. In W. Bos, R. Lorenz, M. Endberg, B. Eickelmann, R. Kammerl & S. Welling (Hrsg.), *Schule digital – der Länderindikator 2016: Kompetenzen von Lehrpersonen der Sekundarstufe I im Umgang mit digitalen Medien im Bundesländervergleich* (S. 148–176). Waxmann.

Endberg, M. & Lorenz, R. (2017). Selbsteinschätzung medienbezogener Kompetenzen von Lehrpersonen der Sekundarstufe I im Bundesländervergleich und Trend von 2015 bis 2017. In R. Lorenz, W. Bos, M. Endberg, B. Eickelmann, S. Grafe & J. Vahrenhold (Hrsg.), *Schule digital – der Länderindikator 2017: Schulische Medienbildung in der Sekundarstufe I mit besonderem Fokus auf MINT-Fächer im Bundesländervergleich und Trends von 2015 bis 2017* (S. 151–173). Waxmann.

Ghomi, M., & Redecker, C. (2019). Digital Competence of Educators (DigCompEdu): Development and Evaluation of a Self-assessment Instrument for Teachers' Digital Competence. Paper presented at the CSEDU 2019 – 11th *International Conference on Computer Supported Education*.

Herzig, B., & Martin, A. (2018). Lehrerbildung in der digitalen Welt: Konzeptionelle und empirische Aspekte. In S. Ladel, J. Knopf, & A. Weinberger (Hrsg.), *Digitalisierung und Bildung* (S. 89–113). Springer Fachmedien Wiesbaden.

KMK (2021). *Lehren und Lernen in der digitalen Welt. Ergänzung zur Strategie der Kultusministerkonferenz „Bildung in der digitalen Welt" – Beschluss der Kultusministerkonferenz vom 09.12.2021.* https://www.kmk.org/fileadmin/veroeffentlichungen_beschluesse/2021/2021_12_09-Lehren-und-Lernen-Digi.pdf. *Zugegriffen: 23. Juni 2022.*

KMK (2017). *Bildung in der digitalen Welt: Strategie der Kultusministerkonferenz.* https://www.kmk.org/fileadmin/pdf/PresseUndAktuelles/2018/Digitalstrategie_2017_mit_Weiterbildung.pdf. Zugegriffen: 23. Juni 2022.

Lorenz, R., Bos, W., Endberg, M., Eickelmann, B., Grafe, S. & Vahrenhold, J. (Hrsg.). (2017). *Schule digital – der Länderindikator 2017: Schulische Medienbildung in der Sekundarstufe I mit besonderem Fokus auf MINT-Fächer im Bundesländervergleich und Trends von 2015 bis 2017.* Waxmann.

Mishra, P. & Koehler, M. J. (2006). Technological Pedagogical Content Knowledge: A Framework for Teacher Knowledge. *Teachers College Record* (6), 1017–1054. https://www.punyamishra.com/wp-content/uploads/2008/01/mishra-koehler-tcr2006.pdf. Zugegriffen: 04. Nov. 2021.

Puentedura, R. (2006). *Transformation, Technology and Education.* http://www.hippasus.com/resources/tte/. Zugegriffen: 23. Juni 2022.

Redecker, C. (2017). *European framework for the digital competence of educators: DigCompEdu.* Publications Office of the European Union. https://doi.org/10.2760/159770

Schmid, U., Goertz, L., Radomski, S., Thom, S., & Behrens, J. (2017). *Monitor Digitale Bildung: Die Hochschulen im digitalen Zeitalter.* https://doi.org/10.11586/2017014

Senkbeil, M., Ihme, J. M., & Schöber, C. (2020). Empirische Arbeit: Schulische Medienkompetenzförderung in einer digitalen Welt: Über welche digitalen Kompetenzen verfügen angehende Lehrkräfte? *Psychologie in Erziehung und Unterricht, 68*(1), 4–22. https://doi.org/10.2378/peu2020.art12d

Van Ackeren, I., Aufenanger, S., Eickelmann, B., Friedrich, S., Kammerl, R., Knopf, J., Mayrberger, K., Scheika, H., Scheiter, K. & Schiefner-Rohs, M. (2019). Digitalisierung in der Lehrerbildung. Herausforderungen, Entwicklungsfelder und Förderung von Gesamtkonzepten. *DDS – Die Deutsche Schule, 111*(1), 103–119. https://doi.org/10.31244/dds.2019.01.10.

Fähigkeit zur Beurteilung dynamischer Arbeitsblätter – Wie lässt sie sich fördern?

8

Alex Engelhardt⬤, Susanne Digel⬤ und Jürgen Roth⬤

Inhaltsverzeichnis

8.1   Einleitung   140
8.2   Theoretischer Hintergrund   140
    8.2.1   Potenziale interaktiver Arbeitsblätter zu funktionalen Zusammenhängen   141
    8.2.2   Problem beim Einsatz interaktiver Arbeitsblätter   141
    8.2.3   Cognitive Theory of Multimedia Learning und multimediale Gestaltungs-
        prinzipien für den Einsatz interaktiver Arbeitsblätter   142
    8.2.4   Fähigkeit zur Beurteilung interaktiver Arbeitsblätter zu funktionalen
        Zusammenhängen   143
    8.2.5   Operationalisierung der Fähigkeit zur Beurteilung interaktiver Arbeitsblätter . . .   145
8.3   Das Lehr-Lern-Labor-Seminar an der Universität in Landau   146
8.4   Forschungsfragen   146
8.5   Studiendesign   147
    8.5.1   Intervention und Datenerhebung   147
    8.5.2   Auswertungsmethodik   148
8.6   Fallbeispiel   149
    8.6.1   Darstellung der Ergebnisse zu den einzelnen Messzeitpunkten   149
    8.6.2   Progression über die Messzeitpunkte   151
8.7   Diskussion und Implikationen für das Lehr-Lern-Labor-Seminar   152
8.8   Ausblick   153
Literatur   153

A. Engelhardt (✉) · S. Digel · J. Roth
Institut für Mathematik, Universität Koblenz-Landau, Landau, Deutschland
E-Mail: engelhardt@uni-landau.de

S. Digel
E-Mail: digel@uni-landau.de

J. Roth
E-Mail: roth@uni-landau.de

© Der/die Autor(en) 2023
J. Roth et al. (Hrsg.), *Die Zukunft des MINT-Lernens – Band 1*,
https://doi.org/10.1007/978-3-662-66131-4_8

8.1   Einleitung

Die Unterrichtsplanung ist eine zentrale und tägliche Aufgabe von Lehrkräften. Dabei müssen Inhalte, Ziele und Lernvoraussetzungen und Medieneinsatz aufeinander abgestimmt werden. In der Praxis scheint die Medienauswahl nicht auf dem Kriterium der Lernzieldienlichkeit, sondern häufig auf subjektiven Einschätzungen und Vorlieben zu basieren (Hattie, 2015). Um das zu ändern, fordert Hattie (2015), Lehrkräften das zur adäquaten Medienwahl notwendige Professionswissen zu vermitteln. Neben fachdidaktischem und allgemein pädagogischem Wissen brauchen Mathematiklehrkräfte beim Einsatz digitaler Technologien technisches Wissen und Wissen darüber, wie deren Einsatz das (fachliche) Lernen beeinflusst (Mishra & Koehler, 2006).

Vor diesem Hintergrund wird in der vorliegenden Studie die Fähigkeit zur Beurteilung interaktiver Arbeitsblätter untersucht als Beitrag zur Förderung digitaler Kompetenzen von angehenden Lehrkräften. Konkret wird dies am Inhaltsgebiet *funktionale Zusammenhänge* festgemacht, da Lichti (2019) empirisch belegt hat, dass mit interaktiven Arbeitsblättern zu diesem Thema ein hoher Lernzuwachs erreicht werden kann.

Interaktives Arbeitsblatt
Unter einem interaktiven Arbeitsblatt wird ein Applet auf Basis eines dynamischen Mathematik-Systems (DMS) mit zugehörigen Aufgabenstellungen verstanden.

Das Ziel des Beitrages ist es, Gestaltungsmöglichkeiten für die Vermittlung der Fähigkeit zur Beurteilung interaktiver Arbeitsblätter in der Hochschullehre aufzuzeigen. Dazu wird die Konzeption eines Lehr-Lern-Labor-Seminars vorgestellt und die Entwicklung der Studierenden im Laufe des Seminars anhand eines Fallbeispiels illustriert.

8.2   Theoretischer Hintergrund

In diesem Abschnitt werden zum einen das Potenzial des Einsatzes von interaktiven Arbeitsblättern und zum anderen die seitens der Lehrkräfte zum zielführenden Einsatz benötigten Fähigkeiten zur Beurteilung interaktiver Arbeitsblätter vorgestellt.

8.2.1 Potenziale interaktiver Arbeitsblätter zu funktionalen Zusammenhängen

Dem Funktionsbegriff liegen nach Vollrath (1989) drei Aspekte, in der neueren Literatur meist Grundvorstellungen genannt, zugrunde: Zuordnung, Änderung bzw. Kovariation und die Funktion als Objekt. Im Gegensatz zur Zuordnungsvorstellung, die den meisten Lernenden wenig Schwierigkeiten bereitet, ist die Kovariationsvorstellung bei vielen Lernenden unterentwickelt (Malle, 2000). Lichti (2019) oder Digel et al. (Kap. 1 in Band 2) konnten zeigen, dass sich insbesondere die Kovariationsvorstellung durch den Einsatz interaktiver Arbeitsblätter auf Basis des DMS GeoGebra fördern lässt. Dies ist unter anderem dadurch zu erklären, dass die Lernenden dort systematische Variationen vornehmen können und entsprechend in Echtzeit Feedback durch das Programm erhalten. So sind unmittelbar Rückschlüsse auf die getätigten Änderungen und Abhängigkeiten möglich, was den schwierigeren dynamischen Funktionsbegriff in den Vordergrund stellt und schult (Doorman et al., 2012). Vor allem die Kovariationsvorstellung bildet eine Voraussetzung für das Aufbauen der schwer erfassbaren und globalen Sicht der Objektvorstellung (Breidenbach et al., 1992), die insbesondere in der Sekundarstufe II in den Vordergrund rückt.

Ein weiterer Vorteil des Einsatzes interaktiver Arbeitsblätter liegt darin, dass sie meist auf Basis von Multirepräsentationssystemen wie GeoGebra erstellt werden. Dadurch können simultan mehrere Repräsentationsformen eines Phänomens betrachtet und zueinander in Beziehung gesetzt werden. Dies kann aber Lernende überfordern, weswegen Unterstützungen beim Wechseln von Repräsentationsformen wie Dyna-Linking (dynamische Verknüpfung zwischen Repräsentationsformen, Ainsworth, 2006) oder Fokussierungshilfen (Roth, 2005) notwendig sind. So kann die kognitive Last reduziert werden, um Kapazitäten für das Erfassen und Reflektieren mathematischer Zusammenhänge zu schaffen. Gelingende Repräsentationswechsel aktivieren die Grundvorstellungen des Funktionsbegriffs und gelten als Indikator für entwickeltes funktionales Denken.

8.2.2 Problem beim Einsatz interaktiver Arbeitsblätter

Trotz der Gründe für einen Einsatz interaktiver Arbeitsblätter kann es zu Problemen beim Lernen kommen. Obwohl das Arbeiten mit multiplen Repräsentationsformen potenziell sehr fruchtbar für den Lernprozess ist, können Lernende davon überfordert werden, da sie zunächst jede Darstellungsform isoliert zu kohärenten, mentalen Modellen verarbeiten müssen, bevor sie diese in Beziehung zueinander setzen (Ferrara et al., 2006). Neben multiplen Repräsentationen können die Aufgabenstellung und die Interaktivität eine erhöhte kognitive Last verursachen. Da häufig das Kalkül in das Applet ausgelagert wird, liegt der Fokus der Aufgabenstellung auf dem Entdecken und Reflektieren mathematischer Zusammenhänge. Hierfür sind meist komplexe, lernbezogene kognitive Leistungen notwendig. So ist es nicht verwunderlich, dass die Entwicklung adäquater Aufgabenstellungen seit langer Zeit einen hohen Stellenwert in der Forschung zum Einsatz digitaler Technologien hat (Trgalová et al., 2018). Ähnliches gilt für das Design digitaler Materialien, da der Lernerfolg wesentlich davon abhängt, ob Lernende genug kognitive Ressourcen besitzen, um die interaktiven Informationen aufzunehmen, zu verarbeiten und zu integrieren (Mayer, 2005).

Zusammenfassend lassen sich Probleme beim Einsatz interaktiver Arbeitsblätter auf einen damit verbundenen hohen kognitiven Anspruch zurückführen. Deshalb liegt es nahe, interaktive Arbeitsblätter nur dann zu nutzen, wenn sie dem Erreichen fachlicher Ziele besser als andere Medien dienen. Dies scheint im Kontext der Ausbildung eines umfassenden Funktionsbegriffs gegeben. Beim Einsatz interaktiver Arbeitsblätter müssen dann aber eine Reihe multimedialer Gestaltungsprinzipien zur Minimierung extrinsischer kognitiver Last berücksichtigt werden. Als Orientierungsrahmen dafür dient das folgende Modell, das die aus der Theorie ableitbaren Kriterien zur Gestaltung interaktiver Arbeitsblätter systematisiert.

8.2.3 Cognitive Theory of Multimedia Learning und multimediale Gestaltungsprinzipien für den Einsatz interaktiver Arbeitsblätter

Um die kognitive Last durch das Instruktionsformat und -material gering zu halten, formuliert Mayer (2001) eine Reihe von Prinzipien zur Gestaltung digitaler Materialien. Dabei geht er davon aus, dass Lernende bei der Auseinandersetzung mit digitalen Materialien visuelle und verbale Informationen separat aufnehmen, beide Kanäle nur eine begrenzte Aufnahmekapazität haben und beide Informationen (zunächst) isoliert verstanden werden müssen, bevor sie mit dem Vorwissen und einander in Verbindung gebracht werden können. Diese kognitiven Prozesse adressiert Mayer (2001) mit der Cognitive Theory of Multimedia Learning (CTML). Die CTML umfasst eine Reihe von Mechanismen, die beschreiben, wie die Gestaltung von Material das Lernen bedingt (Mayer, 2001, 2005). Daraus leitet er multimediale Gestaltungsprinzipien für die Gestaltung von digitalen Materialien ab. Manche dieser Prinzipien, wie etwa das Kontiguitätsprinzip (Mayer, 2005; Hohenwarter & Preiner, 2008), sind bereits im DMS GeoGebra umgesetzt. So werden zu Objekten gehörige Informationen wie Werte oder Bezeichner direkt am Objekt eingeblendet, also Grafik und korrespondierender Text in räumlicher Nähe zueinander angeordnet. Andere Prinzipien wie das Segmentierungsprinzip, indem den Lernenden durch Interaktionsmöglichkeiten wie Knöpfe oder Schieberegler die Kontrolle über die Informationsaufnahme gegeben wird, sind leicht in GeoGebra umsetzbar. Für eine Auflistung aller multimedialen Gestaltungsprinzipien siehe Mayer (2005).

Neben diesen allgemeinen Gestaltungsprinzipien müssen für interaktive Arbeitsblätter noch Prinzipien der visuellen Gestaltung und Interaktivität berücksichtigt werden, da es beim Arbeiten mit interaktiven Arbeitsblättern zu einer erhöhten Belastung des visuellen Kanals kommt (Plass et al., 2009). Zu den Prinzipien der visuellen Gestaltung gehören (1) das Cueing, (2) die Auswahl von Repräsentationen und (3) Farbgebung.

Als (1) Cueing versteht man eine Signalisierungshilfe, um die Aufmerksamkeit der Lernenden auf wichtige Aspekte des Materials zu lenken. In der deutschen Literatur wird das Cueing meist als Fokussierungshilfe bezeichnet (Roth, 2005). Hier wird die Aufmerksamkeit der Lernenden z. B. durch Farbgebung oder Linienstärke auf die entscheidenden Elemente gelenkt.

Erhöhte kognitive Last beim Arbeiten mit interaktiven Arbeitsblättern auf Basis eines Multirepräsentationssystems entsteht auch durch den Einsatz (2) multipler Repräsentationsformen, denn die Lernenden müssen zunächst jede Repräsentationsform isoliert und dann ihre Wechsel verstehen. Um eine Überforderung der Lernenden zu vermeiden, ist ein konzeptueller Rahmen notwendig, der erklärt, welche Funktion einzelnen Repräsentationsformen zukommt und ob sie nötig sind, welche kognitiven Leistungen Lernende erbringen müssen, wenn sie mit multiplen Repräsentationsformen arbeiten, und wie diese unterstützt werden können. Mit ihrem DeFT-Framework (Design, Function, Task) bietet Ainsworth (2006) Lehrkräften einen Rahmen für Entscheidungen zum zweckdienlichen Einsatz von Repräsentationsformen in Lernsettings.

Die (3) Farbgebung als letztes Prinzip ist eine Möglichkeit, Cues bzw. Fokussierungshilfen zu setzen oder eine Beziehung zwischen verschiedenen Repräsentationsformen herzustellen.

Bei den interaktiven Prinzipien ist die Manipulation des interaktiven Arbeitsblatts durch Lernende hervorzuheben. So gibt es empirische Indizien dafür, dass die aktive Manipulation von Inhalten die mentale Anstrengung der Lernenden erhöht (Hegarty, 2004). Eine Animation hingegen führt nur zu einer passiven Auseinandersetzung mit dem Material. Aus der Perspektive der kognitiven Belastung können nicht-interaktive Animationen nicht die mentale Aktivität auslösen, die zu einer wünschenswerten Erhöhung der lernbezogenen kognitiven Belastung führt (Hegarty, 2004). Deshalb raten Hohenwarter und Preiner (2008), nach Möglichkeit alle für das Explorieren mathematischer Zusammenhänge wichtigen Objekte interaktiv zu gestalten.

8.2.4 Fähigkeit zur Beurteilung interaktiver Arbeitsblätter zu funktionalen Zusammenhängen

Auf Basis dieser Ausführungen wird im Folgenden ein theoretisches Modell für die Fähigkeit zur Beurteilung interaktiver Arbeitsblätter zu funktionalen Zusammenhängen vorgestellt.

Abb. 8.1 Fähigkeit zur
Beurteilung interaktiver
Arbeitsblätter zu funktionalen
Zusammenhängen

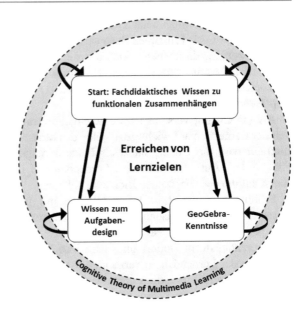

Abb. 8.1 Fähigkeit zur Beurteilung interaktiver Arbeitsblätter zu funktionalen Zusammenhängen

Bei jeder didaktischen, methodischen oder gestalterischen Entscheidung sollte darüber reflektiert werden, ob und ggf. wie sie zum Erreichen von Lernzielen beiträgt. Diese Frage steht deshalb im Zentrum des Modells (Abb. 8.1) und ist zentral für den Einsatz digitaler Technologien. Ein lernzieldienlicher und reflektierter Einsatz interaktiver Arbeitsblätter auf der Basis von GeoGebra wird durch das Zusammenspiel von vier Bausteinen – dem *fachdidaktischen Wissen* zu funktionalen Zusammenhängen, dem Wissen zum *Aufgabendesign, GeoGebra-* und den *CTML-Kenntnissen* – erreicht. Kern und Ausgangspunkt des Modells ist das *fachdidaktische Wissen* zu funktionalen Zusammenhängen. Dazu gehören das Wissen über Grund- und Fehlvorstellungen, Wissen über Repräsentationsformen und ihre Wechsel sowie mögliche Probleme der Lernenden. Diese Besonderheiten werden dann mit den fachdidaktischen Möglichkeiten der Umsetzung in GeoGebra in Verbindung gebracht, wozu Lehrkräfte neben fachdidaktischem Wissen *GeoGebra-Kenntnisse* benötigen. Dazu gehört beispielsweise die Möglichkeit der systematischen Variation einer unabhängigen Größe und die parallele Betrachtung der Auswirkungen auf eine abhängige Größe sowie die Umsetzung davon in GeoGebra.

Dem *Aufgabendesign,* als drittem Baustein des Modells, kommt im Mathematikunterricht allgemein und beim Einsatz digitaler Technologien im Speziellen ein hoher Stellenwert zu. So müssen die Aufgabenstellungen in interaktiven Arbeitsblättern zu funktionalen Zusammenhängen allgemeine Anforderungen erfüllen, wie nachhaltiges Lernen fördern, kognitiv aktivierend wirken sowie die Lernenden dazu befähigen, Lösungsstrategien zu entwickeln sowie anzuwenden (Roth, 2022). Ferner müssen die Aufgabenstellungen Grundvorstellungen des Funktionsbegriff ansprechen und eine logische Progression aufweisen (Digel et al., Kap. 1 in Band 2). Schließlich muss das Aufgabendesign eng an das Applet angepasst sein, um die extrinsische Last gering zu halten. So rät de Jong (2005), im Applet erforderliche Interaktionen bereits durch die Aufgabenstellung anzuregen, um so den Lernenden eine strukturelle Hilfe zu geben (vgl. „guided-discovery principle", de Jong, 2005). Fragen können dann dergestalt: „was passiert mit X, wenn Y…" (Hohenwarter & Preiner, 2008), sein. Darüber hinaus sollten die Aufgabenstellungen explizit eine Sicherung einfordern, denn diese regt die Lernenden zu einer vertieften Auseinandersetzung mit den Inhalten an und ermöglicht eine Weiterarbeit im Unterricht (Hohenwarter & Preiner, 2008; Roth, 2022).

Den Rahmen des Modells bildet die *CTML,* mit der als erweitertem Gelingensrahmen die Lernziele (noch besser) zu erreichen sind. Denn um die kognitive Beanspruchung der Lernenden, die vom Material ausgeht, gering zu halten, sind bei der Auswahl und der Entwicklung interaktiver Arbeitsblätter auf allen Ebenen multimediale Gestaltungsprinzipien zu beachten.

Um eine Passung zu den Lernzielen zu gewährleisten, ist es im Prozess der Beurteilung eines interaktiven Arbeitsblatts notwendig, diese Bausteine kontinuierlich zueinander in Beziehung zu setzen. Das bedeutet z. B., dass (angehende) Lehrkräfte sich während der Reflexion der Passung der Aufgabenstellung zum Lernziel auch überlegen müssen, welche Repräsentationsformen die Lernenden zur Bearbeitung der Aufgabe benötigen und zu welchen Schwierigkeiten es bei der Arbeit mit den Repräsentationsformen oder den Übersetzungen kommen kann. Darüber hinaus müssen sie sich entscheiden, wie mit GeoGebra diese Übersetzung, mithilfe von multimedialen Gestaltungsprinzipien, für die Lernenden unterstützt werden kann. Ziel ist es, kognitive Entlastung in Bereichen herbeizuführen, die nicht dem Lernziel zuzurechnen sind, um die vorhandenen kognitiven Ressourcen lernbezogen zu aktivieren.

8.2.5 Operationalisierung der Fähigkeit zur Beurteilung interaktiver Arbeitsblätter

Um die Fähigkeit zur Beurteilung interaktiver Arbeitsblätter messen zu können, wird zunächst eine Operationalisierung des theoretischen Konstrukts benötigt. Dabei handelt es sich um eine dreidimensionale Modellierung der Fähigkeit, bestehend aus (1) *adressiertem Kriterium,* (2) *Wissen über die Verbindung dieser Kriterien* und (3) die *Verarbeitungstiefe der einzelnen Kriterien.* Zu den (1) adressierten Kriterien gehören folgende aus dem Modell abgeleitete Aspekte:

- *Lernzieldienlichkeit*, die sich aus dem Zentrum des Modells ergibt,
- *Darstellungsformen*, die aus einer Kombination aus fachdidaktischem Wissen und Wissen über GeoGebra resultieren,
- *Interaktivität*, als einer der Vorteile des Einsatzes von GeoGebra beim Entwickeln funktionalen Denkens,
- *Aufgabenstellungen* aus dem Aufgabendesign sowie
- *multimediale Gestaltungsprinzipien*, die sich aus der CTML ableiten.

Diese wurden in einem Expertenrating ($N = 13$) hinsichtlich Vollständigkeit und Angemessenheit validiert. Das (1) Wissen über die einzelnen Kriterien ist jedoch nur eine notwendige Bedingung. Um eine Passung untereinander und zum Lernziel zu erreichen, benötigen Lehrkräfte außerdem (2) das Wissen darüber, wie sich die Kriterien wechselseitig bedingen, um das Wissen über diese Kriterien miteinander in Verbindung bringen (Abb. 8.1). Der dritte Aspekt der Fähigkeit ist (3) die Verarbeitungstiefe der Argumentation auf den einzelnen Kriterien. Darunter fällt, ob die untersuchte Person Kriterien lediglich beschreibt, wertet, die Wertung begründet oder gar mit Literatur belegen kann.

8.3 Das Lehr-Lern-Labor-Seminar an der Universität in Landau

Das Lehr-Lern-Labor-Seminar ist fester Bestandteil des Lehramtsstudiums Mathematik für Sekundarstufen an der Universität in Landau. Es ermöglicht den Studierenden, Praxiserfahrungen in einem komplexitätsreduzierten Rahmen zu sammeln. Konkret entwickeln Studierende Labor-Lern-Umgebungen zu Lehrplanthemen, in denen Schülerinnen und Schüler selbstständig mit gegenständlichen Materialien und interaktiven Arbeitsblättern auf Basis von GeoGebra experimentieren und Grundvorstellungen zu zentralen Konzepten des Mathematikunterrichts aufbauen sollen. Im Anschluss daran erproben die Studierenden ihre entwickelten Stationen mit Lernenden. Beispiele für die entwickelten Stationen finden sich unter: https://mathe-labor.de/stationen/.

Während der pandemiebedingten Schulschließung sollten Schülerinnen und Schüler auch im Distanzunterricht erreicht und Studierenden Praxiserfahrungen ermöglicht werden. Um digitale Laborbesuche stattfinden zu lassen, wurden rein digital durchführbare Stationen entwickelt. Dadurch rücken die digitalen Kompetenzen der angehenden Lehrkräfte in den Vordergrund und alle Studierenden stehen vor der Herausforderung, interaktive Arbeitsblätter zu konzipieren und zu gestalten. Vor dem Besuch des Lehr-Lern-Labor-Seminars besitzen nicht alle Studierenden bereits mediendidaktisches Wissen oder GeoGebra-Kenntnisse. Um die Entwicklung und den Einsatz ihrer entwickelten Lernumgebungen jedoch reflektieren zu können, benötigen sie die im Abschn. 8.2.4 vorgestellte Fähigkeit zur Beurteilung interaktiver Arbeitsblätter, wodurch das Erlernen dieser Fähigkeit ausgeschriebenes Ziel des Lehr-Lern-Labor-Seminars geworden ist.

8.4 Forschungsfragen

Um die Fähigkeit zur Beurteilung interaktiver Arbeitsblätter weiterentwickeln zu können, ist es notwendig zu erkennen, wie angehende Lehrkräfte von sich aus bei der Beurteilung vorgehen, um ihnen individuelles Lernen im Rahmen des Lehr-Lern-Labor-Seminars zu ermöglichen. Daraus resultiert folgende Forschungsfrage:

(1) Auf welche Bestandteile der Fähigkeit zur Beurteilung von interaktiven Arbeitsblättern zu funktionalen Zusammenhängen gehen Studierende bei der Beurteilung ein?

Im Anschluss daran kann untersucht werden, ob durch Interventionen im Rahmen des Lehr-Lern-Labor-Seminars die Fähigkeit weiterentwickelt werden kann und Studierende ihr Vorgehen bei der Beurteilung verändern. Hieraus ergibt sich folgende Forschungsfrage:

(2) Inwiefern lässt sich die Fähigkeit zur Beurteilung von interaktiven Arbeitsblättern durch Interventionen im Rahmen eines Lehr-Lern-Labor-Seminars weiterentwickeln?

8.5   Studiendesign

8.5.1   Intervention und Datenerhebung

In der vorliegenden Studie wurden 21 Masterstudierende des Lehramts Mathematik der Sekundarstufen zu verschiedenen Messzeitpunkten untersucht. Dazu wurden die Studierenden zu Beginn, in der Mitte und am Ende des Lehr-Lern-Labor-Seminars bei der Beurteilung von interaktiven Arbeitsblättern videographiert (Abb. 8.2). Um die stattfindenden kognitiven Prozesse bei der Beurteilung interaktiver Arbeitsblätter visualisieren zu können, bietet sich das laute Denken als Forschungsmethode an (Sandmann, 2014). Die Datenerhebung soll eine Unterrichtsvorbereitung simulieren, in der Studierende auf

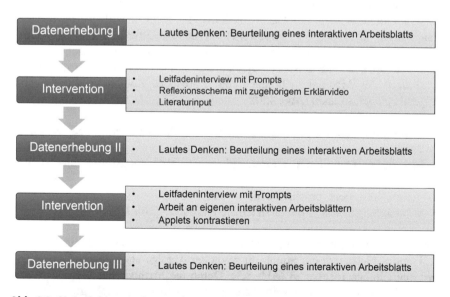

Abb. 8.2 Verlaufsskizze der Interventionen und Datenerhebungen

https://geogebra.org/ gefundene Materialien bzgl. ihres Einsatzes im Unterricht beurteilen werden. Ein ähnliches Vorgehen findet sich auch bei Bromme (1981), der in seiner Interviewstudie mithilfe des lauten Denkens untersucht, auf welche Inhalte Lehrkräfte bei der Unterrichtsplanung eingehen und wie Prozesse der Unterrichtsplanung aussehen. Zwar werden beim lauten Denken nicht immer logische und gut strukturierte Gedanken geäußert, aber das Gesprochene spiegelt Ausschnitte von Denkhandlungen wider, die Aufschluss über kognitive Prozesse geben (Sandmann, 2014). Daneben werden die GeoGebra-Vorerfahrung und Lehrvorerfahrung über Selbstauskunft sowie das fachdidaktische Wissen zu funktionalen Zusammenhängen über einen eigens entwickelten Test als sekundäre Merkmale für eine spätere Typisierung erhoben.

Interventionen finden auf zwei Ebenen statt. Zum einen bilden die Datenerhebungen selbst eine Intervention, denn an das laute Denken schließt sich jeweils ein Interview an. In diesem Interview werden Nachfragen zum lauten Denken gestellt, offen gelassene Aspekte durch Prompts adressiert und das Gespräch danach durch die Studierenden reflektiert und evaluiert. Zum anderen erhalten Studierende Input in Form eines Reflexionsschemas mit zugehörigem Erklärvideo und kontrastieren interaktive Arbeitsblätter im Rahmen des Seminars, um wesentliche Qualitätskriterien für interaktive Arbeitsblätter herauszustellen (Abb. 8.2).

8.5.2 Auswertungsmethodik

Da die Datenerhebung umfangreiches Material liefert und in der Studie Beurteilungstypen identifiziert werden sollen, bietet sich ein inhaltlich-reduzierendes Verfahren gefolgt von einem typenbildenden Verfahren an. Aus diesem Grund werden die Daten zunächst mit einer inhaltlich-reduzierenden qualitativen Inhaltsanalyse ausgewertet (Kuckartz, 2018). Darauf aufbauend werden die Ergebnisse mit einer typenbildenden Inhaltsanalyse nach Kuckartz (ebd.) ausgewertet. Auf Basis der Operationalisierung des theoretischen Rahmens wird dazu das Material mehrfach kodiert. Aus der Kodierung ablesbar sind folgende Gesichtspunkte (Abb. 8.3):

- abgeschlossene Denkprozesse, dargestellt durch einen schwarzen, vertikalen Strich,
- adressiertes Kriterium (Lernzieldienlichkeit, Darstellungsform, Interaktivität, …),
- Verarbeitungstiefe (beschreibend, …) und
- Verknüpfungen von Kriterien innerhalb eines Denkprozesses.

Um die Kodierungen auf den drei Dimensionen der Operationalisierung darstellen zu können, bietet sich ein Strahl mit zeitlicher Abfolge als grafische Darstellung der Beurteilungsprozesse an (Abb. 8.3). Durch die Methode des lauten Denkens ist die Dauer des zeitlichen Verweilens bei einem Kriterium nicht gleichzusetzen

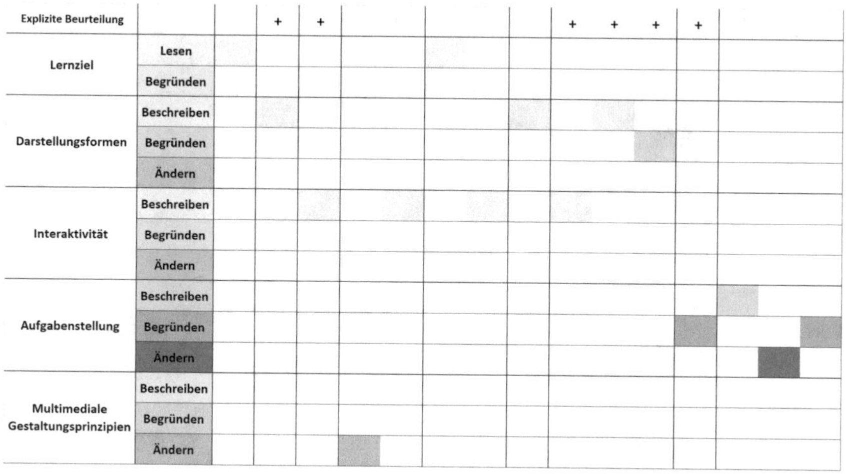

Explizite Beurteilung		+	+			+	+	+	+	
Lernziel	Lesen									
	Begründen									
Darstellungsformen	Beschreiben									
	Begründen									
	Ändern									
Interaktivität	Beschreiben									
	Begründen									
	Ändern									
Aufgabenstellung	Beschreiben									
	Begründen									
	Ändern									
Multimediale Gestaltungsprinzipien	Beschreiben									
	Begründen									
	Ändern									

Abb. 8.3 Grafische Darstellung der Beurteilungen des Studierenden zum 1. Messzeitpunkt

mit dem Stellenwert des Kriteriums für den Studierenden. So werden beispielsweise in einem Halbsatz wichtige Verknüpfungen von einem Kriterium zum Lernziel geschaffen, während zu anderen Zeitpunkten in mehreren Sätzen die Aufgabenstellung beschrieben wird. Aus diesem Grund wurde sich gegen eine Darstellung der Verweildauer auf der horizontalen Achse entschieden. Deshalb gibt die horizontale Achse nur die zeitliche Abfolge der Kodierungen an. Über den Kriterien dient eine weitere Achse dazu, anzuzeigen, wie die Studierenden einen Aspekt des interaktiven Arbeitsblatts bewerten, wobei „+" positiv, „−" negativ und „o" neutral bedeutet. Dies ist insofern wichtig, als dass die Verarbeitungstiefe „Ändern" nur schwer erreicht werden kann, wenn etwas als positiv bewertet wurde. Die interaktiven Arbeitsblätter für die Interviews wurden so ausgewählt, dass auf allen Kriterien überwiegend negative Aspekte, aber auch positive Aspekte angebracht werden können. Anhand eines Fallbeispiels eines Studierenden sollen im Folgendem die Auswertungsmethodik und potenzielle Typen sowie deren Entwicklung vorgestellt werden.

8.6 Fallbeispiel

8.6.1 Darstellung der Ergebnisse zu den einzelnen Messzeitpunkten

Die im Rahmen des Seminars entstandenen Transkripte des lauten Denkens werden in die in Abschn. 8.5.2 erwähnte grafische Darstellung überführt. Abb. 8.3, 8.4, 8.5 zeigen drei dieser Darstellungen für einen Studierenden zu drei Messzeitpunkten. Um einen besseren Eindruck zu erhalten, was hinter diesen Visualisierungen steckt, findet sich unter https://dms.uni-landau.de/m/engelhardt/

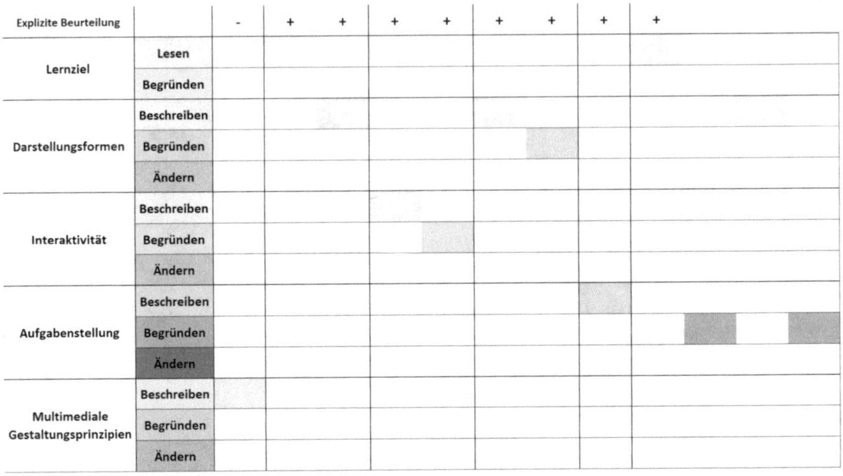

Explizite Beurteilung		−	+	+	+	+	+	+	+	+
Lernziel	Lesen									
	Begründen									
Darstellungsformen	Beschreiben									
	Begründen									
	Ändern									
Interaktivität	Beschreiben									
	Begründen									
	Ändern									
Aufgabenstellung	Beschreiben									
	Begründen									
	Ändern									
Multimediale Gestaltungsprinzipien	Beschreiben									
	Begründen									
	Ändern									

Abb. 8.4 Grafische Darstellung der Beurteilungen des Studierenden zum 2. Messzeitpunkt

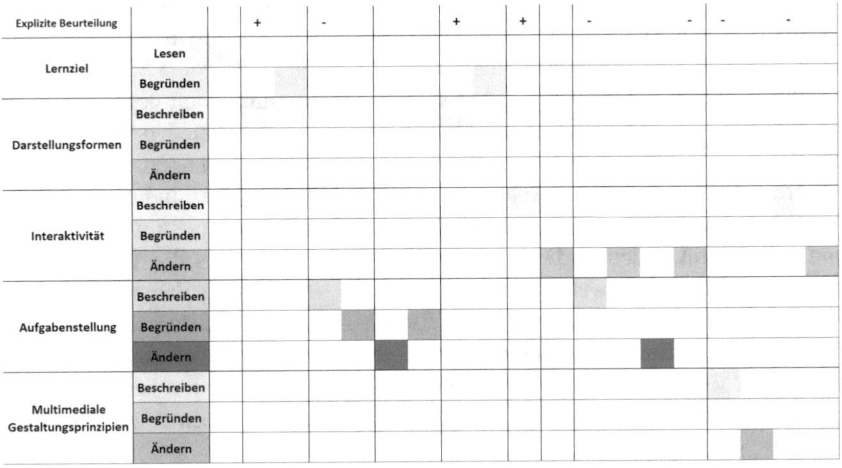

Explizite Beurteilung		+	−		+	+	−		−	−	−
Lernziel	Lesen										
	Begründen										
Darstellungsformen	Beschreiben										
	Begründen										
	Ändern										
Interaktivität	Beschreiben										
	Begründen										
	Ändern										
Aufgabenstellung	Beschreiben										
	Begründen										
	Ändern										
Multimediale Gestaltungsprinzipien	Beschreiben										
	Begründen										
	Ändern										

Abb. 8.5 Grafische Darstellung der Beurteilungen des Studierenden zum 3. Messzeitpunkt

visusupport ein Beispiel einer Beurteilung zur Abb. 8.3. Darüber hinaus wird die Entwicklung dieses Studierenden im Rahmen des Seminars betrachtet. Es sei an dieser Stelle angemerkt, dass es sich hier nur um ein Fallbeispiel und erste Eindrücke eines Stellvertreters dieses Prototyps handelt.

Typen können auf Basis der drei Dimensionen der Operationalisierung gebildet werden. Zum ersten Messzeitpunkt werden Auffälligkeiten bezüglich aller drei Operationalisierungen sichtbar (Abb. 8.3). Merkmale des *oberflächlich und kriterienbasiert beurteilenden Typs* sind:

- die Verarbeitungstiefe bleibt überwiegend auf der beschreibenden Ebene, erkennbar durch die hellen Farbtöne;
- Kriterien werden kaum zueinander in Verbindung gesetzt, da in allen Prozessen maximal zwei verschiedene Kriterien angesprochen werden, meist jedoch nur eins;
- der Studierende erkennt nur Aspekte, die ihm positiv auffallen;
- resultierend sind meist kurze Beurteilungsprozesse, die häufig nur ein oder zwei, maximal aber drei Einheiten lang sind.

Insgesamt erscheint die Beurteilung zu diesem Zeitpunkt auf einer niedrigen Stufe stattzufinden. Beurteilungsprozesse bleiben kurz, da der Studierende meist weder die beschreibende Ebene verlässt noch die Kriterien in Beziehung zueinander setzt. Dies sind Merkmale eines *oberflächlich und kriterienbasiert beurteilenden Typs.*

Einen ähnlichen Eindruck liefert auch die grafische Darstellung zum zweiten Messzeitpunkt. Bis auf den letzten Beurteilungsprozess werden Kriterien gar nicht miteinander verknüpft und Prozesse bleiben häufig auf einer beschreibenden Ebene (Abb. 8.4). Vereinzelt finden Begründungen statt. Bis auf eine Anmerkung erkennt der Studierende erneut nur positive Aspekte im interaktiven Arbeitsblatt. Eine Begründung, warum der Studierende einen Aspekt als negativ bewertet, oder ein Vorschlag für eine diesbezügliche Veränderung am interaktiven Arbeitsblatt bleiben aus.

Ein anderes Bild offenbart sich zum dritten Messzeitpunkt. Auch wenn die Länge der einzelnen Beurteilungsprozesse sich nur teilweise verändert und auch nur vereinzelt Verknüpfungen innerhalb der Prozesse stattfinden, bringt der Studierende insgesamt weitaus mehr Aspekte an als zu den vorherigen Zeitpunkten (Abb. 8.5). Hervorzuheben ist auch, dass der Studierende hier das erste Mal Aspekte des interaktiven Arbeitsblatts explizit in Bezug zum Lernziel begründet. Außerdem steigt der Studierende an vielen Stellen tiefer in die Beurteilungen ein, was an der dunkleren Farbgebung zu erkennen ist. Insbesondere fällt auf, dass der Studierende viele Adaptionen am interaktiven Arbeitsblatt vorschlägt, da er hier zum ersten Mal mehrere Aspekte des interaktiven Arbeitsblatts als negativ beurteilt. Diese finden mehrfach auf Ebene der Interaktivität, Aufgabenstellung und multimedialen Gestaltungsprinzipien statt, während zum zweiten Zeitpunkt keine Handlungsalternative und zum ersten Zeitpunkt nur jeweils eine Handlungsalternative bezüglich Aufgabenstellung und multimedialer Gestaltungsprinzipien formuliert wurden.

8.6.2 Progression über die Messzeitpunkte

Über die Messzeitpunkte hinweg erscheint auffällig, dass die beiden Hauptkategorien, die sich im Besonderen aus dem Nutzen digitaler Technologien ableiten (multimediale Gestaltungsprinzipien und Interaktivität), zum einen selten kodiert wurden und zum anderen (im Fall der Interaktivität) zum ersten Messzeitpunkt lediglich beschrieben wurden. Auch nach einem ersten theoretischen Input werden diese beiden Kategorien selten kodiert und auf einer geringen Verarbeitungstiefe durchdrungen. Im Gegensatz dazu werden zum letzten Messzeitpunkt diese Kategorien mit anderen verknüpft und der Studierende erkennt auch im Applet vorhandene Defizite in diesen Kategorien. Nichtsdestotrotz verknüpft der Studierende Kategorien in nur vier von zehn seiner Beurteilungsprozesse und wenn, maximal zwei Kategorien miteinander, weswegen immer noch von einer *kriterienbasiert beurteilenden* Person auszugehen ist. Durch die tiefere Durchdringung des Materials ist zumindest nicht mehr von einem *oberflächlich beurteilenden Typ* auszugehen.

8.7   Diskussion und Implikationen für das Lehr-Lern-Labor-Seminar

Anhand dieser Darstellungen sollen erste vorsichtige Interpretationen getätigt werden. Mit Blick auf die Gestaltung des Seminars (Abb. 8.2) scheinen der theoretische Input sowie das erste Reflexionsgespräch dem Studierenden nicht entscheidend weiterzuhelfen. So mag der mangelnde Zugriff zu den ersten beiden Messzeitpunkten in seinem Fall daran liegen, dass der rein theoretische Input ihm nicht genügt, um vertieft den Einsatz der interaktiven Arbeitsblätter zu reflektieren. Hingegen die enaktive Facette des Entwickelns eigener interaktiven Arbeitsblätter oder das Kontrastieren von Best- und Worst-Practice-Beispielen scheint ihm Relevanz und eine Verknüpfung zur Theorie zu bieten, was in einer tieferen Auseinandersetzung zum dritten Messzeitpunkt resultiert und wo der Studierende zeigen kann, dass er den theoretischen Input anwenden kann. Dies könnte auch einen Einfluss darauf haben, dass der Studierende zu einem früheren Zeitpunkt keine bis kaum negative Beurteilungen äußert. Fehlende negative Beurteilungen können an mangelndem Wissen, aber auch an der sozialen Erwünschtheit des Rufs nach Digitalisierung des Unterrichts liegen. Am Fallbeispiel des Studierenden zeigt sich, dass das Konzept aufgehen kann: Ein isolierter theoretischer Input reicht nicht aus, eine Veränderung in der Beurteilung von interaktiven Arbeitsblättern herbeizuführen. Diese kann durch eine Ergänzung in Form des Arbeitens mit Beispielen erreicht werden, was an der Vernetzung der einzelnen Wissenselemente liegen könnte.

Ein Blick in die sekundären Merkmale des Studierenden verrät, dass er keine Vorerfahrungen mit dem Programm GeoGebra hat, jedoch ein hohes Ergebnis beim fachdidaktischen Wissenstest zu funktionalen Zusammenhängen besitzt. Letzteres unterstreicht, dass fachdidaktisches Wissen allein nicht genügt, um interaktive Arbeitsblätter zielgerichtet im Unterricht zu nutzen.

8.8   Ausblick

Dieser Beitrag stellt exemplarisch die Typisierung eines Studierenden anhand des Datenmaterials zum lauten Denken dar. Als nächster Schritt müssen alle Typen aus dem Datenmaterial herausgearbeitet werden. Ein weiterer Typ ist beispielsweise der *verknüpfend und lernzielorientiert beurteilende Typ.* Personen dieses Typs zeichnen sich dadurch aus, dass sie kontinuierlich ihre Argumentation auf das Lernziel zurückbeziehen und die einzelnen Kriterien untereinander verknüpfen, was sich häufig in langen Beurteilungsprozessen widerspiegelt. Der zweite Teil des Interviews, in dem Studierende durch Prompts angeregt werden, über weitere Aspekte eines interaktiven Arbeitsblatts zu reflektieren, wurde in der Auswertung noch nicht berücksichtigt. Hierbei erscheinen Unterschiede zwischen dem lauten Denken und dem leitfadengestützten Interview im Anschluss interessant, um etwaige Lernprozesse zu identifizieren. Außerdem ist noch offen, ob den resultierenden Typen eine Kompetenzstufe zugeschrieben werden kann.

Ferner ist es interessant, wie eine Veränderung des Typs erreicht werden kann und wie unterschiedliche Typen individuell gefördert werden können. Da davon ausgegangen wird, dass die Leitfadeninterviews einen Lernzuwachs bei den Studierenden bewirken, dies im Seminar typischerweise vom Dozierenden nicht durchgängig geleistet werden kann, muss den Studierenden eine Alternative dazu angeboten werden. Ein vielversprechender Ansatz hierfür ist ein adaptiver Lernpfad, durch den es möglich ist, jedem Studierenden zum eigenen Leistungsstand jeweils passgenaue, individuelle Prompts und Inputs zur Verfügung zu stellen.

Literatur

Ainsworth, S. (2006). DeFT: A conceptual framework for considering learning with multiple representations. *Learning and Instruction, 16*(3), 183–198.

Breidenbach, D., Dubinsky, E., Hawks, J., & Nichols, D. (1992). Development of the process conception of function. *Educational Studies in Mathematics, 23*, 247–285.

Bromme, R. (1981). *Das Denken von Lehrern bei der Unterrichtsvorbereitung: Eine empirische Untersuchung zu kognitiven Prozessen von Mathematiklehrern.* Beltz.

De Jong, T. (2005). The guided discovery principle in multimedia learning. In R. E. Mayer (Hrsg.), *The Cambridge handbook of multimedia learning* (S. 215–228). Cambridge.

Doorman, M., Drijvers, P., Gravemeijer, K., Boon, P., & Reed, H. (2012). Tool use and the development of the function concept: From repeated calculations to functional thinking. *International Journal of Science and Mathematics Education, 10*(6), 1243–1267.

Ferrara, F., Pratt, D., & Robutti, O. (2006). The role and uses of technologies for the teaching of algebra and calculus. In A. Gutiérrez & P. Boero (Hrsg.), *Handbook of research on the psychology of mathematics education: Past, present and future* (S. 237–273). Sense Publishers.

Hattie, J. (2015). In W. Beywl & K. Zierer (Hrsg.), *Lernen sichtbar machen* (3., erweiterte Auflage mit Index und Glossar). Schneider Verlag.

Hegarty, M. (2004). Dynamic visualizations and learning: Getting to the difficult questions. *Learning and Instruction, 14*(3), 343–351.

Hohenwarter, M., & Preiner, J. (2008). Design guidelines for dynamic mathematics worksheets. *Teaching Mathematics and Computer Science, 6*(2), 311–323.

Kuckartz, U. (2018). *Qualitative Inhaltsanalyse. Methoden, Praxis, Computerunterstützung.* Beltz.

Lichti, M. (2019). *Funktionales Denken fördern. Experimentieren mit gegenständlichen Materialien oder Computer-Simulationen.* Springer Spektrum.

Malle, G. (2000). Zwei Aspekte von Funktionen: Zuordnung und Kovariation. *Mathematik lehren, 103,* 8–11.

Mayer, R. E. (2001). *Multimedia learning.* Cambridge.

Mayer, R. E. (2005). Cognitive Theory of Multimedia Learning. In R. E. Mayer (Hrsg.), *The Cambridge handbook of multimedia learning* (S. 43–71). Cambridge.

Mishra, P., & Koehler, M. J. (2006). Technological pedagogical content knowledge: A framework for teacher knowledge. *Teachers College Record, 108*(6), 1017–1054.

Plass, J., Homer, B., & Hayward, E. (2009). Design factors for educationally effective animations and simulations. *Journal of Computing in Higher Education, 21*(1), 31–61.

Roth, J. (2005). *Bewegliches Denken im Mathematikunterricht. Texte zur mathematischen Forschung und Lehre.* Franzbecker.

Roth. J. (2022). Digitale Lernumgebungen – Konzepte, Forschungsergebnisse und Unterrichtspraxis. In G. Pinkernell, F. Reinhold, F. Schacht, & D. Walter (Hrsg.). *Digitales Lehren und Lernen von Mathematik in der Schule. Aktuelle Forschungsbefunde im Überblick* (S. 109–136). Springer Spektrum.

Sandmann, A. (2014). Lautes Denken – die Analyse von Denk-, Lern- und Problemlöseprozessen. In D. Krüger, I. Parchmann, & H. Schecker (Hrsg.), *Methoden in der naturwissenschaftsdidaktischen Forschung* (S. 179–188). Springer Spektrum.

Trgalová, J., Clark-Wilson, A., & Weigand, H.-G. (2018). Technology and resources in mathematics education. In T. Dreyfus, M. Artigue, D. Potari, S. Prediger, & K. Ruthven (Hrsg.), *Developing research in mathematics education: Twenty years of communication, cooperation and collaboration in Europe* (S. 142–161). Springer.

Vollrath, H.-J. (1989). Funktionales Denken. *Journal für Mathematikdidaktik, 10*(1), 3–37.

Digitale Lernangebote selbst gestalten

9

Sascha Henninger und Tanja Kaiser

Inhaltsverzeichnis

9.1 Ausgangslage 155
    9.1.1 Bildungsangebote zu „digitalen Medien" vor der
        Sars-CoV-2-Pandemie. 155
    9.1.2 Öffnung der Hochschullehre der TU Kaiserslautern durch
        Online-Kursformate 156
    9.1.3 Die Bedeutung der Mediendidaktik in der Geographiedidaktik 156
9.2 Der KLOOC „Digitale Lernangebote selbst gestalten" 157
    9.2.1 Zielsetzung und methodologischer Rahmen. 157
    9.2.2 Konzeptionelle Überlegungen. 158
    9.2.3 Kursaufbau und Inhalte. 160
    9.2.4 Erfahrungen aus zwei KLOOC-Kursdurchläufen. 164
9.3 Aus dem KLOOC entstandene Lernangebote. 165
9.4 Fazit. 166
Literatur 166

9.1 Ausgangslage

9.1.1 Bildungsangebote zu „digitalen Medien" vor der Sars-CoV-2-Pandemie

Bis 2019 befasste sich ein großer Teil der Lehrkräftefortbildungen zum Thema „Digitalisierung und Medien" mit Administration bzw. Koordination der Digitalisierungsstrategie für Schulleitungen, dem Einsatz einzelner Tools oder

S. Henninger (✉) · T. Kaiser
TU Kaiserslautern, Physische Geographie und Fachdidaktik, Kaiserslautern, Deutschland
E-Mail: sascha.henninger@ru.uni-kl.de

T. Kaiser
E-Mail: tanja.kaiser@ru.uni-kl.de

© Der/die Autor(en) 2023
J. Roth et al. (Hrsg.), *Die Zukunft des MINT-Lernens – Band 1*,
https://doi.org/10.1007/978-3-662-66131-4_9

generell dem Einsatz von Tablets im Unterricht (Pädagogisches Landesinstitut
Rheinland-Pfalz, 2020). Zu Beginn der Sars-CoV-2-Pandemie im Jahr 2020
erstellten Lehrkräfte verstärkt Tutorials zu einzelnen digitalen Anwendungen
und stellten diese im Internet anderen Lehrkräften zur Verfügung (vgl. Kantereit,
2020). Eine übergreifende Fortbildung zur grundlegenden Gestaltung eigener
digitaler Lernumgebungen fehlte jedoch zumindest vor der Pandemie.

9.1.2 Öffnung der Hochschullehre der TU Kaiserslautern durch Online-Kursformate

Neben dem technisch-ingenieurwissenschaftlichen Schwerpunkt und aktuell rund
10.000 eingeschriebenen Präsenzstudierenden an der TU Kaiserslautern (TUK)
betreut deren „Distance and Independent Studies Center" (DISC) als zentrale
wissenschaftliche Einrichtung rund 4200 Fernstudierende. Die langjährige
Expertise in der Konzeption und Durchführung postgradualer, berufsbegleitender
Studiengänge sowie die Erfahrung in der didaktischen und technischen Gestaltung
von digitalen Bildungsangeboten eröffnet vielfältige Entwicklungsperspektiven
in der Zusammenarbeit mit den Fachbereichen (Wiesenhütter & Haberer, 2016,
S. 150). Der Hochschulentwicklungsplan der TUK ermöglichte 2015 erstmals die
Entwicklung der „Kaiserslauterer-Open-Online-Course-(KLOOC-)"-Angebote.
Ein breites Themenspektrum und die offene Nutzung durch ein heterogenes
Publikum charakterisieren die moderierten Online-Kurse im *Massive-Open-Online-
Course*-Format (MOOC). Insbesondere interdisziplinär ausgerichtete Themen
werden für externe Interessierte geöffnet und verbinden so Studierende und fach-
lich Interessierte aus der Berufswelt. Bislang wurden sechs Kursangebote in der
KLOOC-Reihe umgesetzt und die einzelnen Kurse auch mehrfach angeboten.

9.1.3 Die Bedeutung der Mediendidaktik in der Geographiedidaktik

Die Geographie ist eines der medienintensivsten Schulfächer (Deutsche Gesell-
schaft für Geographie e. V., 2020, S. 6). Neben den fachübergreifenden Medien
wie Texte, Grafiken und Diagramme bereichern thematische und topographische
Karten in Atlanten oder Online-Diensten, Luft- und Satellitenbilder, GIS-
Programme und Klimamodelle das fachliche Medienportfolio (Krautter, 2015,
S. 213). Auch das außerschulische Lernen und das Trainieren der räumlichen
Orientierung mit Hilfsmitteln wie Karte und GPS sind wesentliche Elemente des
Erdkundeunterrichts. Bedingt durch diese Medienintensität ist die gestaltungs-
orientierte Mediendidaktik mit dem Fokus auf kritischer Auswahl, durchdachter
Gestaltung und zielführenden Einsatz unterschiedlicher Medien für den Lern-
prozess zentrales Thema der Geographiedidaktik (vgl. Kerres, 1998).

9.2 Der KLOOC „Digitale Lernangebote selbst gestalten"

9.2.1 Zielsetzung und methodologischer Rahmen

Ausgehend von dem Bildungsbedarf für angehende und berufstätige Lehrkräfte (Abschn. 9.1.1) konzipierte die Physische Geographie und Fachdidaktik in Zusammenarbeit mit dem eTSC des DISC der TUK in der KLOOC-Reihe den Kurs „Digitale Lernangebote selbst gestalten". Neben dem Service-Gedanken war auch das Zusammenbringen von Lehramtsstudierenden mit Bildungsakteuren im Beruf in einem gemeinsamen Lernprozess im Sinne eines *Peer*-Lernens ein Beweggrund, um die Reflexionsfähigkeit der Teilnehmenden sowie der Lehrenden zu fördern.

Die Kursentwicklung verfolgt den *Design-based-Research*-Ansatz (DBR), der darauf abzielt, innovative und nachhaltige Lösungen für praktische Bildungsprobleme zu entwickeln und diesen Designprozess zugleich mit der Gewinnung wissenschaftlicher Erkenntnisse zu verzahnen. Forschung und Entwicklung laufen dabei in iterativen Prozessschleifen ab, Bildungsforschung und Entwicklungspraxis verfolgen jedoch getrennte Ziele (Reinmann, 2005, S. 60). Für den skizzierten KLOOC besteht das Entwicklungsziel nicht allein darin, einen „fertigen" Kurs zu gestalten. Aufgrund des sich dynamisch entwickelnden Themenfeldes sind Aktualisierungen sowohl der Inhalte als auch eine Berücksichtigung der Bedürfnisse der Teilnehmenden für jeden Durchlauf erforderlich. Das Ziel der Bildungsforschung ist der Erkenntnisgewinn zu den Gelingensbedingungen für asynchrone Lehrformate, insbesondere dann, wenn die Teilnehmenden aus Beruf und Studium zu einem konstruktiven Austausch bewegt werden sollen.

Konnektivismus

Ergänzend zu den klassischen Lerntheorien versucht der *Konnektivismus* Facetten des Lernens, die durch digitale Möglichkeiten eröffnet werden, zu fassen. Beim Lernen in einem Netzwerk aus digitalen und analogen Informationsmedien und in einem Umfeld aus direkten persönlichen Kontakten sowie Personen und Meinungen in kontextbezogenen digitalen Blasen (z. B. *Social Media,* Onlinekurse) liegt der Fokus auf der persönlichen Organisation von Wissen, eher auf dem „Wissen wo" (Verbindung) und weniger auf dem „Wissen was" (Inhalt). Durch den Austausch von Lehrenden und Lernenden und insbesondere durch den Austausch der Lernenden untereinander wird aus einem Lernimpuls ein dynamischer Prozess, bei dem Deutungen und Interpretationen anderer eine tragende Rolle spielen (Arnold et al., 2018, S. 129 f.).

9.2.2 Konzeptionelle Überlegungen

Wahl der im Kurs eingesetzten Applikation

In der Lehrveranstaltung „Didaktik der Geographie I" beschäftigen sich die Studierenden im Rahmen der Exkursionsdidaktik intensiv mit den Prinzipien der Realbegegnung und der Anschauung. Aufgabe ist es, eine digital gestützte Exkursion zu konzipieren und mit der App „Actionbound" interaktiv umzusetzen. Die Lehrerfahrungen und die beobachtete Lernfreude, mit der Studierende diese App nutzten, um ansprechende Bildungsrouten zu entwerfen, führte zur Überlegung, „Actionbound" als Tool im Kurs „Digitale Lernangebote selbst gestalten" einzusetzen und daran die Lerninhalte zu entwickeln (vgl. auch Lude et al., 2020). Die einfache *Usability* (Glossar) erlaubt es, niedrigschwellig multimediale Informationsvermittlung umzusetzen, aber weiterführend auch die Steuerung der Lernpfade für die später Nutzenden des Lernangebotes mittels durchdachten Instruktionsdesigns aufzugreifen (Hermes & Kuckuck, 2016, S. 176). Dadurch, dass die Erstellerinnen und Ersteller von Lernumgebungen mit „Actionbound" auch die Antworten der Nutzenden einsehen und auswerten können, kann die Anwendung von Bildungsanbieterinnen und Bildungsanbietern ohne Anbindung an professionelle Lern-Management-Systeme (LMS) als rudimentäres LMS genutzt werden. Diese Erfahrungen gekoppelt mit einer für den Schulkontext sehr stringenten Datenschutzkonformität bestärkten den Entschluss, die App „Actionbound" als Werkzeug im Rahmen des KLOOC einzusetzen (Henninger et al., 2021, S. 323 f.).

Kursdesign unter dem Primat „Didaktik mit Technik"

Interessierte können ohne Zulassungsvoraussetzungen am kostenfreien Kurs teilnehmen. Die Offenheit des KLOOC-Formates stellt den Teilnehmenden frei, ob sie nur einzelne Inhalte nach Interesse bearbeiten oder aber alle geforderten Inhalte zuzüglich wöchentlicher Aufgabe und kursbegleitender Abschlussaufgabe bearbeiten, um sich für das Zertifikat zu qualifizieren. Um dieses zu erhalten, ist aus organisatorischen Gründen eine zusätzliche Registrierung über die TUK erforderlich. In dem dargestellten Kurs erhalten die Teilnehmenden mit der Anmeldung zum Zertifikatserwerb für einen begrenzten Zeitraum kostenfreie Sofort-Accounts für die im Kurs genutzte App „Actionbound" mit der eigene Lernumgebungen *(Bounds)* im zugehörigen webbasierten *BoundCreator* erstellt werden können (Henninger et al., 2021, S. 324).

Neben den anderen Angeboten der KLOOC-Reihe adressiert der Kurs „Digitale Lernangebote selbst erstellen" alle Lehrenden im Schulkontext. Aufgrund der Offenheit des KLOOC-Formates sind hiermit auch Lehrende an außerschulischen Lernorten sowie in der Erwachsenenbildung angesprochen.

In der Präsenzlehre erfährt die Lehrperson direkt, wie der Unterricht auf die Lernenden wirkt. Sie kann beobachten, ob sie mitarbeiten, gelangweilt oder überfordert sind und an welchen Stellen Schwierigkeiten auftauchen. In mediengestützten und insbesondere asynchronen Lernumgebungen ist es dagegen sehr viel schwieriger, das Lernmaterial an die Bedürfnisse der Lernenden anzupassen (vgl. Kerres, 2018; zu digitalen Lernumgebungen allgemein siehe auch Abschn. 1.4 in Band 1). Der grundlegende didaktische Gestaltungsrahmen des KLOOCs (u. a. roter Faden, videobasierte Inhalte mit interaktiven Elementen und Betreuungskonzept) trägt dieser Herausforderung ebenso Rechnung wie die Binnengestaltung der einzelnen Lehr-Lern-Einheiten in Abhängigkeit von den Angebotsinhalten. Arnold (2019, S. 48) hat in den 1990er-Jahren den Begriff der „Ermöglichungsdidaktik" geprägt, der auf den Ansätzen des Konstruktivismus beruht. Dieser Konzeption zufolge geschieht der Erwerb von Wissen nicht durch die Vermittlung durch die Lehrperson, sondern kann vielmehr nur angeregt werden. Daher sind Lerninhalte und Lernziele individuell zu gestalten und Lernende so zu begleiten, dass sie selbstorganisiert lernen können. Ein solches selbstorganisiertes Lernen wurde in den digitalen Lernangeboten der KLOOC-Reihe mit tutorieller Begleitung umgesetzt. Zusätzlich zu dieser allgemeindidaktischen Fundierung berücksichtigt der KLOOC Erkenntnisse der Forschung zu Fragen medial vermittelter Kommunikation, insbesondere das Fünf-Stufen-Modell der E-Moderation nach Salmon (2003). Der Lernprozess selbst durchläuft in diesem Modell (Abb. 9.1) eine Abfolge von Stadien, in denen E-Moderatorinnen und E-Moderatoren jeweils gezielt unterstützen können. Mit jeder Stufe ändert sich nicht nur die Anforderung an den Lernenden, sondern auch an die Kursbetreuenden.

Abb. 9.1 Umsetzung des KLOOCs analog zum Fünf-Stufen-Modell von Gilly Salmon. (Eigene Darstellung nach Salmon (2003), verändert)

Ein wichtiges Element bei der Gestaltung asynchroner Online-Kurse liegt in der Auseinandersetzung mit der Frage, wie das in der Kommunikationsforschung untersuchte Phänomen "sozialer Präsenz" in Kommunikation mit digitalen Medien entwickelt werden kann (vgl. Döring, 2013). Hier rücken u. a. die Nachrichten im Newsforum, im allgemeinen Diskussionsforum und in den Foren zur jeweiligen Wochenaufgabe in den Fokus.

9.2.3 Kursaufbau und Inhalte

Das Kurskonzept sah einen wöchentlichen Workload von fünf bis sieben Stunden vor. Der Aufbau jeder Wocheneinheit blieb strukturell gleich: In einem „Rote-Faden-Video" wurden die Inhalte und zentralen Fragestellungen der Woche und deren Stellung im Gesamtkurskonzept vorgestellt. Das Herzstück des Kurses bildeten inhaltliche Lektionen, die z. B. mit Beispiel-Bounds, interaktiven Videos oder Präsentationen umgesetzt wurden, um das eigene Verständnis zu überprüfen. Aus redaktioneller Sicht wurden hiermit auch die Arbeitsstände verfolgt und bei Erfüllung der Vorgaben auch *Badges* (virtuelle Leistungsabzeichen, die automatisiert nach erfolgreicher Beantwortung/Interaktion als Feedback bzw. Lernstandsanzeige vergeben werden) ausgelöst. Weiterführende Literatur, Links und Exkurse ermöglichten eine Intensivierung der Inhalte nach eigenem Bedarf. Während die direkten Interaktionen in Videos und Präsentationen eher der Wissensabfrage dienten, zielten die Wochenaufgaben darauf ab, die Inhalte mit dem eigenen Vorhaben zu verknüpfen und dazu einen Beitrag in das Wochenforum zu posten. Um den Austausch zwischen den Teilnehmenden zu fördern, war es auch verpflichtend, mind. zwei Beiträge anderer Kursteilnehmenden in der Forumsdiskussion zu kommentieren. So konnten die Teilnehmenden nach dem *Peer*-Prinzip Impulse zum eigenen anvisierten Produkt erhalten. Da nicht davon auszugehen war, dass alle Teilnehmenden auch eine eigene Lernumgebung, insbesondere nicht mit der verwendeten App, erstellen wollten, gab es optional auch allgemeiner gehaltene Wochenaufgaben. Die kursbegleitende Abschlussaufgabe war darüber hinaus noch allgemeiner gefasst und bestand aus einer reflektierten Sammlung von Internet-Fundstücken (vgl. Week 1).

Der moderierte Kurs lief über acht Wochen, wobei die erste und letzte Woche keine zentralen Phasen der Lehr-Lern-Aktivität darstellten, sondern eher als organisatorische Wochen fungierten. So gab die erste Woche (Week 0) einen Überblick über Inhalte und Interaktionsmöglichkeiten, zeigte Kommunikationswege in diversen Themenforen auf und erläuterte die Teilnahme mit und ohne Zertifikatserwerb. Dieser Einstieg vermittelte auch Sicherheit in der Nutzung der „oncampus"-Plattform. Die letzte Kurswoche (Week 7) schloss diesen organisatorischen Rahmen ab. Als „Aufholwoche" gab sie den am Zertifikat Interessierten noch einmal die Möglichkeit, fehlende Inhalte zu bearbeiten und die Abschlussaufgabe einzureichen.

Die erste Inhaltswoche (Week 1; Abb. 9.2) führte in das Themenfeld der digitalen Lehr-Lern-Applikationen ein. Exemplarisch wurden „digitale Pinnwände"

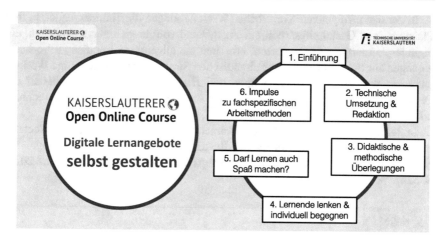

Abb. 9.2 Titel der sechs inhaltlichen Kurswochen des KLOOCs. (Eigene Darstellung)

und „H5P" einführend vorgestellt, woran sich eine diskursive Betrachtung einer „Didaktik mit Technik" in Abgrenzung zu einer „Didaktik vor Technik" anschloss. Dieser Diskurs leitete zur kursübergreifenden Aufgabe, die darin bestand, dass die Teilnehmenden bis Kursende ein digitales Tool und dessen Stärken und Schwächen beim Einsatz im Lehr-Lern-Kontext evaluierten und ihre Analyse im entsprechenden Forum einreichten. Aus dieser Perspektive wurde auch die im Kurs verwendete App „Actionbound" vorgestellt. Die Fachdidaktik Geographie sowie die Fachdidaktik Biologie setzen dieses Tool auch in der Lehre ein. Insbesondere zum außerschulischen Lernen konzipierten Studierende hiermit eigene digital geführte Lernangebote. Neben diesen Erfahrungen sprachen auch die rechtlichen und technischen Sicherheitsaspekte für den Einsatz dieser Applikation in Hinblick auf den datenschutzsensiblen Bereich des schulischen Lernens – so stehen beispielsweise die Actionbound-Server in Deutschland (Actionbound GmbH, 2021). Mittels SCORM-Schnittstelle lassen sich die *Bounds* in ein LMS integrieren.

Als Forschungshäppchen – Einblicke in Forschungs- und Entwicklungsprojekte der TUK – wurde das Projekt „In 80 min um die Welt" vorgestellt. In diesem Tablet-gestützten Angebot erforschen Schülerinnen und Schüler handlungsorientiert die Angepasstheit von Pflanzen an die Bedingungen in den polaren, gemäßigten, subtropischen und tropischen Klimazonen im Botanischen Garten der TUK. Die Lernsequenz wurde in Form einer interaktiven projekteigenen Web-App umgesetzt, die den Schülerinnen und Schülern auf Tablets zur Verfügung gestellt wird. Nach dem Prinzip der Lernendenorientierung wurde die *Usability* der App und der Materialien an den Stationen sukzessive optimiert (vgl. Kaiser, 2019). Ausgewählte Ergebnisse zur Auswirkung mediendidaktischer Änderungen wurden als interaktives Video in den KLOOC eingebettet. Daneben wurden Inhalte des Lernzirkels mit „Actionbound" umgesetzt, sodass die Kursteilnehmenden einen *Bound* aus Nutzendenperspektive erleben konnten und einen ersten Einblick in die Möglichkeiten der App erhielten.

In der darauffolgenden Kurswoche (Week 2) stiegen die Teilnehmenden in ihre Planungs- und Gestaltungsarbeit ein. Ausgehend von ihrem eigenen Anliegen, ein digitales Lernangebot umzusetzen, erhielten sie allgemeine Impulse zu Vorüberlegungen zur Sozialform und zur didaktischen Strukturierung. Der stetige Wechsel zwischen theoretischen Überlegungen und *Hands-on*-Tutorials zielte darauf ab, Personen ohne pädagogischen Hintergrund sowie Personen mit geringer Technikaffinität den Einstieg zu erleichtern.

In der Wochenaufgabe sollten die Teilnehmenden im entsprechenden Wochenforum ihr eigenes Bildungsanliegen in Bezug auf das Thema, die Zielgruppe, den Kontext, die Dauer und die Teilnehmendenzahl posten (Henninger et al., 2021, S. 326).

> **Beispiel**
>
> **Beispiele für Bildungsanliegen der Kursteilnehmenden aus diesem Wochenforum**
>
> Die geplanten Lernsettings der Teilnehmenden wiesen hinsichtlich der Zielgruppen ein sehr breites Spektrum auf. Klassische schulische Lernumgebungen wurden für Primar- und Sekundarstufe, aber auch insbesondere für berufsbildende Schulen anvisiert. Auch Hochschullehrende und Personen, die in der Bildung an außerschulischen Lernorten sowie in der betrieblichen Fort- und Weiterbildung aktiv waren, hatten konkrete Bildungsanliegen formuliert.
>
> Insbesondere an Berufsfachschulen hatten Lehrpersonen engagierte Vorhaben, die meist auch Themenfelder betrafen, die nicht durch bereits vorhandene Schulmedien vermittelt werden konnten. So wurde für die Zeit ohne Präsenzmöglichkeiten in der Pandemie beispielsweise ein Vorbereitungstag für die Ausbildung in der Physiotherapie oder auch fachpraktische, handlungsorientierte Lernumgebungen zu „Invasive Maßnahmen: Legen einer Kanüle" für eine Berufsfachschule für Notfallsanitäter und -sanitäterinnen als digitales Lernangebot umgesetzt.
>
> Im Hochschulkontext trat die Absicht auf, ein digitales Lernangebot zu „Das innere Team – ein Kommunikations- und Persönlichkeitsmodell nach Friedemann Schulz von Thun" für Theologiestudenten als Vorbereitung auf ihre Rolle als angehende Führungskräfte zu erstellen. Mit der Zielgruppe der Hochschulangehörigen im Allgemeinen setzte sich auch eine Person auseinander, die Informationen zur IT-Sicherheit vermitteln wollte.
>
> Auch Teilnehmende, die in Betrieben mit Fort- und Weiterbildungen betraut waren, besuchten den Kurs, um zu eruieren, inwiefern ihre Themen digital umgesetzt werden könnten. So gab es im Kontext zu Onboarding von Auszubildenden Konzeptideen zu digitalen Führungen durch den Betrieb, ein Verkaufstraining für Auszubildende oder auch ein Compliance-Training zur Unfallverhütung. ◄

An die Inhalte der vorausgegangenen Woche anknüpfend wurden in der dritten Woche (Week 3) zunächst Möglichkeiten und Stolpersteine vorgestellt, wie Lernende von Ort zu Ort geleitet werden können, um *Bounds* für den Außenbereich zu erstellen. Weiterführend wurden die erforderlichen Planungsschritte zur Konzeption von Lernangeboten wieder aufgegriffen, um die auf didaktische, methodische und Sachanalyse fundierte Basis für die Gestaltungspraxis zu erarbeiten. Anschließend wurde die gedächtnisfreundliche Mediengestaltung in den Fokus gerückt, die den Schwerpunkt dieser Kurswoche darstellte und für eine mögliche Steuerung der Aufmerksamkeit über die Medienwahl sensibilisiert. Anhand von Theorien zum Lernen mit Medien wurde deren Bedeutung für „dos and don´ts" in der praktischen Umsetzung detailliert aufgezeigt.

Die mit „Lernende lenken und ihnen individuell begegnen" betitelte vierte Inhaltswoche (Week 4) thematisierte schwerpunktmäßig die geschickte Lenkung von Lerngruppen durch Lernpfade oder Lernzirkel, insbesondere in digitalen bzw. apersonalen Bildungsangeboten. Auch hier wurden zunächst aus der Theorie heraus Lernsettings für Gruppen erläutert, deren Umsetzungsmöglichkeiten anschließend aufgezeigt wurden. Eine Schwachstelle der gewählten App „Actionbound" ist die fehlende Sicherung für die Lernenden. Hierzu wurde ergänzend der Einsatz von Etherpads und anderen Kollaborationstools vorgestellt (Henninger et al., 2021, S. 327). In apersonalen Settings können Lehrende kaum individuell auf Lernhemmnisse direkt eingehen. Eine geschickte Binnendifferenzierung sollte solche Lernendenbedürfnisse antizipieren und über Wahloptionen aufgreifen. Wie solche individuellen Hilfestellungen sowohl didaktisch als auch im *BoundCreator* technisch umgesetzt werden können, wurde anhand eines Videotutorials erläutert. Mit der provokanten These: „Ist das nicht alles ein bisschen Pawlow?", wurden erste lerntheoretische Überlegungen zu behavioristischen Prinzipien in digitalen Lehr-Lern-Kontexten in Bezug auf automatisierte Rückmeldungen, auch im Kontext zu *Gamification* (Glossar) angestellt.

Anknüpfend an das Thema *Gamification* warf die Woche fünf (Week 5) die Frage auf, inwiefern Lernen auch Spaß machen darf. Zum Einstieg wurde anhand des SAMR-Modells (vgl. Puentedura, 2006) ein vierstufiger Weg für die Gestaltung und Weiterentwicklung von Lehr-/Lerneinheiten mit digitalen Medien beschrieben und dazu motiviert, den Digitalisierungsgrad des Medieneinsatzes zu reflektieren und die eigene Unterrichtsgestaltung ggf. auch mit *Game Design* weiterzuentwickeln. Daran anknüpfend folgte ein Impuls zur Unterscheidung von „playing" und „gaming", der weiterführend in die Frage mündete, was es zum Leben und Arbeiten in einer Kultur der Digitalität braucht.

Zur theoretischen Fundierung wurden die 21st Century Skills sowie das 4K-Modell des Lernens (vgl. Batelle for Kids, 2019 sowie Abschn. 1.2.1 in Band 1) vorgestellt, woraus sich die Eignung von Spielprinzipien für den Lernkontext ableiten lässt. Zunächst wurden behavioristische Prinzipien aus der vorangegangenen Woche wieder aufgegriffen und mit unterschiedlichen *Gamification*-Ausprägungen (u. a. Belohnungs-Gamification vs. Edu-Breakouts) vergleichend vertieft. Weiterhin standen der *Game-Design*-Prozess im Spannungsfeld zwischen Spielziel vs. Lernziel und der Einsatz von spielerischen Elementen, Rahmengeschichten sowie die Funktion von spielbegleitenden Figuren im Fokus.

Die letzte inhaltliche Woche (Week 6) setzte Impulse zu fachspezifischen Arbeitsmethoden. Zunächst wurde der Blick auf das Prinzip der Handlungsorientierung gerichtet und exemplarisch aufgezeigt, wie sich wissenschaftliche Tätigkeiten (Beobachten, Beschreiben, Bewerten, Experimentieren) in ein digitales Lehr-Lern-Setting übertragen lassen. Diese letzte Einheit schließt mit der Vorstellung der „didaktischen Schieberegler zur Reflexion der eigenen Lernumgebungen ab und gibt damit einen letzten Impuls zum aktuellen Diskurs um offenere Prüfungsformate in einer Kultur der Digitalität" (vgl. Blume, 2021).

9.2.4   Erfahrungen aus zwei KLOOC-Kursdurchläufen

Mit den beiden Kursangeboten im November/Dezember 2020 und Mai/Juni 2021 konnten mehr als 600 Interessierte (Stand: Januar 2022) erreicht werden. Hierzu zählen auch Personen, die die Kurse auch noch nach der betreuten Phase besucht haben. In dieser Erprobungsphase konnte der Online-Kurs noch nicht in der Prüfungsordnung und damit in die ECTS-Bepunktung integriert werden. Das Angebot an die Studierenden der TUK basierte demnach auf Freiwilligkeit bzw. ermöglichte den Erwerb eines Zusatzzertifikates. Es wurden 48 Zertifikate in den moderierten Phasen verliehen.

Gemäß dem Evaluationskonzept des ETSC wurden in beiden Durchläufen sowohl eine anonyme Pre-Post-Befragung zu Beginn bzw. am Ende des Kurses vorgenommen als auch jeweils eine anonyme Wochenevaluation. Die geringen Rücklaufquoten erlaubten jedoch keine fundierte Auswertung. In der letzten Woche der Kurse konnten die Teilnehmenden ihre Meinungen zu den Inhalten, aber auch zu der Art des Lernens in Feedbackforen posten. Diese Rückmeldungen werden im Folgenden skizziert: Positiv angemerkt wurde, dass durch die Wochenaufgaben angemessener Druck erzeugt wurde, sich mit den Inhalten zu befassen und nicht nur zu sammeln. Auch die weiterführenden Links und Literaturtipps halfen, Themen nach eigenem Bedürfnis zu vertiefen. Die kursbegleitende Aufgabe, „Fundstücke" zu sammeln, zu bewerten und kommentiert im Forum zu präsentieren, wurde als gewinnbringend eingeschätzt. Negativ wurde angemerkt, dass es kein Skript zur Sicherung gab. Auch die Fokussierung auf eine App wurde bemängelt, wobei einige dies relativierten, da die Inhalte und Gestaltungskriterien übertragbar seien. Der Zwang, sich im Sinne einer diskursbasierten Wissenskonstruktion (vgl. Box Konnektivismus) an Forendiskussionen zu beteiligen, war für einige zunächst ungewohnt. Jedoch wurde gerade dieser Austausch mit Personen aus unterschiedlichen Sparten als gewinnbringend erachtet, gab neue Denkanstöße und half, fachlich komplexe Themen verständlicher zu gestalten. Das *Peer*-Lernen hat dazu beigetragen, die eigenen Methoden und fachlichen Vermittlungsweisen zu öffnen, für Fachfremde zu reduzieren und zu kommunizieren.

Konzeptionell vorgesehen war, dass die Teilnehmenden im Kursverlauf ein eigenes Konzept für eine Lernumgebung in einem *Bound* umsetzen und dies am Kursende zum gegenseitigen Testen im Forum anbieten. Weiterführend stand ihnen frei, ihre *Bounds* dann auf den „Lehrerzimmer- Webseiten" des

Applikationsanbieters „Actionbound" freizugeben. Während das *Peer*-Learning mithilfe der Kursforen zur Erweiterung der eigenen Perspektive beitrug – was eher dem Erreichen der eigenen Ziele entspricht –, konnten die Teilnehmenden jedoch nicht zu einer Haltung des Teilens motiviert werden.

Der Online-Kurs „Digitale Lernangebote selbst gestalten" wird nach Ablauf der Projektförderung durch die Telekom-Stiftung im Jahr 2022 erstmals im Rahmen der Kooperation zwischen dem eTeaching Service Center der TU Kaiserslautern und dem Verbundvorhaben „Offene Digitalisierungsallianz Pfalz" (OD Pfalz) durchgeführt. Inhaltlich und thematisch insbesondere für (zukünftige) Lehrpersonen ausgerichtet, erfolgt die Eingliederung des KLOOC-Angebotes in den Innovationsbereich Bildung mit dem Schwerpunkt Einsatz digitaler Medien in Lehr-/Lernsettings. Über die hohe Aufmerksamkeitsreichweite der Online-Plattform „oncampus" hinaus, ermöglicht dies die konkrete Zielgruppenansprache der Lehrenden in allen Bildungskontexten in Rheinland-Pfalz sowie bundesweit. Für die interessierte Öffentlichkeit bleibt der KLOOC wie gewohnt geöffnet. Derzeit werden Kursinhalte aktualisiert, ergänzt und anhand des Feedbacks der Teilnehmenden optimiert. Ein weiteres Ziel bildet die Herausforderung der Erhöhung der Evaluationsrückläufe.

9.3 Aus dem KLOOC entstandene Lernangebote

Die Fachdidaktiken der Geographie und der Biologie der TUK konzipieren im engen Austausch Lehr-Lern-Angebote, in denen es darum geht, digital gestützt an Originalen zu arbeiten. In beiden Fächern haben Exkursionen und das handlungsorientierte Lernen am außerschulischen Lernort unter Anwendung naturwissenschaftlicher Arbeitsmethoden einen hohen Stellenwert. Aus dem oben vorgestellten KLOOC wurden Inhalte auch in den jeweiligen Lehrveranstaltungen der Fachdidaktiken eingesetzt. Aufgabe der Studierenden war es, mit der App „Actionbound" Lernumgebungen für den Einsatz an außerschulischen Lernorten zu konzipieren und nach Möglichkeit auch mit Lernenden zu erproben und zu evaluieren.

Studierende der Biologie beschäftigten sich beispielsweise mit der Konzeption digitaler, interaktiver Lernrouten durch die Abteilungen des Senckenberg Museums in Frankfurt/Main. Die *Bounds* zu prähistorischem Leben, zur Welt der Vögel oder der Reptilien erprobten sie im Rahmen einer fachdidaktischen Exkursion vor Ort mit ihren Kommilitonen und reflektierten gemeinsam deren inhaltliche, didaktische und methodische Umsetzung.

In der Lehrveranstaltung der Geographiedidaktik entwickelten Studierende sehr aufwendig gestaltete *Bounds,* beispielsweise eine Fahrradexkursion entlang der Lauter, eine Arbeitsexkursion zur Untersuchung der Mobilität in Kaiserslautern sowie einen *Bound* durch den Tierpark der Stadt mit dem Fokus auf dessen Funktion zur Naherholung. Pandemiebedingt konnten diese Angebote noch nicht mit Schulklassen getestet werden. Ergänzend zum KLOOC entwickelte die Fachdidaktik Geographie zusammen mit Studierenden aufwendigere *Bounds,* u. a. zur

Fließgewässerstrukturgütekartierung, bei der der *Bound* sowohl die Navigation der Lernenden zu den zu kartierenden Abschnitten an der Lauter steuert als auch durch das Bewertungsschema führt, sodass schließlich eine fachliche Gütebewertung vorliegt.

9.4 Fazit

Für die „Zukunft des MINT-Lernens" sind u. a. eine reflexionsbereite Haltung, kommunikative Fähigkeiten und Kreativität erforderlich (vgl. Redecker, 2017). Aufgabe der Hochschullehrenden ist es daher, neben der Vermittlung von Fachwissen und der Konzeption handlungsorientierter Lernaufgaben auch Lernende auf diesem Weg im Bereich ihrer persönlichen Kompetenzentwicklung zu begleiten.

Das selbstständige Erarbeiten von Inhalten, aber auch das Geben und Einholen von Feedback, der Austausch mit Personen aus einem anderen Tätigkeitsfeld im Rahmen des Online-Kurses „Digitale Lernangebote selbst gestalten" eröffnete Lehrenden und Lernenden zugleich ein Feld, dies auch in einem asynchronen Setting zu erproben. Mit einer vertikalen Vernetzung der Kursteilnehmenden aus dem Bildungsbereich in verschiedenen Ausbildungs- und Berufsphasen und unterschiedlichen Tätigkeitsfeldern konnte ein Kursklima des offenen Feedbacks generiert werden.

Eine Herausforderung stellt die Notwendigkeit der ständigen Aktualisierung in Bezug auf die Eignung digitaler Applikationen für den Bildungskontext dar. Durch den Einsatz von Kursinhalten in der Lehre wurde Zeit an einer Stelle eingespart und damit Ressourcen geschaffen, um sich mit der Weiterentwicklung der Inhalte beschäftigen zu können. Auch die Studierenden konnten durch das *Blended Learning* in den Lehrveranstaltungen Inhalte eigenständig erarbeiten und in den Gruppenphasen gemeinsam kreative Lernumgebungen erstellen.

Literatur

Actionbound GmbH. (2021). FAQ zu DSGVO und Datenschutz. https://de.actionbound.com/faq-datenschutz. Abgerufen am 12. Januar 2022.

Arnold, P., Kilian, L., Thillosen, A. M., & Zimmer, G. M. (2018). *Handbuch E-Learning: Lehren und Lernen mit digitalen Medien*. Bertelsmann.

Arnold, R. (2019). *Ermöglichungsdidaktik: Ein Lernbuch*. Hep verlag.

Batelle for Kids. (2019). *Framework for 21st century learning definitions*. http://static. battelleforkids. org/documents/p21/p21_Framework_DefinitionsBFK.pdf. Abgerufen am 05. Mai 2022.

Blume, B. (2021). *Didaktischer Schieberegler – interaktiv*. https://bobblume.de/2020/11/14/digital-didaktischer-schieberegler-interaktiv/. Abgerufen am 15. Januar 2021.

Deutsche Gesellschaft für Geographie e.V. (2020). *Bildungsstandards im Fach Geographie für den Mittleren Schulabschluss*. Druckhaus Köthen GmbH & Co. KG.

Döring, N. (2013). C 5 Modelle der Computervermittelten Kommunikation. In R. Kuhlen & K. Laisiepen (Hrsg.), *Grundlagen der praktischen Information und Dokumentation: Handbuch zur Einführung in die Informationswissenschaft und -praxis* (S. 424–430). De Gruyter.

Henninger, S., Kaiser, T., & Liesegang, K. (2021). Fachdidaktik neu gedacht: Der KLOOC „Digitale Lernangebote selbst gestalten – ein offenes Online-Kursangebot zur Mediendidaktik entwickelt von der Fachdidaktik Geographie. In J. Wintzer, I. Moßig, & A. Hof (Hrsg.), *Prinzipien, Strukturen und Praktiken geographischer Hochschullehre* (S. 319–330). Haupt Verlag.

Hermes, A., Kuckuck, M. (2016). Digitale Lehrpfade selbstständig entwickeln. Die App Actionbound als Medium für den Geographieunterricht zur Erkundung außerschulischer Lernorte. *gwu, 1,* 174–182. https://doi.org/10.1553/gw-unterricht142/143s174.

Kaiser, T. (2019). *Digitale Medien und interdisziplinäre Unterrichtskonzepte in Geographie und Biologie: Entwicklung und Erprobung eines digital geführten Lernzirkels am außerschulischen Lernort „Botanischer Garten“.* Dissertation. TU Kaiserslautern, Kaiserslautern. Physische Geographie und Fachdidaktik.

Kantereit, T. (Hrsg.). (2020). *Hybridunterricht 101 – Ein Leitfaden zum Blended Learning für Lehrkräfte: Ein Gemeinschaftswerk aus den sozialen Netzwerken.* Visual Ink Publishing.

Kerres, M. (1998). *Multimediale und telemediale Lernumgebungen.: Konzeption und Entwicklung.* Oldenbourg.

Kerres, M. (2018). *Mediendidaktik: Konzeption und Entwicklung digitaler Lernangebote.* De Gruyter.

Krautter, Y. (2015). Medien im Geographieunterricht nach lernförderlichen Kriterien auswählen. In S. Reinfried & H. Haubrich (Hrsg.), *Geographie unterrichten lernen: Die Didaktik der Geographie* (S. 213–276). Cornelsen.

Lude, A., Schuler, S., & Hiller, J. (2020): Digitale (Stadt-)Rallyes gestalten mit Actionbound. In: J. -R. Schluchter & T. Tek-Seng (Hrsg.),*Tablets in der Hochschule. Hochschuldidaktische Perspektiven* (S. 121–136). Schneider Verlag Hohengehren GmbH (Transfer, Band 19).

Pädagogisches Landesinstitut Rheinland-Pfalz. (2020). *Fortbildung online.* https://evewa. bildung-rp.de/. Abgerufen am 27. Januar 2020.

Puentedura, R. (2006). *Transformation, technology, and education.:* [Blog post]. http://hippasus. com/resources/tte/. Abgerufen am 05. Mai 2022.

Redecker, C. (2017). *European framework for the digital competence of educators: DigCompEdu (No. JRC107466).* https://publications.jrc.ec.europa.eu/repository/bitstream/ JRC107466/pdf_digcomedu_a4_final.pdf. Abgerufen am 04. Mai 2022.

Reinmann, G. (2005). Innovation ohne Forschung? Ein Plädoyer für den Design-Based Research-Ansatz in der Lehr-Lernforschung. *Unterrichtswissenschaft, 33*(1), 52–69. https:// doi.org/10.25656/01:5787

Salmon, G. (2003). *E-moderating: The key to teaching and learning online.* RoutledgeFalmer.

Wiesenhütter, L., & Haberer, M. (2016). Kaiserslauterer Open Online Course: Kooperations- und Zugangswege bei der Umsetzung eines offenen Kursformats an der Technischen Universität Kaiserslautern. In N. Apostolopoulos, W. Coy, K. von Köckritz, U. Mußmann, H. Schaumburg, & A. Schwill (Hrsg.), *Grundfragen Multimedialen Lehrens und Lernens. Die offene Hochschule: Vernetztes Lehren und Lernen,* Tagung 10.–11. März (S. 149–169). Waxmann.

Vorbereitung auf ein Physiklehren in der digitalen Welt: Weiterentwicklung eines lehramtsspezifischen Elektronikpraktikums

10

Jasmin Andersen⬤, Dietmar Block⬤, Irene Neumann⬤, Knut Neumann⬤ und Arne Volker

Inhaltsverzeichnis

10.1 Einleitung 169
10.2 Konzeption des Elektronikpraktikums 171
10.3 Beforschung des Elektronikpraktikums 174
    10.3.1 Methodisches Vorgehen 174
    10.3.2 Ergebnisse 175
10.4 Fazit 178
10.5 Förderhinweis und Danksagung 179
Literatur 179

10.1 Einleitung

Der digitale Wandel und die damit verbundene zunehmende Nutzung digitaler Technologien stellt Lehrkräfte vor neue Anforderungen. Besonders herausfordernd ist, dass digitale Technologien einem schnelleren Wandel unterliegen als

J. Andersen (✉) · D. Block · A. Volker
Institut für Experimentelle und Angewandte Physik, Christian-Albrechts-Universität zu Kiel, Kiel, Deutschland
E-Mail: andersen@physik.uni-kiel.de

D. Block
E-Mail: block@physik.uni-kiel.de

A. Volker
E-Mail: arne.volker@icloud.com

I. Neumann · K. Neumann
Leibniz-Institut für die Pädagogik der Naturwissenschaften und Mathematik, Kiel, Deutschland
E-Mail: ineumann@leibniz-ipn.de

K. Neumann
E-Mail: neumann@leibniz-ipn.de

klassische Unterrichtsinhalte und Lehrkräfte den Unterricht deshalb in kürzeren Abständen an Innovationen anpassen müssen. Diese Herausforderung wird im sogenannten TPACK-Modell aufgegriffen: Das Professionswissen von Lehrkräften wird erweitert um technologisches Wissen und dessen Überschneidungen mit Fachwissen und pädagogischem Wissen (Mishra & Kohler, 2006). Diese Erweiterung muss auch in der universitären Ausbildung angehender Lehrkräfte aufgegriffen werden.

Insbesondere Physiklehrkräfte sind vom digitalen Wandel betroffen. Sie müssen für das schulische Experimentieren u. a. spezifische Messtechnik und Software bedienen können, um die fachwissenschaftliche Arbeitsweise bzgl. der Messwerterfassung und -auswertung angemessen im Unterricht abbilden zu können. Hierzu gehört neben der reinen Anwendung von Messwerterfassungssystemen inzwischen auch, eigene Messwerkzeuge programmieren zu können (z. B. in der Smartphone-App phyphox von Staacks et al., 2018). Gemäß den Standards der Lehrerinnen- und Lehrerbildung sollen diese Anforderungen durch den digitalen Wandel auch bei der Lehrkräfteausbildung berücksichtigt werden (KMK, 2019). Somit sollten die Lehrkräfte für einen zeitgemäßen Physikunterricht dem TPACK-Modell folgend technologisches Wissen (TK), technologiebezogenes Fachwissen (TCK) und technologisch-pädagogisches Inhaltswissen (TPACK) entwickeln. Zum TK der angehenden Physiklehrkräfte müssen neben der Nutzung von Messtechnik und Software auch die Grundlagen des Programmierens zählen. Dem TCK entsprechend sollte dieses Wissen auch physikspezifisch eingesetzt werden können. Hinzu kommt, dass Physiklehrkräfte sich immer wieder eigenständig digitale Technologien für den Unterricht erschließen können müssen (TK/TCK). Die Verbindung mit der fachdidaktischen Komponente (TPACK) ermöglicht letztlich den zielführenden Einsatz digitaler Technologien im Unterricht. Nur auf Basis dieser digitalen Kompetenzen werden Physiklehrkräfte den aktuellen und zukünftigen Anforderungen des Unterrichts gerecht werden.

Um die angehenden Lehrkräfte auf diese spezifischen digitalen Anforderungen des Physikunterrichtens vorzubereiten, müssen bereits im Studium neue Lerngelegenheiten für den Erwerb von TK, TCK und TPACK angeboten werden. Damit stehen Hochschullehrende jedoch vor dem Problem, diese im Studienplan zu integrieren, ohne bestehende Lehrveranstaltungen und deren Inhalte zu verdrängen. Der Ansatz an der Christian-Albrechts-Universität zu Kiel (CAU) im Fach Physik ist daher, die Lerninhalte zu TK, TCK und TPACK in bestehende Lehrveranstaltungen einzubinden. Dazu wurden die Laborpraktika der Lehramtsausbildung im Fach Physik vollständig neu konzipiert und gezielt Lerninhalte zur Förderung digitaler Kompetenzen implementiert (Andersen et al., 2018). Im neuen lehramtsspezifischen Elektronikpraktikum (EPLA) sollen die Studierenden nun grundlegende fachliche Kenntnisse (CK) im Bereich Elektronik vertiefen, diese anwenden und durch grundlegende Programmierkenntnisse (TK) ergänzen (Andersen et al., 2021). Darüber hinaus sollen sie Strategien erwerben, sich selbst neue digitale Technologien für den Physikunterricht zu erarbeiten (TK/TCK). Die fachdidaktische Komponente des TPACK-Modells wurde in darauf aufbauenden Lehrveranstaltungen wie dem lehramtsspezifischen Fortgeschrittenenpraktikum integriert (Andersen et al., 2018), sodass die Lehramtsausbildung als Ganzes alle Aspekte TPACK-Modells adressiert.

Das vorliegende Kapitel skizziert zunächst kurz das Praktikumskonzept des neuen EPLA (s. auch Andersen et al., 2021) und berichtet Ergebnisse einer Evaluationsstudie zu den folgenden Fragen:

- Wie können bestehende Lehrveranstaltungen genutzt werden, um parallel zu den fachlichen Lerninhalten zusätzliche digitale Kompetenzen zu vermitteln?
- Inwieweit gelingt es, den Studierenden Strategien zu vermitteln, sich selbstständig neue digitale Technologien zu erarbeiten?
- Welche Rolle spielen Erfolgserlebnisse beim selbstständigen Erarbeiten neuer digitaler Technologien für den Unterricht?
- Wie kann eine lehramtsspezifische Ausrichtung einer Lehrveranstaltung wie des Elektronikpraktikums gestaltet sein, um die wahrgenommene Relevanz der Lerninhalte zu fördern?

10.2 Konzeption des Elektronikpraktikums

Das EPLA ist konzipiert für Studierende im 6. Semester des Lehramtsstudiums Physik. Es baut auf einer Vorlesung in der ersten Semesterhälfte auf, in der Fachwissen zur Elektronik vermittelt und damit die Basis für das EPLA gebildet wird (Abb. 10.1). Um das eigenständige Lernen bereits in dieser ersten Komponente des Moduls zu fördern, ist die Vorlesung als Flipped Classroom angelegt. Durch den Wechsel von Lehrvideos und Präsenzphasen, in denen der Stoff hinterfragt und vertieft wird, werden die Studierenden auf eine selbstständige Erarbeitung von Fachwissen vorbereitet. Die fachlichen Inhalte reichen dabei von einfachen elektrischen/elektronischen Netzwerken bis hin zu komplexen Bauelementen wie Mikrocontrollern. An ausgewählten Beispielen wird etwa die typische Verwendung von Feldeffekttransistoren, Operationsverstärkern, AD-Wandlung und Digitalelektronik thematisiert.

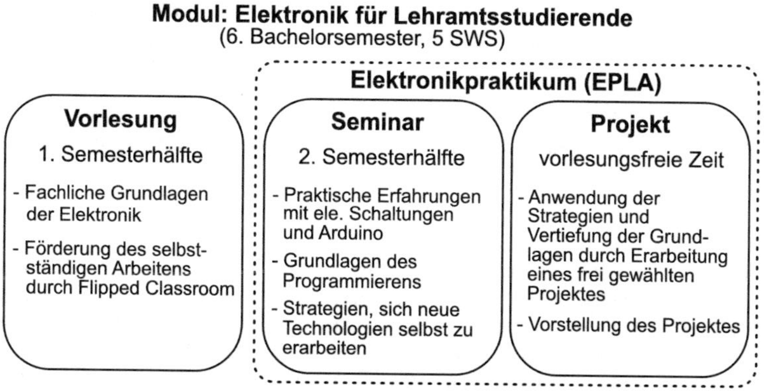

Abb. 10.1 Struktur des Moduls Elektronik für Lehramtsstudierende an der CAU zu Kiel

Im anschließenden EPLA werden diese fachlichen Inhalte vertieft. Um ein übergeordnetes Verständnis von (schulrelevanter) Messtechnik zu entwickeln, sammeln die Studierenden praktische Erfahrungen mit den elektrischen/ elektronischen Bauelementen, Sensoren und einem Mikrocontroller. Dabei werden nicht das spezifische Bauteil oder der genutzte Mikrocontroller in den Vordergrund gestellt, sondern anhand exemplarischer Bauteile grundlegende Kenntnisse über deren Funktion, Anwendung und Grenzen vermittelt.

Durch Verwendung eines Mikrocontrollers[1] lernen die Lehramtsstudierenden Grundelemente des Programmierens kennen. Hierzu gehört z. B. das Einbinden von Bibliotheken, die Deklaration und Nutzung von Variablen, die Anwendung von Funktionen, die Anwendung von Schleifen und Bedingungen bis hin zur Verwendung von Routinen zum Debugging, da diese Grundelemente sich in allen Programmiersprachen wiederfinden lassen. Neben der Vermittlung von theoretischem und praktischem Wissen im Bereich der Elektronik zielt das EPLA damit auch auf die Vermittlung grundlegender Programmierkenntnisse ab und greift damit die im TPACK-Modell geforderten Aspekte des TK auf. Da es im Rahmen des Lehramtsstudiums bislang keine Lerngelegenheiten für Grundlagen der Programmierung gab, muss dazu gezielt an das spezifische Vorwissen der Lehramtsstudierenden angeknüpft werden, um die Programmierkenntnisse schrittweise aufzubauen. Durch den Fokus auf Grundelemente des Programmierens sollen die Lehramtsstudierenden in die Lage versetzt werden, diese auch auf andere Anwendungen und Problemstellungen zu übertragen und damit eher konzeptionelles als anwendungsspezifisches Wissen aufzubauen. Als exemplarischer Mikrocontroller eignet sich der Arduino, da er eine freie Software umfasst, die vergleichsweise einfach zu programmieren ist, und in Bezug auf die Hardware kostengünstig und vielseitig einsetzbar ist. Die Vielzahl unterschiedlicher Schnittstellen und Sensoren ermöglicht eine Umsetzung interessanter und anwendungsnaher Steuerungs- und Regelungsaufgaben. Nicht zuletzt deswegen ist der Arduino durch eine große Community mit vielen Beispielen und Hilfestellungen im Internet vertreten. Mit diesen Eigenschaften ist der Arduino auch über das EPLA hinaus für den Physikunterricht und die zukünftige Lehrtätigkeit der Studierenden relevant.

Um die Studierenden darauf vorzubereiten, in ihrer zukünftigen Lehrtätigkeit mit dem technologischen Wandel Schritt zu halten, sollen sie darüber hinaus im EPLA auch Strategien entwickeln, wie sie sich digitale Technologien selbst erarbeiten können (TK/TCK). Nach einem ersten Teil in Seminarform, bei dem erste praktische Erfahrungen mit den Bauteilen und die Programmierung im

---

[1] Ein Mikrocontroller wird oft vereinfacht als kleiner Computer bezeichnet, dessen Komponenten (u. a. ein Prozessor) auf lediglich einem Chip untergebracht sind. Mikrocontroller haben einen großen Alltagsbezug, da sie Bestandteil vieler elektronischer Geräte sind. Neben der geringen Größe bieten Mikrocontroller auch den Vorteil, dass Anwendungen anhand von sich wiederholenden Grundprogrammen relativ einfach auch mit geringem Vorwissen realisiert werden können.

Vordergrund stehen, schließt sich daher ein zweiter Teil in Form einer Projektarbeit an, in der die gewonnenen Kenntnisse und Fähigkeiten aus Vorlesung
und Seminar in einer eigenständigen Bearbeitung eines Problems zusammengeführt werden (Abb. 10.1). Essenziell ist hierbei, dass das Seminar zwar eine
Einführung in den Arduino liefert, nicht aber darauf abzielt, alle Aspekte der
Programmierung und Beschaltung abzudecken. Im Seminar lernen die Lehramtsstudierenden zunächst die Hardware, also den Arduino und erste exemplarische
Bauteile, kennen. Dabei werden direkt Datenblätter und weitere Informations-
quellen genutzt, um die Herangehensweise an neue Bauteile und Sensoren zu
verdeutlichen. Diese Arbeitsmethodik wird im Laufe des Seminars bei der Einführung neuer Bauteile immer wieder eingeübt. Mit jedem neuen Bauelement
werden zudem auch die Programmierelemente schrittweise erweitert und eingeübt. Dabei wird u. a. auf Beispiele aus den Bibliotheken zurückgegriffen, um
auch hier die Arbeitsweise mit neuen Programmierelementen zu erlernen. Für
diese ersten praktischen Aufgaben werden vor allem schultypische Experimentiermaterialien genutzt und schulrelevante Inhalte ausgewählt. So entwickeln und
programmieren die Studierenden zum Beispiel in einer der ersten Seminarein-
heiten einen einfachen Temperatursensor und setzen diesen direkt für eine schultypische physikalische Messaufgabe ein.

In der Projektarbeit arbeiten sich die Lehramtsstudierenden eigenständig in
eine Problemstellung ein und entwickeln selbstständig eine geeignete Lösung. Aus
motivationalen Gründen wählen die Studierenden ihre Problemstellung individuell
aus. Lediglich das Themenspektrum („Messen, Steuern, Regeln") ist vorgegeben.
Als Orientierungshilfe erhalten sie grobe Projektskizzen (z. B. zu Reaktionszeit-
messer, Lichtschranke, CO_2-Warner), die sie entweder konkretisieren oder als
Inspiration für eine eigene Projektidee nutzen können. Durch die Projektarbeit
weicht das EPLA gezielt vom klassischen Experimentalpraktikum ab, um eigen-
ständiges Lernen und die Entwicklung von Strategien zu fördern, mit denen sich
die Studierenden auch zukünftig neue Inhalte selbst erschließen können. Dabei
spielt die Vermittlung von Herangehensweisen zur Informationsbeschaffung (u. a.
Datenblätter, Beispiel-Code aus Bibliotheken) eine wichtige Rolle. Das Erlebnis,
ein eigenes Projekt erfolgreich abzuschließen, kann sich darüber hinaus positiv auf
die Einstellungen und Selbstwirksamkeitserwartung der angehenden Lehrkräfte
auswirken (vgl. Bandura, 1977).

Um das EPLA an der CAU als adressatenspezifisches Praktikum (z. B.
Theyßen, 2000) zu gestalten, wird an das spezifische Vorwissen der Studierenden-
gruppe angeknüpft, schulrelevante Experimentiermaterialien ausgewählt und
an verschiedenen Stellen Bezug zur Schulpraxis hergestellt. Damit ist auch das
EPLA – wie bereits die anderen Praktika an der CAU (Andersen et al., 2018) –
explizit lehramtsspezifisch ausgerichtet. Dieses Konzeptionsmerkmal ver-
spricht, dass, wie von Andersen (2020) für ein lehramtsspezifisches Anfänger-
praktikum gezeigt wurde, eine höhere wahrgenommene Relevanz und folglich
ein gesteigerter Lernerfolg erzielt werden. Diese positiven Effekte sollen auch im
EPLA genutzt werden.

10.3   Beforschung des Elektronikpraktikums

10.3.1 Methodisches Vorgehen

Die Neukonzeption, Implementierung und Weiterentwicklung des neuen EPLA wurden mit einem Design-based-Research-Ansatz begleitend beforscht, um u. a. das Erreichen der Lernziele sowie das dazu aufgestellte Konzept mit Seminar und Projektarbeit zu prüfen, die wahrgenommene Relevanz sowie damit die lehramtsspezifische Ausrichtung zu untersuchen und Verbesserungsmöglichkeiten zu identifizieren. Das neue EPLA wurde bisher in den Sommersemestern 2020 ($N_1 = 16$) und 2021 ($N_2 = 10$) durchgeführt. Die Erhebung umfasste Fragebögen (2020: nur Post, $n_{F1} = 10$; 2021 Prä und Post, $n_{F2} = 6$) und Interviews (2020: $n_{I1} = 6$; 2021: $n_{I2} = 3$). 2021 wurden anhand der Befunde aus 2020 bereits kleinere Überarbeitungen (u. a. ein stärkerer Bezug zum Physikunterricht und ein Übungsprojekt vor der eigenständigen Projektarbeit) umgesetzt, sodass die Daten beider Jahre nur bedingt zusammengefasst werden können. Aufgrund der geringen Stichprobengröße ist eine statistische Auswertung nur eingeschränkt möglich. Um dennoch erste Aussagen über das Konzept zu erhalten, wurden die Fragebogen-Daten deskriptiv und die Interviews qualitativ analysiert.

Die Erhebung ist explorativ angelegt, um eine große Bandbreite an Hinweisen zum Lernerfolg und zu Verbesserungsmöglichkeiten des EPLA zu erhalten. Die hier vorgestellte Studie konzentriert sich – auch bedingt durch die kleine Stichprobe – auf die nachfolgende Auswahl an erhobenen Konstrukten. Eine Basis dabei war der etablierte PraQ-Fragebogen zur Erfassung der Praktikumsqualität von Rehfeldt (2017), der in Bezug auf Lernzuwachs und Vorwissen auf Selbsteinschätzungen der Studierenden beruht und als Post-Fragebogen eingesetzt wird. Der PraQ-Fragebogen wurde adaptiert um die Selbsteinschätzungen der Studierenden im EPLA bzgl. ihres Vorwissens vor dem EPLA in Bezug auf den praktischen Umgang mit elektronischen Schaltungen und Erfahrungen im Programmieren (5 Items, $\alpha_1 = 0{,}84, \alpha_2 = 0{,}71$) sowie bzgl. ihres Lernzuwachses aufgrund des EPLA in Bezug auf Fachwissen (6 Items, $\alpha_2 = 0{,}88$), elektronische Schaltungen (10 Items, $\alpha_1 = 0{,}90, \alpha_2 = 0{,}86$), Programmierung (14 Items, $\alpha_1 = 0{,}96, \alpha_2 = 0{,}96$) und Steuerung (8 Items, $\alpha_1 = 0{,}95, \alpha_2 = 0{,}93$) zu erfassen. Des Weiteren wurden motivationale Orientierung zum Einsatz des Arduino im Unterricht (6 Items, $\alpha_1 = 0{,}89, \alpha_2 = 0{,}79$, adaptiert nach Vogelsang et al., 2019), Einstellung gegenüber dem Erarbeiten neuer digitalen Technologien aufgrund des EPLA (5 Items, $\alpha_2 = 0{,}73$ entwickelt basierend auf Vogelsang et al., 2019 und Rehfeldt, 2017) und wahrgenommene Relevanz des Praktikums für die spätere Lehrtätigkeit (8 Items, $\alpha_1 = 0{,}87, \alpha_2 = 0{,}65$, adaptiert nach Schiefele et al., 2002) erhoben. Diese Skalen wurden im zweiten Durchlauf für den Prä- und Post-Fragebogen um Computational Thinking (23 Items, $\alpha_{2pre} = 0{,}95, \alpha_{2post} = 0{,}67$, übersetzt nach Weese & Feldhausen, 2017) ergänzt. Das strukturierte Leitfadeninterview (Einzelinterviews, online mit Tonaufnahme, durchschnittliche Dauer ca. 40 min) adressierte offene Fragen zu den Lernzielen, dem Seminar, der Projektarbeit und zum Praktikum im Allgemeinen.

10.3.2 Ergebnisse

Die Selbsteinschätzungen der Studierenden zeigten, dass die Vorkenntnisse in Bezug auf den praktischen Umgang mit elektronischen Schaltungen und Erfahrungen im Programmieren, sowohl in Bezug auf den Arduino als auch im Allgemeinen, wie erwartet, mit Mittelwerten unterhalb der Skalenmitte eher niedrig sind (Tab. 10.1). Die Interviews verdeutlichen zusätzlich die Heterogenität des Vorwissens. Die meist geringen Vorkenntnisse stammen dabei aus unterschiedlichen Quellen außerhalb des Lehramtsstudiums im Fach Physik (z. B. Schule, Zweitfach im Studium, persönliches Interesse).

Diese Ergebnisse stützen damit nicht nur die Notwendigkeit einer spezifischen Lerngelegenheit für die Lehramtsstudierenden zur Entwicklung von Programmierkenntnissen, sie rechtfertigen auch die schrittweise Vermittlung basaler Programmierkenntnisse im EPLA. Gleichzeitig zeigt die Heterogenität des Vorwissens, dass eine Binnendifferenzierung erforderlich ist. Diese wurde im Rahmen der offenen Projektarbeit realisiert, in der die Studierenden ihr Projekt abhängig von ihrem Vorwissen auswählten und umsetzten. Studierende mit Vorkenntnissen wählten tendenziell komplexere Projekte als Studierende mit keinen oder wenig Vorkenntnissen. Dies reflektiert auch, dass alle Studierenden in der Projektphase für sie anspruchsvolle Themen gesucht haben und damit auch bei nennenswerten Vorkenntnissen vom EPLA profitieren können.

Selbsteinschätzungen des Lernzuwachses der Studierenden aufgrund des EPLA im Post-Test weisen auf Lernzuwächse in den Bereichen Fachwissen, elektronische Schaltungen und Programmierung hin (Tab. 10.1). Anhand der Fragebogendaten zeigt sich, dass die Selbsteinschätzungen des Computational Thinking der Studierenden vor und nach dem zweiten Durchlauf des EPLA

Tab. 10.1 Deskriptive Statistik zu den erhobenen Konstrukten mit Mittelwert und Standardfehler (Likert-Skalen von 1 = „trifft nicht zu" bis 4 (bzw. 5 oder 6) = „trifft voll zu")

	Messzeitpunkt	2020 ($n_{F1} = 10$)	2021 ($n_{F2} = 6$)	Likert-Skala
Selbsteinschätzung Vorwissen	Post	$2,5 \pm 0,4$	$2,5 \pm 0,4$	6-stufig
Selbsteinschätzung Lernzuwachs - Elek. Fachwissen - Elek. Schaltungen - Programmierung - Steuerung	Post	– $4,1 \pm 0,2$ $4,5 \pm 0,3$ $4,1 \pm 0,3$	$4,4 \pm 0,3$ $4,2 \pm 0,2$ $5,1 \pm 0,3$ $4,8 \pm 0,2$	6-stufig
Computational Thinking	Prä Post	– –	$2,8 \pm 0,2$ $4,1 \pm 0,1$	5-stufig
Motivation, Arduino im Unterricht einzusetzen	Post	$3,2 \pm 0,2$	$3,3 \pm 0,2$	4-stufig
Einstellung zur Einarbeitung in neue Technologien für den Unterricht aufgrund des EPLA	Post	$2,8 \pm 0,2$	$3,0 \pm 0,2$	4-stufig
Wahrgenommene Relevanz	Post	$3,7 \pm 0,2$	$4,0 \pm 0,2$	5-stufig

signifikant und mit großem Effekt zugenommen haben (Tab. 10.1, abhängiger t-Test: $t(6) = 5,98$, $p < 0,001$, Cohens $d = 1,22$). In Bezug auf den Lernerfolg bzgl. Elektronik, Arduino und Programmierung zeigen die Interviews, dass die Studierenden die Lernziele, die sie für das EPLA erkannt haben, aus ihrer Sicht überwiegend erreicht haben („Ich würde im Großen und Ganzen schon sagen, dass ich die [Lernziele] erreicht habe", TN 2020).

Auch wenn diese Indizien aufgrund der geringen Stichproben und der subjektiven Einschätzungen im Einzelnen einen Lernerfolg in Bezug auf die Grundlagen der Elektronik und Programmierung nicht belastbar nachweisen können, sind sie in ihrer Gesamtheit konsistent und weisen dadurch auf einen Lernerfolg im EPLA hin. Ferner wurden keine Hinweise gefunden, dass das Erreichen der klassischen fachlichen Lernziele (Vertiefung Elektronik) durch die neuen Lernziele zur Förderung digitaler Kompetenzen (Programmieren und selbstständiges Arbeiten mit digitalen Technologien) benachteiligt wurde. Dies spricht für ein Gelingen der Integration der Lerninhalte zur Förderung digitaler Kompetenzen in eine bestehende Lehrveranstaltung.

Die Neukonzeption zielte nicht nur auf die Vermittlung von Inhaltswissen ab, sondern auch von Strategien, sich selbst neue Technologien zu erarbeiten. Dieses Lernziel wurde von etwa der Hälfte der Studierenden auch als solches benannt. Von den befragten Studierenden wurden im Interview explizit die Anwendung von Strategien wie das Hinzunehmen von Beispielen aus verschiedenen im Seminar genutzten Quellen (9 von 9 TN), die Nutzung von Datenblättern (2 von 9 TN) und die Anwendung von Strategien beim Programmieren (2 von 9 TN) geäußert. Auch die Auswahl und Umsetzung anspruchsvoller Projekte ist ein Indiz dafür, dass die Studierenden die Strategien zur Aneignung von Neuem erfolgreich genutzt haben. Neben dem Erlernen von Strategien half das Seminar dabei, Hemmungen gegenüber dieser Einarbeitung in den Arduino abzubauen: „[Es] wurde so ein bisschen die Hemmung genommen, dass man sich damit mehr auseinandersetzt" (TN 2020). Ebenso scheint das EPLA das Vertrauen in die eigenen Fähigkeiten gestärkt zu haben, sich auch in andere neue Technologien einarbeiten zu können: „Wenn man irgendwie was Anderes hat, was ähnlich funktioniert …, aber [man] sich halt schon mal irgendwie da eingearbeitet hat, dann wird es einem da ja auch leichter fallen" (TN 2020). Ferner zeigen die Fragebogenerhebungen, dass die Motivation zur Nutzung des Arduino im Unterricht am Ende des Praktikums eher hoch ist und die Studierenden aufgrund des Praktikums der Einarbeitung in neue digitale Technologien eher positiv gegenüberstehen (Tab. 10.1).

Damit zeigt sich insgesamt eine Reihe an konsistenten Indizien, dass die eingeübten Strategien zur Einarbeitung in digitale Technologien sinnvoll eingesetzt wurden. Darüber hinaus deuten Hinweise aus den Daten und Interviews konsistent darauf hin, dass sich die Einstellungen der Studierenden bzgl. der selbstständigen Einarbeitung in digitale Technologien durch das EPLA zum Positiven verändert haben (zumindest in der Selbsteinschätzung). Es ließen sich auch Hinweise finden, dass mit einem zukünftigen Einsatz von digitalen Technologien im Unterricht durch die angehenden Lehrkräfte zu rechnen ist. Im Vergleich zum Lernerfolg bzgl. der Strategien ist in den Interviews besonders auffällig, dass die Entwicklung von positiven Einstellungen häufiger von den Studierenden explizit als Lernerfolg hervorgehoben wurde (4 von 9 TN) als die Aneignung der Arbeitsweise selbst (1 von 9 TN). Das kann zum einen darauf hindeuten, dass die Entwicklung dieser positiven Einstellungen auch eine Konsequenz der entwickelten Strategien sein kann, die für die Studierenden ein deutliches wahrnehmbares Resultat ist. Zum anderen kann es darauf hinweisen, wie bedeutend es für die Studierenden ist, sich an die Einarbeitung des Arduinos herangetraut zu haben. Interessanterweise wird aus den Aussagen der Studierenden, die angeben, dass im Praktikum Hemmungen genommen wurden, auch oft deutlich, dass das Praktikum oder ein Aspekt davon (z. B. das Projekt) ein Erfolgserlebnis war. Gleichzeitig kann einem Interview auch entnommen werden, dass das Zutrauen, den Arduino im Unterricht einzusetzen, geringer ist, wenn ein Unwillen gegenüber dem selbstständigen Einarbeiten in die Thematik besteht und das Praktikum von der Person als weniger erfolgreich wahrgenommen wird. Diese Ergebnisse geben Hinweise darauf, dass das Erfolgserlebnis bei der Einarbeitung in neue Technologien wichtig für die Entwicklung von Selbstwirksamkeitserwartungen und von positiven Einstellungen der Lehramtsstudierenden ist. Da Selbstwirksamkeitserwartungen bedingen, ob sich Lehrkräfte an neue Herausforderungen heranwagen (Schmitz & Schwarzer, 2000) – sich im Kontext dieser Studie also selbst in neue digitale Technologien einarbeiten und diese auch im Unterricht einsetzen –, ist es wichtig, die Studierenden zu motivieren, ihre Komfortzone zu verlassen und nicht nur Wissen zu konsumieren, sondern auch mit Erfolg eigenes Wissen zu generieren. Insgesamt stützen die Ergebnisse das Konzept des EPLA, selbstständige Arbeitsmethoden zu vermitteln und genau diese Erfolgserlebnisse zu erzielen, damit sich die Studierenden in ihrer zukünftigen Lehrtätigkeit an neue Technologien heranwagen.

Das neue EPLA wurde von den Studierenden als relevant wahrgenommen (Tab. 10.1). Studierende sehen die Relevanz von Programmierkenntnissen aufgrund des digitalen Wandels und der damit verbundenen Anforderungen in der Schule (z. B. „Bestimmt immer mehr, weil man bestimmt immer mehr auch so nen bisschen Richtung Programmieren gehen muss und vermutlich müssen das auch Physiklehrer ein bisschen abdecken", TN 2021). Dabei bemessen sie am Nutzen für die Schule zum einen ihren Lernerfolg („… ich hab echt viel aus dem Praktikum mitgenommen und wüsste … wie ich damit auch vor ne Klasse treten kann", TN 2021) und zum anderen auch die Relevanz („… es ist … vorstellbar, dass man sowas … mit Schülern und Schülerinnen macht. Deswegen ist es dann halt sehr wichtig, wenn ich mich damit auf jeden Fall auskenne", TN 2021). Ferner werden Schwierigkeitsgrad, Zeitaufwand und Materialaufwand für die Einarbeitung in den Arduino für die Beurteilung der Nutzbarkeit in der Schule und damit der Relevanz herangezogen („Aber ich habe dann auch beim Erarbeiten des Ganzen gemerkt, dass es ja gar nicht so schwierig ist und ich glaube, dass bekommen auch Oberstufenschüler ganz gut hin", TN 2020). Mit Ausnahme einer Person (TN 2021) scheinen den Studierenden die vielfältigen Nutzungsmöglichkeiten des Arduinos im Physikunterricht jenseits von Programmier-AGs oder Projektwochen jedoch noch nicht klar geworden zu sein. Das macht deutlich, dass eine Anbahnung der fachdidaktischen Komponente (TPACK) im EPLA bereits sinnvoll ist.

Die Vielzahl an Indizien, dass die Lerninhalte des EPLA als relevant wahrgenommen werden, sind bedeutsam für das Konzept des EPLA, weil sich gezeigt hat, dass eine höhere wahrgenommene Relevanz mit einem höheren Interesse und einem höheren Lernerfolg einhergeht (Andersen, 2020). Die Bewertung der Relevanz von Lerninhalten aus einer oft schulpraktischen Perspektive deckt sich mit früheren Studien (Lorentzen et al., 2019; Andersen, 2020). Jedoch wurde auch deutlich, dass der Bezug zum Physikunterricht im EPLA durch die Darstellung der Einsatzmöglichkeiten des Arduinos im Physikunterricht in seiner ganzen Bandbreite noch mehr verdeutlicht werden sollte. Dazu wurden im Seminar 2021 bereits vermehrt praktische Aufgaben mit dem Arduino gestellt, die im Physikunterricht anwendbar sind (z. B. Umsetzung und Anwendung Temperatursensor). Auch wenn weitere Optimierungsschritte in diese Richtung wünschenswert sind, wurde insgesamt bzgl. der Relevanz bereits ein wesentliches Ziel der Konzeption des EPLA erreicht.

10.4   Fazit

Die Innovation des neuen lehramtsspezifischen Elektronikpraktikums (EPLA) besteht vor allem darin, dass es nicht nur klassisch eine Lerngelegenheit für Fachwissen bildet, sondern auch für technologisches Wissen (TK) und technologiebezogenes Fachwissen (TCK). So erarbeiten sich die Studierenden im neuen EPLA ein übergeordnetes Verständnis schulrelevanter Messtechnik und die Grundlagen des Programmierens (TK). Der dazu genutzte Mikrocontroller Arduino hat eine hohe Relevanz für den Physikunterricht, ist aber wie andere digitale Technologien ggf. einer gewissen Kurzlebigkeit unterworfen und daher als exemplarisch aufzufassen. Zentral ist daher im EPLA, dass die Studierenden Strategien entwickeln, sich basierend auf den erlernten Grundlagen neue Technologien, die über den Arduino hinausgehen und beispielsweise in zehn Jahren den Schulalltag bestimmen, selbstständig zu erschließen (TK/TCK).

Der Design-based-Research-Ansatz mit zwei ersten Durchläufen im neu konzipierten EPLA hat sich trotz kleiner Stichproben als sehr nützlich herausgestellt, um die Konzeption des neuen EPLA zu prüfen. So konnte eine Reihe von Indizien gefunden werden, die in ihrer Gesamtheit ein konsistentes Bild liefern und zeigen, dass das lehramtsspezifische Konzept des neuen EPLA sinnvoll ist. Da diesbezüglich aus der Interviewstudie insbesondere hervorgeht, dass die angehenden Lehrkräfte die Relevanz der Lerninhalte aus einer schulpraktischen Perspektive beurteilen, ist der explizite und durchgehende Bezug zur Schulpraxis als zentrales Gestaltungselement einer lehramtsspezifischen Lehrveranstaltung zu werten. Weiterhin wurde eine Vielzahl an Indizien für das Erreichen der Lernziele bzgl. digitaler und fachlicher Kompetenzen gefunden, ohne dass diese in Konkurrenz stehen. Dies unterstreicht den Erfolg der Integration der Lernziele bzgl. digitaler Kompetenzen durch eine gelungene Abstimmung mit den fachlichen Lernzielen. Die methodische Ausgestaltung und das damit verbundene Zusammenspiel aus Erlernen (im Flipped Classroom und im Seminar) und Anwenden (im Seminar und in der eigenständigen Projektarbeit) haben offensichtlich zu entsprechenden Erfolgserlebnissen geführt. Es stellt damit ein vielversprechendes Konzept dar, mit dem die Studierenden nicht nur die Arbeitsweise, sondern auch das Zutrauen entwickeln, um sich in neue digitale Technologien einzuarbeiten. Folglich fördert das EPLA gemäß dem TPACK-Modell die digitalen Kompetenzen der angehenden Lehrkräfte und versetzt sie so in die Lage, sich digitale Innovationen für die spätere Lehrtätigkeit anzueignen und diese im Physikunterricht einzusetzen. Insbesondere die Integration von Lerninhalten zur Förderung von digitalen Kompetenzen in bestehende Lehrveranstaltungen und die Vermittlung der selbstständigen Arbeitsmethodik machen das Praktikumskonzept damit nicht nur interessant für andere Standorte, sondern auch für andere MINT-Fächer.

10.5 Förderhinweis und Danksagung

Dieser Beitrag ist im Rahmen des von der Deutsche Telekom Stiftung geförderten Verbundprojektes „Die Zukunft des MINT-Lernens" entstanden. Zudem werden die Weiterentwicklung des Konzeptes und die Beforschung des lehramtsspezifischen Elektronikpraktikums von der Christian-Albrechts-Universität zu Kiel im Rahmen des Hochschulpakts gefördert. Unser Dank geht auch an unsere Hilfskräfte Anna Mieth und Ann-Kathrin Brauer, die bei der Durchführung, Transkription und Kodierung der Interviews mitgewirkt haben.

Literatur

Andersen, J., Block, D., Neumann, K., & Wendlandt, H. (2018). Lehramtsausbildung Physik 2.0 – Vernetzung von Fach, Fachdidaktik und schulpraktischen Aspekten. In B. Brouër, A. Burda-Zoyke, J. Kilian, & I. Petersen (Hrsg.), *Vernetzung in der Lehrerinnen- und Lehrerbildung: Ansätze, Methoden und erste Befunde aus dem LeaP-Projekt an der Christian-Albrechts-Universität zu Kiel*. Waxmann.

Andersen, J. (2020). *Entwicklung und Evaluierung eines spezifischen Anfängerpraktikums für Lehramtsstudierende im Fach Physik* (Dissertation). Christian-Albrechts-Universität zu Kiel.

Andersen, J., Block, D., Neumann, I., & Neumann, K. (2021). Lehramtsausbildung Physik 2.0 – Implementierung digitaler Lerninhalte. In M. Kubsch, S. Sorge, J. Arnold, & N. Graulich (Hrsg.), *Lehrkräftebildung neu gedacht – Ein Praxishandbuch für die Lehre in den Naturwissenschaften und deren Didaktiken*. Waxmann.

Bandura, A. (1977). Self-efficacy: Toward a unifying theory of behavioral change. *Psychological review, 84*(2), 191.

KMK. (2019). *Ländergemeinsame inhaltliche Anforderungen für die Fachwissenschaften und Fachdidaktiken in der Lehrerbildung.* (Beschluss der Kultusministerkonferenz vom 16.10.2008 i. d. F. vom 16.05.2019). KMK

Lorentzen, J., Friedrichs, G., Ropohl, M., & Steffensky, M. (2019). Förderung der wahrgenommenen Relevanz von fachlichen Studieninhalten: Evaluation einer Intervention im Lehramtsstudium Chemie. *Unterrichtswissenschaft, 47*(1), 29–49.

Mishra, P., & Koehler, M. J. (2006). Technological pedagogical content knowledge: A framework for teacher knowledge. *Teachers College Record, 108*(6), 1017–1054.

Rehfeldt, D. (2017). *Erfassung der Lehrqualität naturwissenschaftlicher Experimentalpraktika.* Dissertation. Logos Verlag Berlin.

Schiefele, U., Moschner, B., & Husstegge, R. (2002). *Skalenhandbuch SMILE-Projekt.* Universität Bielefeld, Abteilung für Psychologie.

Schmitz, G. S., & Schwarzer, R. (2000). Selbstwirksamkeitserwartung von Lehrern: Längsschnittbefunde mit einem neuen Instrument. *Zeitschrift für Pädagogische Psychologie/ German Journal of Educational Psychology, 14*(1), 12–25.

Staacks, S., Hütz, S., Heinke, H., & Stampfer, C. (2018). Advanced tools for smartphone-based experiments: Phyphox. *Physics Education, 53*(4), 045009.

Theyßen, H. (2000). *Ein Physikpraktikum für Studierende der Medizin: Darstellung der Entwicklung und Evaluation eines adressatenspezifischen Praktikums nach dem Modell der didaktischen Rekonstruktion.* Dissertation. Logos Verlag Berlin.

Vogelsang, C., Finger, A., Laumann, D., & Thyssen, C. (2019). Vorerfahrungen, Einstellungen und motivationale Orientierungen als mögliche Einflussfaktoren auf den Einsatz digitaler Werkzeuge im naturwissenschaftlichen Unterricht. *Zeitschrift für Didaktik der Naturwissenschaften, 25*(1), 115–129.

Weese, J. L., & Feldhausen, R. (2017). STEM outreach: Assessing computational thinking and problem solving. In *2017 ASEE Annual Conference & Exposition.*

Blickdatenanalyse bei der Interpretation linearer Graphen im mathematischen und physikalischen Kontext

11

Sebastian Becker⊙, Lynn Knippertz, Jochen Kuhn⊙,
Lena Kuntz und Stefan Ruzika⊙

Inhaltsverzeichnis

11.1 Einleitung 182
11.2 Theorie 183
    11.2.1 Lernschwierigkeiten bei linearen Graphen 183
    11.2.2 Visuelle Aufmerksamkeit während des Problemlösens und Eyetracking-
         Forschung im Zusammenhang mit (linearen) Graphen 184
11.3 Forschungsfrage 185
11.4 Methodik 186
    11.4.1 Material 186
    11.4.2 Stichprobe 186
    11.4.3 Prozedur 187

S. Becker (✉)
Department Didaktiken der Mathematik und der Naturwissenschaften, Universität zu Köln,
Köln, Deutschland
E-Mail: sebastian.becker-genschow@uni-koeln.de

L. Knippertz · L. Kuntz · S. Ruzika
Fachbereich Mathematik, Technische Universität Kaiserslautern, Kaiserslautern, Deutschland
E-Mail: knippertz@mathematik.uni-kl.de

L. Kuntz
E-Mail: kuntzl@rhrk.uni-kl.de

S. Ruzika
E-Mail: ruzika@mathematik.uni-kl.de

J. Kuhn
Fakultät für Physik, Lehrstuhl für Didaktik der Physik, Ludwig-Maximilians-Universität
München, München, Deutschland
E-Mail: jochen.kuhn@physik.uni-muenchen.de

11.4.4   Datenerhebung und -analyse...................................... 187
11.5   Resultate und Diskussion 188
11.5.1   Itempaar Nr. 2 (M2 und K2 bearbeitet) 188
11.5.2   Itempaar Nr. 2 (M2 und K2 richtig gelöst).......................... 189
11.6   Zusammenfassung und Ausblick 190
Literatur 191

11.1   Einleitung

Graphen sind typische Darstellungen, um die Abhängigkeiten zwischen verschiedenen Größen aufzuzeigen, und spielen daher eine wesentliche Rolle bei der Vermittlung von Informationen in den Naturwissenschaften. Sie werden in der Regel im Mathematikunterricht der Sekundarstufe eingeführt und sind Teil des schulischen und universitären Curriculums in verschiedenen MINT-Kontexten (Leinhardt et al., 1990; Glazer, 2011). Über das rein mathematische Verständnis des funktionalen Zusammenhangs hinaus sind Graphen ein wichtiges Instrument zur Visualisierung von Trends in Messdaten und damit ein interdisziplinäres Werkzeug für die Vermittlung quantitativer Informationen im Rahmen der 21st Century Skills (National Research Council, 2012).

In den letzten Jahrzehnten hat die Forschung jedoch gezeigt, dass viele Schülerinnen und Schüler Schwierigkeiten mit der Interpretation von Graphen haben (Glazer, 2011). Dies gilt insbesondere für kinematische Graphen (McDermott et al., 1987; Beichner, 1993; Ivanjek et al., 2016), d. h. für Zeit-Position-, Zeit-Geschwindigkeit- und Zeit-Beschleunigung-Graphen. Studien belegen, dass es den Schülerinnen und Schülern oft an ausreichendem mathematischen Verständnis mangelt (Leinhardt et al., 1990; Christensen et al., 2012), aber auch die vorhandene Kenntnis mathematischer Verfahren, wie z. B. die Berechnung der Steigung oder der Fläche unter einer Kurve, impliziert keinen erfolgreichen Transfer in die Kinematik (Planinic et al., 2012; Ceuppens et al., 2019). Die aufgezeigten Lernschwierigkeiten und Lernprozesse beim Problemlösen lassen sich anhand von kognitiven Prozessen untersuchen.

Kognitive Prozesse bei der Interpretation von Graphen sind eng mit visuellen Wahrnehmungsprozessen verknüpft, z. B. beim Extrahieren relevanter Informationen aus Graphen. Deshalb erlaubt es die Blickdatenanalyse, Einblicke in Lern- oder Problemlösungsprozesse mit Graphen zu gewinnen (Lai et al., 2013; Susac et al., 2018).

In dieser Arbeit verwenden wir Eyetracking, um die visuellen Strategien von Schülerinnen und Schülern beim Lösen von Aufgaben zu linearen Graphen in einem mathematischen und kinematischen Kontext zu untersuchen. Zu diesem Zweck haben wir die Blickdaten von Schülerinnen und Schülern mit Eyetrackern aufgezeichnet, während sie ähnliche Items eines von Ceuppens et al. (2019) validierten Testinstruments lösten (Abb. 11.1). Ähnlich bedeutet, dass die Items die gleichen Oberflächenmerkmale aufweisen und das gleiche mathematische Lösungsverfahren erfordern.

A10) Die Abbildung zeigt die Graphen von zwei Funktionen f und g. Welche dieser Funktionen hat die größte Steigung?

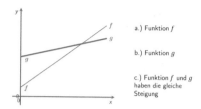

a.) Funktion f

b.) Funktion g

c.) Funktion f und g haben die gleiche Steigung

A15) Zwei Autos a und b fahren auf einer geraden Straße. Der Graph zeigt die Position x der Autos als Funktion der Zeit t. Die Position ist in Metern, die Zeit in Sekunden. Welches Auto hat die größte Geschwindigkeit?

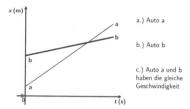

a.) Auto a

b.) Auto b

c.) Auto a und b haben die gleiche Geschwindigkeit

Abb. 11.1   Itempaar Nr. 2 aus dem verwendeten Testinstrument; links: mathematischer Kontext (M2), rechts: kinematischer Kontext (K2)

An einem ausgewählten Itempaar zeigen wir, dass sich das Blickverhalten zwischen dem mathematischen und dem kinematischen Kontext signifikant unterscheidet. Dabei werden zwei Stichproben zur Analyse verwendet: Zunächst werden Schülerinnen und Schüler betrachtet, die beide Aufgaben des Itempaars bearbeitet haben ($N = 126$). Danach reduziert sich die Stichprobe auf Personen, die sowohl das Mathematik-Item als auch das Physik-Item korrekt gelöst haben ($N = 104$). Daraus lassen sich kontextabhängig unterschiedliche Lösungsstrategien ableiten.

11.2   Theorie

11.2.1   Lernschwierigkeiten bei linearen Graphen

Die Lernschwierigkeiten von Schülerinnen und Schülern in Bezug auf Graphen im Kontext von Mathematik und Physik lassen sich in drei Hauptaspekte gliedern. Erstens haben Schülerinnen und Schüler Schwierigkeiten, die beiden Disziplinen Mathematik und Physik angemessen zu verknüpfen (Ivanjek et al., 2016; Wemyss & van Kampen, 2013), obwohl diese eng miteinander verbunden sind (Redish & Kuo, 2015). Gründe dafür sind ein domänenspezifisches Lernen (Pollock et al., 2007) und die mangelnde Fähigkeit, Wissen von der Mathematik auf die Physik zu übertragen (Christensen & Thompson, 2012). Zweitens haben Schülerinnen und Schüler Probleme, mehrere externe Repräsentationen kompetent zu nutzen (z. B. Ainsworth, 2006; Nieminen et al., 2010), insbesondere beim Wechsel zwischen verschiedenen Repräsentationen (Even, 1998). Drittens bereitet insbesondere der hohe Abstraktionsgrad von Graphen Schwierigkeiten, da die Lernenden mathematische Objekte mit Prozessen in der realen Welt in Beziehung setzen müssen. In diesem Zusammenhang haben McDermott et al. (1987) Fehlvorstellungen identifiziert, die den Schwierigkeiten der Schülerinnen und Schüler beim Verknüpfen von kinematischen Graphen zugrunde liegen. Bei der Verknüpfung von Diagrammen mit physikalischen Konzepten stellten sie die folgenden spezifischen Schwierigkeiten fest: die Unterscheidung zwischen Steigung und Höhe, die Interpretation von Höhen- und Steigungsänderungen, die Verknüpfung eines Diagrammtyps mit einem anderen, die Zuordnung der Informationen in einem Text zu einer grafischen Darstellung und die Interpretation der Fläche unter einem Diagramm. Bei der Zuordnung von Diagrammen zur realen Welt wurden folgende Schwierigkeiten festgestellt: Die Art der Bewegung wird als graphische Darstellung genutzt, so wird z. B. eine kontinuierliche Bewegung als durchgehende Linie dargestellt oder zwischen dem Verlauf einer Bewegung und dem Verlauf des Graphen nicht unterschieden. Weitere Schwierigkeiten zeigen sich bei der Darstellung einer negativen Geschwindigkeit in einem Zeit-Geschwindigkeit-Diagramm, der Darstellung einer konstanten Beschleunigung in einem Zeit-Beschleunigung-Diagramm und der Unterscheidung zwischen verschiedenen Arten von Bewegungsdiagrammen.

Viele der oben genannten Schwierigkeiten wurden von Ceuppens et al. (2019) in einer Studie über lineare Funktionen im Kontext von Kinematik und Mathematik mit Schülerinnen und Schülern der 9. Klasse untersucht. Hierbei identifizierten Ceuppens et al. Probleme mit der Repräsentationsform Formel und bei der Interpretation von Funktionen mit negativer Steigung, insbesondere im kinematischen Kontext. Bei Items mit negativen Steigungen wurde das Vorzeichen im mathematischen Kontext von den Lernenden berücksichtigt, im kinematischen Kontext aber häufig ignoriert. Verwechslungen von Ordinatenabschnitt und Steigung sowie eine Verknüpfung von der Form des Graphen mit der Form der Bewegung wurden hingegen nur selten beobachtet.

11.2.2 Visuelle Aufmerksamkeit während des Problemlösens und Eyetracking-Forschung im Zusammenhang mit (linearen) Graphen

Eyetracking ist eine Methode zur Untersuchung der visuellen Aufmerksamkeit durch Aufzeichnung und Analyse der Augenbewegungen. Die Augenbewegung kann als eine Abfolge von Fixationen (Augenstopps) und Sakkaden (Sprünge zwischen Fixationen) beschrieben werden. Vordefinierte Bereiche im Blickfeld, sogenannte Areas of Interest (AOI), werden verwendet, um Eyetracking-Metriken wie die Total Visit Duration (TVD, kumulierte Zeiten zwischen der ersten Fixation in und der ersten Fixation außerhalb eines AOI) und Transitionen (Sakkaden zwischen AOIs) zu definieren (Tobii, 2016). Um ein angemessenes Verständnis von linearen Graphen zu erlangen, müssen die Lernenden Informationen aus dem Diagramm extrahieren und diese mit ihrem Vorwissen kombinieren. Solche Prozesse der Informationsextraktion und der Konstruktion mithilfe von Graphen werden durch die Cognitive Theory of Multimedia Learning (CTML, z. B. Mayer, 2009) beschrieben. Die CTML beschreibt drei Hauptprozesse des Problemlösens und Lernens: Selektion (Extraktion von sensorischen Informationen), Organisation (Aufbau einer kohärenten internen Repräsentation durch Informationsstrukturierung) und Integration (Verknüpfung interner Repräsentationen wie Achsenwerte oder Achsintervalle in Graphen mit dem Langzeitgedächtnis).

Die folgende Verbindung zwischen CTML und Eyetracking ermöglicht eine theoriebasierte Interpretation der Eyetracking-Daten: Die Total Visit Duration (TVD, Fixationsdauer) wird mit Prozessen der Selektion und Organisation von Informationen aus dem visuellen Stimulus assoziiert, Blickwechsel (Transitionen) stehen in Zusammenhang mit Integrationsprozessen (z. B. Alemdag & Gagiltay, 2018; Scheiter et al., 2019; Schüler, 2017). Zusammenfassend lässt sich sagen, dass Eyetracking eine nicht-intrusive Methode ist, um Informationen über die visuelle Aufmerksamkeit und die kognitive Verarbeitung bei Problemlösungsprozessen zu erhalten.

Im Rahmen von Eyetracking-Studien zu linearen Graphen in verschiedenen Kontexten fanden Susac et al. (2018) heraus, dass Studierende der Physik Items im Kontext von Physik und Finanzen erfolgreicher lösten als Psychologiestudierende. Physikstudierende hatten auch eine signifikant höhere Fixationsdauer auf Graphen als Psychologiestudierende. Eine Replikationsstudie dieser Arbeit von Klein et al. (2019) mit Wirtschaftsstudierenden anstelle von Psychologiestudierenden zeigte einen höheren Lernerfolg von Physikstudierenden im Vergleich zu Wirtschaftsstudierenden. Sie stellten jedoch fest, dass beide Studierendenkohorten ähnlich viel visuelle Aufmerksamkeit auf den Graphbereich richteten. Diese Ergebnisse von Klein et al. (2019) zeigen, dass allein die Untersuchung der visuellen Aufmerksamkeit auf den gesamten Graphbereich nicht ausreichend ist. Um den unterschiedlichen Lernerfolg der Studierenden abbilden zu können, sollte der Graphbereich in weitere Bereiche eingeteilt und so detaillierter untersucht werden.

Bislang gibt es unserem Wissen nach keine Eyetracking-Studie zum Vergleich visueller Aufmerksamkeitsprozesse bezüglich linearer Graphen im Kontext der Mathematik mit anderen Kontexten, insbesondere mit der Physik. Darüber hinaus gibt es noch Defizite in Eyetracking-Studien zu mathematischen Problemlöseprozessen und -repräsentationen in der Sekundarstufe (Strohmaier et al., 2020). Die vorliegende Studie soll diese Lücken füllen.

11.3 Forschungsfrage

Für unsere Eyetracking-Studie haben wir das validierte Testinstrument von Ceuppens et al. (2019) verwendet, da es Items sowohl in kinematischen als auch in mathematischen Kontexten enthält. Während Ceuppens et al. (2019) Schülerinnen und Schüler der Klasse 9 untersuchten, setzten wir das Testinstrument bei Lernenden in der Eingangsphase der Sekundarstufe II ein. Ziel war es, zu überprüfen, ob sich die durch das Blickverhalten dargestellten kognitiven Prozesse bei der Interpretation von linearen Graphen in verschiedenen Kontexten für diese Jahrgangsstufe unterscheiden. Insbesondere interessiert uns das Blickverhalten von erfolgreichen Schülerinnen und Schülerinnen, die ähnliche Items im Mathematik- und im Physikkontext richtig lösten. Die Wahl dieses Forschungsschwerpunkts begründet sich darin, dass der kompetente Umgang mit Graphen im Allgemeinen und mit linearen Graphen im Besonderen in der Oberstufe vorausgesetzt wird und als Grundlage für die Entwicklung vieler neuer Lerninhalte im MINT-Kontext gesehen werden kann. Die Forschungsfrage der Studie lautet wie folgt:

Unterscheiden sich (bei erfolgreichen Schülerinnen und Schülern) das Blickverhalten und somit die Selektions- und Organisationsprozesse beim Lösen ähnlicher Items im Mathematik- und Kinematikkontext?

11.4 Methodik

11.4.1 Material

Das Testinstrument besteht aus 24 Items, die einem validierten Test von Ceuppens et al. (2019) entnommen und wörtlich ins Deutsche übersetzt wurden. Um Sequenzeffekte zu vermeiden, wurden den Schülerinnen und Schülern alle Items in zufälliger Reihenfolge vorgelegt und abwechselnd mit Physik- oder Mathematik-Items begonnen. Im Rahmen der vorliegenden Arbeit konzentrieren wir uns bei der Blickdatenanalyse auf das Itempaar Nummer 2 (M2 bzw. K2 nach Nomenklatur von Ceuppens; Abb. 11.2). Hier sollten die Schülerinnen und Schüler die Funktion mit der größten Steigung einmal aus zwei streng monoton steigenden, linearen Funktionen und einmal aus zwei linear steigenden Zeit-Position-Funktionen identifizieren.

11.4.2 Stichprobe

An der Studie nahmen insgesamt 131 Schülerinnen und Schüler der Sekundarstufe II (74 männlich, 56 weiblich, einmal keine Angabe, alle mit normalem oder korrigiertem Sehvermögen) aus vier Sekundarschulen in Rheinland-Pfalz teil. Die Stichprobe setzt sich aus folgenden Leistungsprofilen in Mathematik und Physik

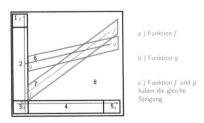
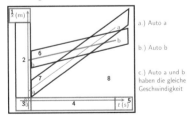

Abb. 11.2 Itempaar Nr. 2 aus dem verwendeten Testinstrument; links: mathematischer Kontext (M2), rechts: kinematischer Kontext (K2). Der Diagrammbereich jedes Items ist in AOIs 1–8 unterteilt. AOIs mit deutlich längeren TVDs als im ähnlichen Item sind rot markiert (Stichprobe: M2 und K2 bearbeitet)

zusammen: Mathe-LK: 38,2 %, Mathe-GK: 55,7 %, keine Angabe (Mathe): 6,1 %, Physik-LK: 15,3 %, Physik-GK: 29,8 %, weder noch: 49,6 % und keine Angabe (Physik): 5,3 %. Die Schülerinnen und Schüler beteiligten sich freiwillig an der Datenerhebung, entweder in Freistunden oder im regulären Unterricht (mit Erlaubnis der Lehrkraft). Zum Zeitpunkt der Durchführung der Studie war Kinematik bei allen Teilnehmenden bereits im Unterricht behandelt worden. Die Schülerinnen und Schüler wurden für ihre Teilnahme mit einem 5 €-Gutschein belohnt. Im Rahmen dieser Arbeit werden zunächst nur die Teilnehmenden berücksichtigt, die das Mathematik-Item und das Physik-Item bearbeiteten ($N = 126$, 53 weiblich, 72 männlich, einmal keine Angabe). In einem nächsten Schritt wurde diese Stichprobe auf die Personen eingeschränkt, die sowohl das Mathematik-Item als auch das Physik-Item richtig gelöst haben ($N = 104$, 42 weiblich, 61 männlich, einmal keine Angabe).

11.4.3 Prozedur

Die Studie fand in der Bibliothek der Schule statt, wo zwei identische Eyetracking-Systeme (Tobii X3-120) aufgestellt waren. Zunächst beantworteten die Teilnehmenden einen kurzen Fragebogen zu ihren demografischen Daten. Danach wurde eine 9-Punkt-Kalibrierung durchgeführt, um eine vollständig angepasste und genaue Blickpunktberechnung zu erhalten. Anschließend wurden die 24 Items auf dem Computerbildschirm (1920×1080 px; Bildwiederholrate 75 Hz) angezeigt. Wenn die Schülerinnen und Schüler bereit waren, eine Antwort zu geben, drückten sie eine Taste, um zur nächsten Folie zu gelangen. Nachdem sie geantwortet hatten, wurden sie gefragt, wie sicher sie sich der Richtigkeit ihrer Antwort waren (4-stufige Likert-Skala, die von „sehr sicher" bis „geraten" reichte). Die Teilnehmenden konnten sich für die Beantwortung einer Frage so viel Zeit nehmen, wie sie benötigten. Sie erhielten keine Rückmeldung nach Abschluss eines Items und konnten nicht zu früheren Items zurückkehren.

11.4.4 Datenerhebung und -analyse

Leistungsdaten. Die Antworten wurden in Anlehnung an Ceuppens et al. (2019) dichotom codiert (0 für falsche Lösung, 1 für richtige Lösung). Antworten, bei denen die Teilnehmenden angaben, dass sie geraten hatten (14,7 % aller Angaben), wurden als falsch markiert.

Blickdaten. Die Datenerfassung und die Erstellung der AOIs erfolgte mit der Software Tobii Studio. Für die Zuordnung der Augenbewegungstypen wurde der Standard-I-VT-(Identification-by-Velocity-Threshold-)Algorithmus der Software verwendet (Schwelle: 30°/s für die Geschwindigkeit; Salvucci & Goldberg, 2000). Die Ergebnisse von fünf Teilnehmenden wurden aufgrund der schlechten Qualität der Blickbewegungsdaten ausgeschlossen. Für die Blickdatenanalyse wurden die

Items auf den Diagrammbereich beschränkt. Die AOIs wurden so gewählt, dass grafisch relevante Strukturen von je einem AOI abgedeckt werden (Abb. 11.2). So werden z. B. Bereiche der Achsen oder Bereiche der linearen Funktion in AOIs zusammengefasst. Es wurde die Eyetracking-Metrik TVD (Selektion/ Organisation) berücksichtigt (vgl. Abschn. 11.2, 11.2.2). Mit einem nicht-parametrischen Wilcoxon-Vorzeichen-Rang-Test wurde geprüft, ob sich die zentralen Tendenzen der TVD in den abhängigen Stichproben (M2 und K2 bearbeitet bzw. M2 und K2 richtig gelöst) unterscheiden. Die analysierten Datensätze erfüllten die für die Durchführung des Wilcoxon-Tests erforderlichen Annahmen. Ein Schwellenwert von $p = 0,05$ wurde verwendet, um das Signifikanzniveau des Effekts in allen durchgeführten Tests zu bestimmen. Um die Falschentdeckungsrate aufgrund von Mehrfachtests zu kontrollieren, wurden die p-Werte mit dem Benjamini-Hochberg-Verfahren (Benjamini & Hochberg, 1995) korrigiert. Die Effektgröße r (für nicht-parametrische Daten, vgl. Fritz et al. 2012) mit 95 % Konfidenzintervall (berechnet mittels Bootstrapping mit 1000 Replikationen) wurde für alle Wilcoxon-Tests mit signifikanten Ergebnissen ermittelt und kann nach Cohens Richtlinien interpretiert werden (kleiner Effekt: $r = 0,1$; mittlerer Effekt: $r = 0,3$; starker Effekt: $r = 0,5$; Cohen, 1988).

11.5   Resultate und Diskussion

In diesem Abschnitt werden zunächst die Ergebnisse der Analyse der Eyetracking-Daten für das Itempaar Nr. 2 für die Stichprobe der Schülerinnen und Schüler, die M2 und K2 bearbeitet haben, vorgestellt. Danach werden die Ergebnisse der Eyetracking-Analyse für eine weitere Stichprobe aus Personen, die Item M2 und Item K2 richtig gelöst haben, präsentiert.

11.5.1 Itempaar Nr. 2 (M2 und K2 bearbeitet)

Relative TVD. Die Ergebnisse des Wilcoxon-Tests (p-Werte mit Effektgrößen r für signifikante Ergebnisse) sind in Tab. 11.1 zusammen mit der mittleren, relativen TVD für jede AOI des Itempaares Nr. 2 dargestellt. Hierbei wurde die TVD der einzelnen AOIs jeweils relativ zur TVD des gesamten Graphbereichs (AOI 8) berechnet. Alle signifikanten Ergebnisse beziehen sich auf längere, relative TVDs als in dem jeweils anderen Item und sind in Abb. 11.2 visualisiert. Die beiden Achsenbeschriftungen (AOI 1 und 5), die x-Achse (AOI 4) und der Koordinatenursprung (AOI 3) wurden in Item K2 signifikant länger betrachtet als in Item M2. In Item M2 wurden die beiden linearen Funktionen (AOI 6 und 7) signifikant länger als in Item K2 betrachtet.

Tab. 11.1 Durchschnittliche, relative TVD (Mean) pro Area of Interest (AOI) mit Standardfehler (SE) für das Kinematik-Item (K) und das Mathematik-Item (M). Die korrigierten p-Werte des Wilcoxon-Tests (p (adj.)) und Effektgrößen r mit 95 % Konfidenzintervallen (CI) sind für alle Wilcoxon-Tests mit $p < 0,05$ angegeben (Stichprobe: M2 und K2 bearbeitet)

AOI	$Mean_M$	SE_M	$Mean_K$	SE_K	p (adj.)	r	CI
1	0,01	<0,01	0,08	0,01	<0,001	0,792	[0,747; 0,859]
3	<0,01	<0,01	0,01	<0,01	<0,001	0,486	[0,390; 0,595]
4	<0,01	<0,01	0,01	<0,01	0,003	0,271	[0,105; 0,440]
5	<0,01	<0,01	0,06	0,01	<0,001	0,758	[0,721; 0,801]
6	0,44	0,02	0,30	0,01	<0,001	−0,535	[−0,672; −0,407]
7	0,36	0,02	0,31	0,01	0,005	−0,259	[−0,439; −0,104]

11.5.2 Itempaar Nr. 2 (M2 und K2 richtig gelöst)

Eine Einschränkung der Stichprobe ausschließlich auf Personen, die sowohl Item M2 als auch Item K2 richtig beantwortet haben, führt zu einer Verstärkung der in Abschn. 11.5.1 gemachten Beobachtungen. Es werden nun alle Achsenbereiche in Item K2 länger als in Item M2 betrachtet (Abb. 11.3). Die Ergebnisse des Wilcoxon-Tests sind in Tab. 11.2 zusammengefasst.

Zusammenfassend zeigen die Ergebnisse der Eyetracking-Analyse eine höhere Informationsentnahme aus den Achsenbereichen bei Item K2 als bei Item M2, insbesondere für die Teilstichprobe der Lernenden, die beide Items korrekt gelöst haben. Außerdem zeigt die Analyse, dass die Lernenden im Mathematik-Item länger auf die Funktionsgraphen schauen als im Physik-Item. Dies deutet darauf hin, dass korrekte Lösungsstrategien in Physik stärker als in Mathematik von Informationen auf den Achsen abhängen. In Mathematik sind die Achseninformationen oft redundant, sodass ihnen weniger Beachtung geschenkt wird und hier mehr Fokus auf die Funktionsgraphen gelegt werden kann.

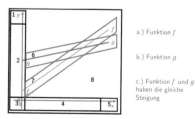
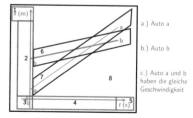

Abb. 11.3 Ähnliches Itempaar Nr. 2 aus dem verwendeten Testinstrument; links: mathematischer Kontext (M2), rechts: kinematischer Kontext (K2). Der Diagrammbereich jedes Items ist in AOIs 1–8 unterteilt. AOIs mit deutlich längeren TVDs als im ähnlichen Item sind rot markiert (Stichprobe: M2 und K2 richtig gelöst)

Tab. 11.2 Durchschnittliche, relative TVD (Mean) pro Area of Interest (AOI) mit Standardfehler (SE) für das Kinematik-Item (K) und das Mathematik-Item (M). Die korrigierten p-Werte des Wilcoxon-Tests (p (adj.)) und Effektgrößen r mit 95 % Konfidenzintervallen (CI) sind für alle Wilcoxon-Tests mit $p < 0{,}05$ angegeben (Stichprobe: M2 und K2 richtig gelöst)

AOI	Mean$_M$	SE$_M$	Mean$_K$	SE$_K$	p (adj.)	r	CI
1	0,01	<0,01	0,08	0,01	<0,001	0,783	[0,732; 0,867]
2	0,08	0,01	0,09	0,01	0,011	0,248	[0,069; 0,424]
3	<0,01	<0,01	0,01	<0,01	<0,001	0,452	[0,342; 0,583]
4	<0,01	<0,01	0,01	<0,01	0,001	0,322	[0,165; 0,500]
5	<0,01	<0,01	0,06	0,01	<0,001	0,749	[0,708; 0,797]
6	0,44	0,02	0,3	0,01	<0,001	−0,578	[−0,720; −0,456]
7	0,36	0,02	0,31	0,01	0,011	−0,248	[−0,436; −0,066]

11.6   Zusammenfassung und Ausblick

In dieser Eyetracking-Studie wurde ein validiertes Testinstrument zu linearen Graphen im mathematischen und kinematischen Kontext bei Schülerinnen und Schülern der Sekundarstufe II eingesetzt. Anhand eines ausgewählten ähnlichen Itempaares zum Vergleich der Steigung zweier linearer Graphen konnte gezeigt werden, dass sich das Blickverhalten zwischen dem kinematischen und dem mathematischen Kontext grundlegend voneinander unterscheidet. So war die visuelle Aufmerksamkeit auf den Funktionsgraphen im mathematischen Kontext signifikant höher, während bei der Lösung des Kinematik-Items die Achsenbereiche signifikant länger fixiert wurden. Dieser Kontextabhängigkeit von visueller Strategie bei Schülerinnen und Schülern sollten sich Lehrkräfte bewusst sein. Sie sollte auch bei der Erstellung von Lernmaterialien sowie der didaktischen Unterrichtsplanung angemessen berücksichtigt werden. Dadurch wird Transferschwierigkeiten von mathematischen Prozeduren in spezifische Kontexte vorgebeugt. Eine gezielte Verknüpfung von Mathematik- und Physikunterricht könnte dabei einerseits dazu beitragen, den Transfer mathematischer Verfahren zur Lösung physikalischer Problemstellungen zu fördern, andererseits aber auch die Mathematik mit einer Anwendung zu verbinden.

Das Testinstrument enthält noch weitere Itemtypen, bei denen als Nächstes untersucht werden soll, inwieweit sich aus der Analyse des Blickverhaltens auch bei diesen Itemtypen Erkenntnisse über Unterschiede in den visuellen Lösungsstrategien sowie Transferschwierigkeiten gewinnen lassen. Hierbei ist insbesondere eine Triangulation der Eyetracking-Daten mit verbalen Daten der Schülerinnen und Schüler zu deren Lösungsstrategien vorgesehen, um tiefergehende Einblicke in deren Lernschwierigkeiten zu gewinnen. Perspektivisch könnten die Erkenntnisse in einer adaptiven Lernumgebung genutzt werden, um Schwierigkeiten bei der Übertragung mathematischer Verfahren in physikalische Zusammenhänge während des Lösungsprozesses anhand der Blickdatenerfassung zu erkennen und auf dieser Grundlage automatisch Hilfestellungen anzubieten, noch bevor die Aufgabe falsch gelöst wurde. Diese Studie ist ein erster Ansatz auf der Suche nach geeigneten Kriterien zur Entscheidungsfindung. Darauf aufbauend können Untersuchungen in Echtzeit stattfinden.

Literatur

Ainsworth, S. (2006). Deft: A conceptual framework for considering learning with multiple representations. *Learning and Instruction, 16*(3), 183–198.

Alemdag, E., & Cagiltay, K. (2018). A systematic review of eye tracking research on multimedia learning. *Computers & Education, 125,* 413.

Beichner, R. J. (1993). *Third misconceptions seminar proceedings.*

Benjamini, Y., & Hochberg, Y. (1995). Controlling the false discovery rate: A practical and powerful approach to multiple testing. *Journal of the Royal Statistical Society: Series B (Methodological), 57,* 289.

Bortz, J., & Schuster, C. (2010). *Statistik für Human- und Sozialwissenschaftler* (7. Aufl.). Springer-Lehrbuch.

Ceuppens, S., Bollen, L., Deprez, J., Dehaene, W., & de Cock, M. (2019). 9th grade students' understanding and strategies when solving $x(t)$ problems in 1d kinematics and $y(x)$ problems in mathematics. *Physical Review Physics Education Research, 15, 010101.*

Christensen, W. M., & Thompson, J. R. (2012). Investigating graphical representations of slope and derivative without a physics context. *Physical Review Special Topics-Physics Education Research, 8, 023101.*

Cohen, J. (1988). *Statistical power analysis for the behavioral sciences Second Edition,* (S. 285–288). Lawrence Erlbaum Associates.

Even, R. (1998). Factors involved in linking representations of functions, *The Journal of Mathematical Behavior, 17,*105.

Fritz, C. O., Morris, P- E., & Richler, J. J. (2012). Effect size estimates: Current use, calculations, and interpretation. *Journal of Experimental Psychology: General, 141*(2), 2–18.

Glazer, N. (2011). Challenges with graph interpretation: A review of the literature, *Studies in Science Education, 47*(183, 183–210.

Ivanjek, L., Susac, A., Planinic, M., Andrasevic, A., & Milin-Sipus, Z. (2016). Student reasoning about graphs in different contexts. *Physical Review Physics Education Research, 12, 010106.*

Klein, P., Küchemann, S., Brückner, S., Zlatkin-Troitschanskaia, O., & Kuhn, J. (2019). Student understanding of graph slope and area under a curve: A replication study comparing first-year physics and economics students. *Physical Review Physics Education Research, 15, 020116.*

Lai, M.-L., Tsai, M.-J., Yang, F.-Y., Hsu, C.-Y., Liu, T.-C., Lee, S. W.-Y., Lee, H.-M., Chiou, G.-L., Liang, J.-C., & Tsai, C.-C. (2013). A review of using eye-tracking technology in exploring learning from 2000 to 2012. *Educational Research Review, 10*(90), 90–115.

Leinhardt, G., Zaslavsky, O., & Stein, M. K. (1990). Functions, graphs, and graphing: Tasks, learning, and teaching. *Review of Educational Research, 60*(1), 1–64.

Mayer, R. E. (2009). *Multimedia learning* (2. Aufl.). Cambridge University Press.

McDermott, L.C., Rosenquist, M. L., & Van Zee, E. H. (1987). Student difficulties in connecting graphs and physics: Examples from kinematics. *American Journal of Physics, 55*(6), 503–513.

National Research Council. (2012). *Education for life and work: Developing transferable knowledge and skills in the 21st century.* National Academies Press.

Nieminen, P., Savinainen, A., & Viiri, J. (2010). Force concept inventory-based multiple-choice test for investigating students' representational consistency. *Physical Review Special Topics – Physics Education Research, 6.*

Planinic, M., Milin-Sipus, Z., Katic, H., Susac, A., & Ivanjek, L. (2012). Comparison of student understanding of line graph slope in physics and mathematics. *International Journal of Science and Mathematics Education,10*(6), 1393–1414.

Pollock, E. B., Thompson, J. R., & Mountcastle, D. B. (2007). Student understanding of the physics and mathematics of process variables in p-v diagrams. *AIP Conference Proceedings, 951*(1), 168–171.

Redish, E. F., & Kuo, E. (2015). Language of physics, language of math: Disciplinary culture and dynamic epistemology. *Science & Education, 24,* 561–590.

Salvucci, D. D., & Goldberg, J. H. (2000). *Identifying fixations and saccades in eye-tracking protocols. In Proceedings of the 2000 symposium on Eye tracking research & applications (ETRA '00). Association for Computing Machinery, New York, NY, USA*, 71–78.

Scheiter, K., Schubert, C., Schüler, A., Schmidt, H., Zimmermann, G., Wassermann, B., Krebs, M.-C., & Eder, T. (2019). Adaptive multimedia: Using gaze-contingent instructional guidance to provide personalized processing support, *Computers & Education, 139,* 31–47.

Schüler, A. (2017). Investigating gaze behavior during processing of inconsistent text-picture information: Evidence for text-picture integration. *Learning and Instruction, 49,* 218–231.

Strohmaier, A. R., MacKay, K. J., Obersteiner, A., & Reiss, K. M. (2020). Eye-tracking methodology in mathematics education research: A systematic literature review. *Educational Studies in Mathematics, 104,* 147–200.

Susac, A., Bubic, A., Kazotti, E., Planinic, M., & Palmovic, M. (2018). Student understanding of graph slope and area under a graph: A comparison of physics and nonphysics students. *Physical Review Physics Education Research, 14, 020109.*

Tobii, A. B. (2016). User's manual–Tobii Studio Version 3.4. 5. *Tobii AB.*

Wemyss, T., & van Kampen, P. (2013). Categorization of first-year university students' interpretations of numerical linear distance-time graphs. *Physical Review Special Topics-Physics Education Research, 9, 010107.*

Erste Schritte zur automatisierten Generation von Items in einem webbasierten Tracingsystem

12

Morten Bastian⊙ und Andreas Mühling⊙

Inhaltsverzeichnis

12.1 Einleitung 194
12.2 Bisherige Forschung 195
    12.2.1 Tracing als Vorläuferfähigkeit 195
    12.2.2 Wege zur Bestimmung der Itemschwierigkeit eines Messinstruments 196
12.3 Testsystem 197
12.4 Vorstudie 198
    12.4.1 Datenerhebung und Auswertungsmethode 198
    12.4.2 Ergebnisse 199
    12.4.3 Diskussion 199
12.5 Hauptstudie 201
12.6 Aktuelle Studie 202
    12.6.1 Stichprobe 202
    12.6.2 Auswertungsmethode 203
    12.6.3 Ergebnisse 203
12.7 Diskussion 205
12.8 Einschränkungen 208
12.9 Fazit und Ausblick 208
Literatur 209

M. Bastian (✉) · A. Mühling
Institut für Informatik, Universität Kiel, Kiel, Deutschland
E-Mail: mba@informatik.uni-kiel.de

A. Mühling
E-Mail: andreas.muehling@informatik.uni-kiel.de

© Der/die Autor(en) 2023
J. Roth et al. (Hrsg.), *Die Zukunft des MINT-Lernens – Band 1*,
https://doi.org/10.1007/978-3-662-66131-4_12

12.1   Einleitung

Programmieren ist eine Kompetenz, die in den letzten Jahren immer mehr an Bedeutung gewinnt. Ein Beispiel dafür ist, dass es explizit als eine Fähigkeit für das lebenslange Lernen aufgezählt wird (Europäische Union, 2018). Eng verknüpft mit dem Programmieren und auch im schulischen Kontext international relevant ist das Computational Thinking.

> **Computational Thinking**
> Computational Thinking bezieht sich auf die Fähigkeit einer Person, Aspekte realweltlicher Probleme zu identifizieren, die für eine (informatische) Modellierung geeignet sind, algorithmische Lösungen für diese (Teil-)Probleme zu bewerten und selbst so zu entwickeln, dass diese Lösungen mit einem Computer operationalisiert werden können. Die Modellierungs- und Problemlösungsprozesse sind dabei von einer Programmiersprache unabhängig (vgl. Fraillon et al., 2020).

Die damit verbundenen Fähigkeiten werden zukünftig auch vermehrt in Studium und Beruf relevant sein (Weintrop et al., 2016) und sind daher inzwischen auch Teil der *International Computer and Literacy Study* (Fraillon et al., 2020).

Häufig werden die Konzepte des Computational Thinking durch das Programmieren von einfachen Systemen, die auf Grundkonzepte des Programmierens abzielen, gelehrt (Rose, 2019). In der Programmierung – wenigstens in imperativen Sprachen – werden einzelne Anweisungen durch die sogenannten Kontrollstrukturen Sequenz, Wiederholung und Bedingung zu komplexen Programmen zusammengefügt (Rose, 2019).

Diese Bausteine von Programmen sind syntaktisch und semantisch eindeutig definiert, nur deswegen ist ein Programm von einer Maschine ausführbar. Daher eignen sich Programmieraufgaben sehr gut für eine automatisierte Bewertung (Keuning et al., 2019) und mutmaßlich auch für eine automatisierte Diagnostik von zum Beispiel typischen Fehlvorstellungen. Seit Langem sind verschiedene Fehlvorstellungen bekannt, die bei dem Umsetzen einer Problemlösung als Programm auftreten (z. B. Pea, 1986; Sorva, 2012).

Progly[1] ist ein webbasiertes Testsystem, das die Durchführung von sogenannten Tracingaufgaben (siehe unten) erlaubt (Bastian et al., 2021). Durch die im System gesammelten Daten können Rückschlüsse auf Fehlvorstellungen gezogen werden,

---

[1] Bei Interesse an dem Testsystem wenden Sie sich bitte direkt an die Autoren. Es ist geplant, das System in der Zukunft öffentlich bereitzustellen.

die Auswertung der Aufgaben erfolgt automatisch. In diesem Beitrag präsentieren wir die Ergebnisse einer Studie, die das Ziel verfolgt, neue Erkenntnisse im Kontext der Itemkonstruktion für Tracingaufgaben zu gewinnen. Dabei liegt der Fokus auf dem Erzeugen von Items mit einer vorhersagbaren Schwierigkeit sowie einer Ausweitung des Itempools durch Modifikationen von Items, ohne dabei deren wesentliche schwierigkeitsgenerierende Merkmale zu verändern.

12.2   Bisherige Forschung

12.2.1 Tracing als Vorläuferfähigkeit

Empirisch belegt ist eine Serie von Entwicklungsschritten, die Personen beim Programmierenlernen durchlaufen (Lopez et al., 2008). Während sie zunächst nur in der Lage sind, einzelne Programmzeilen in ihrer Auswirkung zu erfassen, erweitert sich das Verständnis über zunächst Blöcke bis hin zu ganzen Programmen. Dem zugeordnet sind die Fertigkeiten des Tracings, des Erklärens und schließlich des eigenständigen Schreibens von Programmen bzw. Programmfragmenten. Das Tracing ist somit eine erste Fertigkeit, die Lernende entwickeln und die man überprüfen kann (Lopez et al., 2008).

> **Tracing**
> Tracing beschreibt eine schrittweise, gedankliche Ausführung eines konkreten Programmablaufs und die Fähigkeit, die Auswirkung eines Programmschritts, insbesondere den nächsten auszuführenden Schritt, bestimmen zu können (vgl. Perkins et al., 1986).

Die Relevanz des Tracings nimmt auch mit fortschreitender Expertise nicht ab. Im Besonderen die Tätigkeit des Debuggings wird von dieser Fertigkeit beeinflusst. Debugging bezeichnet die erfolgreiche, typischerweise systematische Identifikation und Behebung von Fehlern in einem Programm. Das Fehlen einer ausgeprägten Tracingfähigkeit führt zu geringeren Leistungen im Debugging (Lister et al., 2004).

Beim Tracing eines Programms durch eine Person kann es zu Abweichungen von der korrekten Folge der während eines Programmablaufs ausgeführten Anweisungen – im Rahmen des Beitrags verwenden wir hierfür im Folgenden den englischen Begriff *Trace* – kommen. Neben Flüchtigkeitsfehlern können aufgrund der semantisch eindeutigen Definition von Programmen und ihren Bausteinen diese Abweichungen nur durch fehlendes oder falsches Wissen (im Sinne einer Fehlvorstellung) über die Funktionsweise ausgelöst werden.

Ein Beispiel dafür ist das *vorzeitige Abbrechen einer Wiederholung mit Abbruch-bedingung* (Pea, 1986). Es konnte gezeigt werden, dass diese Fehlvorstellungen bei Lernenden unabhängig von der genutzten Programmiersprache und des Alters auftreten können (Pea, 1986; Sorva, 2012).

Tracingaufgaben sind somit – speziell, aber nicht ausschließlich – im Anfangs-unterricht zum Thema Programmieren eine sehr wertvolle Informationsquelle für Lehrende, da aus falschen Antworten sehr schnell und sehr spezifisch auf bekannte Lernprobleme geschlossen werden kann. Daher bilden sie die Grundlage des in diesem Beitrag verwendeten Testsystems. Gleichzeitig ist die Struktur typischer Tracingaufgaben sehr einfach und sie eignen sich somit gut für eine automatische Generierung. Dies begünstigt eine einfache Skalierbarkeit eines existierenden Testsystems, da der Itempool damit auch bei wiederholter Anwendung, zum Bei-spiel als Lernverlaufsdiagnostik, nicht erschöpft wird (Klauer, 2014). Gestaltet man den Test darüber hinaus adaptiv, können diagnostische Informationen sehr zeitökonomisch im Unterricht gesammelt werden (Frey, 2012).

12.2.2 Wege zur Bestimmung der Itemschwierigkeit eines Messinstruments

Für eine perspektivisch automatische Generierung von Items mit spezifischen Eigenschaften ist es nötig, ein Maß für die Itemschwierigkeit von Tracingaufgaben zu haben, das sich auch auf potenziell noch unbekannte Items anwenden lässt. Zur Bestimmung der Itemschwierigkeit existieren grundsätzlich verschiedene Möglichkeiten (vgl. Choi & Moon, 2020; Moosbrugger & Kelava, 2012; Duran et al., 2018):

1. Normativ durch die Bewertung von Expertinnen und Experten,
2. Empirisch durch die Pilotierung von Items,
3. Durch analytische Indikatoren, die für die (theoretische) Bestimmung der Schwierigkeit ausgewertet werden können.

Speziell für den hier relevanten Kontext hat die dritte Vorgehensweise den Vor-teil, dass sie in einem System implementiert und damit ad hoc für neue Items angewendet werden kann. Die empirische Ermittlung kann hingegen nur post hoc angewendet werden. Eine normative Bewertung kann grundsätzlich eben-falls nur post hoc stattfinden. Wenn feste Bewertungskriterien der Expertinnen und Experten bekannt sind, wäre es jedoch denkbar, diese zu implementieren und im Sinne von Indikatoren ad hoc für eine Einschätzung der Schwierigkeiten zu berücksichtigen.

Im Rahmen einer Vorstudie (siehe Abschn. 12.4) werden die drei Verfahren anhand von gegebenen Items evaluiert. Weitergehend wird sich der Forschungs-frage gewidmet, ob auf Basis der ermittelten Rangfolgen der Schwierigkeiten ein Konsens – im Sinne einer Regelmenge –, der für die Konstruktion von neuen Items einer bestimmten Schwierigkeit nutzbar ist, ermittelt werden kann.

12.3   Testsystem

Das genutzte Testsystem ist eine digitale Weiterentwicklung eines psycho-metrischen Tests (Mühling et al., 2015). In einer Vorstudie konnte die Validität des hier als Grundlage genutzten Messinstruments bestätigt werden und es konnten mit dem Testsystem 24 Fehlvorstellungen in 5 übergeordneten Kategorien identifiziert werden (Bastian et al., 2021). Der in der vorangegangenen Studie genutzte Test besteht aus insgesamt 9 Items, die in einer festen Reihenfolge präsentiert werden. In diesem Beitrag werden diese (alten) Items als A1–A9 bezeichnet.

Zur Durchführung einer Messung wird keine spezielle Software, sondern lediglich ein Browser und eine Internetverbindung benötigt. Das Design des Testsystems erlaubt eine Durchführung am PC, Laptop oder Tablet.

Während einer Messung wird für jedes Item die Umgebung aus Abb. 12.1 angezeigt. Sie besteht aus einem 8×8 Feld, einem vorgegebenen Programm, den

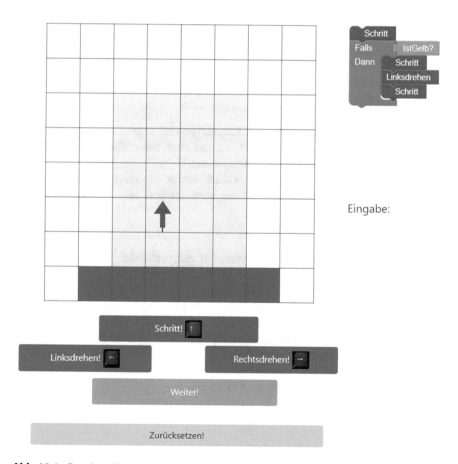

Abb. 12.1 Startdarstellung des Items I4 (siehe Abschn. 12.4.1)

Kontrollknöpfen zum Bewegen der Figur, einem „Zurücksetzen!"-Knopf und einer Anzeige bzgl. der eingegebenen Sequenz. Bewegungen können mittels der Knöpfe oder der Tastatur erfolgen. Die bewegliche Figur wird durch einen roten Pfeil gekennzeichnet. Die Pfeilspitze gibt an, in welche Richtung die Figur „blickt". Vor der Messung werden alle Blöcke, die während einer Messung vorkommen, erklärt. Die Blöcke orientieren sich dabei an üblichen Programmiersprachen, sind aber von der expliziten Syntax einer speziellen Programmiersprache abstrahiert. Zur Darstellung der Blöcke wird die freie Bibliothek „Blockly"[2] verwendet, sodass die Darstellung eine Ähnlichkeit zu typischen visuellen Programmiersprachen, wie zum Beispiel Scratch (Resnick et al., 2009), aufweist.

Die gestellte Aufgabe besteht darin, die Figur genauso zu bewegen, wie es das vorgegebene Programm angibt. Dabei können die teilnehmenden Personen die Eingabe jederzeit zurücksetzen und neu beginnen.

Im Anschluss an den Test folgt eine kurze Befragung zu Alter, Geschlecht und Lernort (Schule/Universität). Am Ende wird die Anzahl der korrekt gelösten Items angezeigt. Während der Messung gab es kein Feedback seitens des Systems. Zur Auswertung der Antworten wird der zuletzt eingegebene Trace auf seine Korrektheit überprüft. Es wird jedoch die gesamte Interaktion – inklusive des Zurücksetzens – für mögliche Analysen gespeichert.

12.4   Vorstudie

Im Rahmen der Vorstudie werden die Schwierigkeiten bereits existierender Items, die im Testsystem umgesetzt wurden, mittels drei unterschiedlicher Verfahren ermittelt. Die Forschungsfrage zur Vorstudie lautet:

Lassen sich anhand empirischer Daten sowie normativer und Indikator-gestützter Bewertung existierender Items schwierigkeitsgenerierende Merkmale ermitteln?

12.4.1 Datenerhebung und Auswertungsmethode

Zur empirischen Ermittlung der Schwierigkeit wurden Daten erhoben und ein Rasch-Modell gefittet (Bastian et al., 2021). Die Ergebnisse dieser Studien hinsichtlich der Rangfolge der Schwierigkeiten der Items A1–A9 werden hier übernommen und durch ein Expertenrating (Hughes, 1996) ergänzt. Dieses wurde von zwei Informatik-Lehrkräften aus Schleswig-Holstein durchgeführt. Die gestellte Aufgabe für die Lehrkräfte bestand darin, die Items gemeinsam nach den von ihnen angenommenen Schwierigkeiten zu sortieren.

---

[2] Siehe auch: https://developers.google.com/blockly.

Als Indikator-gestütztes Maß wurde das von Duran et al. (2018) vorgestellte *Cognitiv Complexity of Computer Programs (CCCP)* Framework angewandt. Es definiert für ein gegebenes Programm ein hierarchisches Baummodell anhand von festen Regeln. Die nötigen Ebenen um das Programm als Baum darzustellen, ergeben die „Komplexität" des Programms. Wir verwenden dieses Maß als Indikator für die Itemschwierigkeit, relevant ist hierbei nicht der absolute Wert, sondern der relative Vergleich der Werte verschiedener Items. Ein Beispiel für solch einen Baum ist für das vorgestellte Beispiel-Item I4 (Abb. 12.1) in Abb. 12.2 dargestellt.

Um einen „Konsens" zwischen diesen drei Verfahren zu bilden, wurden die Ergebnisse aggregiert, indem jedem Item anhand der Position in der jeweiligen Rangfolge eine Kennzahl von 1 bis 9 bzw. im CCCP-Framework aufgrund gleicher Komplexitäten von 1 bis 4 zugeordnet wird. Daraufhin wurden diese Werte gewichtet, indem sie durch die Summe der vergebenen Werte geteilt wurden (bei Rasch und dem Expertenrating durch 45 und bei CCCP durch 28). Als abschließender Schritt wurden diese Werte summiert.

12.4.2 Ergebnisse

Die empirische Ermittlung der Schwierigkeiten wurde mithilfe des Rasch-Modells durchgeführt (Bastian et al., 2021). Die Rangfolge, die sich dabei ergibt, ist:
A1 < A2 < A6 < A3 < A7 < A8 < A9 < A4 < A5.
Die gemeinsam von den Experten erzeugte Rangfolge ist:
A1 < A2 < A6 < A5 < A3 < A7 < A4 < A9 < A8.
Für das CCCP-Framework gibt es für die Items Fälle, in denen mehrere Items dieselbe Komplexität aufweisen, die erzeugte Rangfolge mit diesem Verfahren ist:
A1 < A2 < A3 = A4 = A8 < A5 = A6 = A7 = A9.
Aus diesen drei Rangfolgen und der gewählten Methode der Aggregation ergibt sich die „gemeinsame" Rangfolge als:
A1 < A2 < A6 < A3 < A7 < A5 < A8 < A4 < A9.

12.4.3 Diskussion

Die Ergebnisse unterscheiden sich zwischen den Verfahren an mehreren Stellen. Gleichzeitig sind alle Verfahren durch spezifische Merkmale beeinflusst: Die empirischen Schwierigkeiten können zum Beispiel durch Flüchtigkeitsfehler beeinflusst sein. Das analytische Maß des CCCP-Modells bezieht diese nicht mit ein, zeigt aber für die einfachen Programmfragmente nur geringe Varianz und kann sich durch gezielte geringe Modifikationen eines Programms verändern, ohne dass diese Veränderungen auch eine gesteigerte empirische Schwierigkeit nahelegen. Die normative Rangfolge basiert wiederum auf den subjektiven Erfahrungen der Lehrkräfte.

Durch die Aggregation der Rangfolgen lässt sich somit möglicherweise ein reliableres Bild der Schwierigkeiten bestimmter Aufgaben ermitteln. Aus der

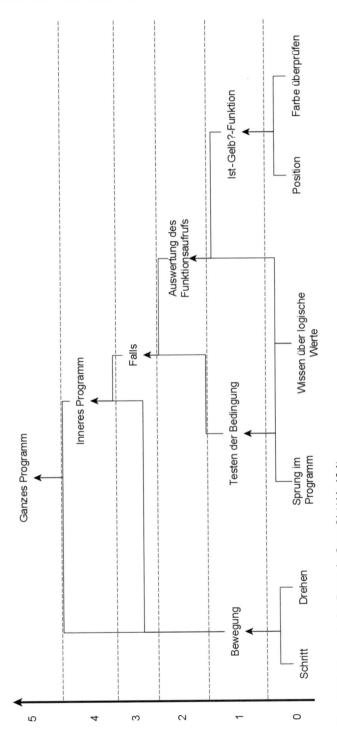

Abb. 12.2 Hierarchischer Baum des Items I4 (Abb. 12.1)

Analyse der aggregierten Rangfolge der Items lassen sich mögliche Regeln für die Generierung von Items formulieren:

Das Konzept der *Wiederholung mit fester Anzahl an Iterationen* (A2) ist leichter als eine *bedingte Anweisung ohne Alternative* (A5), bei der die Bedingung wahr ist und bleibt, die wiederum leichter ist als eine *Wiederholung mit Abbruchbedingung* (A4).

Diese Regeln sollen in der nachfolgenden Studie als Ausgangspunkt für eine empirische Überprüfung der Itemschwierigkeiten verwendet werden.

12.5 Hauptstudie

In der aktuellen Studie soll anhand der vorbereitenden Ergebnisse aus der Vorstudie eine Forschungsfrage explorativ überprüft werden:

Kann man theoriegeleitet anhand von schwierigkeitsgenerierenden Merkmalen Tracingitems erzeugen, die empirisch eine vorhersehbare Schwierigkeit aufweisen?

Es wurden dafür neue Items (I1–I9) konstruiert (Tab. 12.1), die sich im Gegensatz zu den Items der Vorstudie zunächst auf die Konzepte *Wiederholung mit Abbruchbedingung* und *bedingte Anweisung mit und ohne Alternative* fokussieren. Ziel bei der Konstruktion der Items war es, zwei Teilfragen beantworten zu können:

1. Ordnen sich die Schwierigkeiten von neu und vergleichbar zu A2, A5 und A4 konstruierten Items identisch zu den abstrahierten Regeln der Vorstudie an? Vergleichbar heißt in diesem Fall, dass sie zum einen die gleichen Kontrollstrukturen und zum anderen die gleichen Fehlvorstellungen überprüfen.
2. Weisen Items mit leichten Modifikationen, die das analytische Maß verändern, auch empirisch andere Itemschwierigkeiten auf? Leichte Modifikationen

Tab. 12.1 Im Test genutzte Items

Bezeichner	Beschreibung
I1	Sequenz von einfachen Anweisungen
I2	Wiederholung mit einer festen Anzahl an Iterationen
I3	Bedingte Anweisung mit wahrer Bedingung ohne Alternative
I4	Bedingte Anweisung mit wahrer Bedingung ohne Alternative und einer einfachen Anweisung vor der bedingten Anweisung
I5	Bedingte Anweisung mit wahrer Bedingung und mit Alternative
I6	Bedingte Anweisung mit falscher Bedingung und mit Alternative
I7	Wiederholung mit einer Abbruchbedingung
I8	Wiederholung mit einer Abbruchbedingung
I9	Wiederholung mit einer Abbruchbedingung und zwei einfachen Anweisungen nach der Wiederholung

Tab. 12.2 Erwartete Fehlvorstellungen bei den in der Studie genutzten Items

Bezeichner	Fehlvorstellung
I3 & I4	Bedingte Anweisung als Wiederholung
I5	Ausführen der Alternative nach der korrekten Ausführung der Anweisungen im Dann-Fall
I6	Die Alternative der bedingten Anweisung wird wiederholt ausgeführt (Bedingung bleibt unwahr)
I7 & I9	Vorzeitiges Abbrechen der Wiederholung mit Abbruchbedingung
I7 & I8 & I9	Wiederholung mit Abbruchbedingung wird als bedingte Anweisung ohne Alternative ausgeführt

beinhalten in diesem Kontext 1) das Hinzufügen von einfachen Anweisungen vor oder nach einer bedingten Anweisung oder Wiederholung mit Abbruchbedingung, 2) das Verändern der einfachen Anweisungen innerhalb einer Wiederholung bzw. bedingten Anweisung und 3) das Verändern der Anzahl an einfachen Anweisungen innerhalb einer Wiederholung bzw. bedingten Anweisung oder die Umpositionierung der Figur.

Item I2, I4, I7 und I9 wurden so konstruiert, dass sie vergleichbar mit den Items A2, A4 und A5 der Vorstudie (Bastian et al., 2021) sind. Erwartet wird, dass I2 auf jeden Fall vor I4 und diese beiden vor I7 bzw. I9 in der Rangfolge auftauchen. Zudem wurden die Itempaare I3 und I4, I5 und I6 sowie I7 und I8 bzw. I9 jeweils so konstruiert, dass sie im Vergleich zueinander leichte Modifikationen aufweisen.

Die Fehlvorstellungen, die durch die jeweiligen Items überprüft werden sollen, sind in Tab. 12.2 angegeben.

12.6 Aktuelle Studie

12.6.1 Stichprobe

Die Überprüfung der Forschungsfrage erfolgt im Rahmen einer Studie, die an drei Schulen in Norddeutschland und mit Studierenden an der Christian-Albrechts-Universität zu Kiel im Rahmen einer Informatik-Erstsemesterveranstaltung durchgeführt wurde.

Insgesamt haben 273 Personen an der Studie teilgenommen. Zwei Personen wurden aus den Analysen entfernt, da sie keine Eingaben getätigt haben. Die Durchführung des Tests (inklusive des Lesens der Einführung) hat – ohne Berücksichtigung von 11 Personen mit Zeitwerten von mehreren Stunden – im Mittel 6,49 min gedauert.

Aus den Schulen haben 202 Personen (w: 60, m: 131 und 11 divers oder keine Angabe) an der Studie teilgenommen. Das mittlere Alter der teilnehmenden

Personen beträgt zum Zeitpunkt der Studie 13,2 (SD: 1,9; $N = 195$). 7 Personen haben unrealistische Angaben (Alter ≥ 20) getätigt. Da von ihnen aber sinnvolle Traces während der Messung erzeugt wurden, wurden diese Personen nicht für die Analysen entfernt.

Aus der Universität haben 69 Personen (w: 19, m: 44 und 6 divers oder keine Angabe) an der Studie teilgenommen. Das mittlere Alter der teilnehmenden Personen beträgt zum Zeitpunkt der Studie 21,4 (SD: 4,0).

Die Studie wurde im Rahmen des regulären Unterrichts in der Schule und in Eigenarbeit an der Universität im Zeitraum vom 06.12.2021 bis zum 14.01.2022 durchgeführt.

12.6.2 Auswertungsmethode

Zur Überprüfung der Forschungsfrage in der aktuellen Studie wird auf die latente Modellierung mittels des in bildungswissenschaftlichen Studien üblichen Rasch-Modells zurückgegriffen (Bartholomew et al., 2008). Untersucht werden neben der EAP- und WLE-Reliabilität auch der In- und Outfit der Items. Eine weiter-führende Analyse der Differenzen der relevanten Itemschwierigkeiten (siehe Abschn. 12.5) wird mittels Chi-Quadrat-Tests überprüft. Alle Analysen erfolgten mit GNU-R. Das Rasch-Modell wurde unter der Verwendung des Pakets TAM (Version: 3.6–45) gefittet.

Die Traces werden auf die erwarteten Fehlvorstellungen untersucht. Die Ein-ordnung erfolgt dabei automatisiert und anhand der Ergebnisse der vorherigen Studie (Bastian et al., 2021).

12.6.3 Ergebnisse

Für die Auswertungen der Daten wurde das Item I1 aus den Datensätzen entfernt, da es als Probe-Item für einen Einstieg in den Test und das zu nutzende System gedacht war. Es sollte somit eine „Eisbrecherfunktion" erfüllen (Moosbrugger & Kelava, 2012).

Abb. 12.3 stellt die Wright Map des Modells dar. Das Modell weist eine gute EAP- und WLE-Reliabilität mit EAP: 0,73 und WLE: 0,61 auf. Einzig die In- und Outfit-Werte für das Item I4 weisen erhöhte Werte auf. In der Tab. 12.3 sind die jeweiligen Schwierigkeiten und der In- und Outfit für die jeweiligen Items angeben.

Eine Überprüfung der Differenzen bzgl. der relevanten Schwierigkeits-paarungen kann in der Tab. 12.4 eingesehen werden. Lediglich für die Paarung I3 und I4 zeigt sich keine Signifikanz.

Insgesamt wurden alle 974 falschen der insgesamt 2168 Traces auf ihre Fehlerursachen überprüft. Zuvor noch nicht beschriebene Fehler – aufgrund der geänderten Items – wurden im Autorenteam diskutiert und manuell codiert. Dabei handelt es sich um 221 inkorrekte Traces, die in drei Fehlerarten eingeordnet

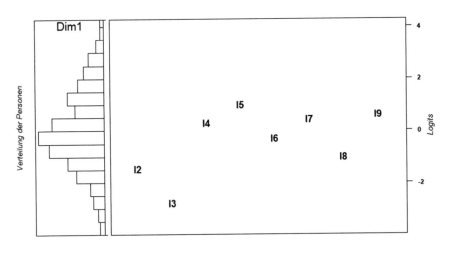

Abb. 12.3 Wright Map des ermittelten Rasch-Modells

Tab. 12.3 Ermittelte Schwierigkeit, Infits und Outfits der Items

Bezeichner	Schwierigkeit	Infit	Outfit
I2	-1,44	1,09	1,27
I3	-2,76	1,02	1,28
I4	0,31	1,43	1,69
I5	1,02	0,87	0,77
I6	-0,28	0,94	0,85
I7	0,46	0,85	0,81
I8	-1,00	0,93	0,87
I9	0,63	0,84	0,76

Tab. 12.4 Ermittelte p-Werte der Chi-Quadrat-Tests für die relevanten Vergleiche der Schwierigkeiten

Item 1	Item 2	χ^2 (df = 1)	p
I3	I4	0,73	0,39
I5	I6	75,92	< 0,001
I7	I8	79,19	< 0,001
I7	I9	139,58	< 0,001
I8	I9	68,98	< 0,001

Tab. 12.5 Beispiele bisher nicht beschriebener Fehlvorstellungen bei den Items I5 und I6

Fehlvorstellung	Korrekter Trace	Falscher Trace
Alternative ausgeführt, ggf. auch als Wiederholung	M, R, M	M, R, M, L (beliebig viele L können folgen)
Als Wiederholung ausgeführt	R, M, L	R, M, L, R, M, L, M, M
Konstrukt ignoriert und sequentiell ausgeführt	R, M, L	L, M, M, R, M, L

wurden. Beispiele dafür sind in der Tab. 12.5 und die zugehörigen Items in der Abb. 12.4a und Abb. 12.4b einzusehen.

Von den falschen Traces wurden 636 als bekannte Fehlvorstellungen kategorisiert. Die restlichen 338 Traces ordnen sich in die Kategorien Flüchtigkeitsfehler (186), Muster nicht erkennbar (93 Vorkommen) oder keine Eingabe getätigt (59 Vorkommen) ein. Beispiele für Flüchtigkeitsfehler sind das Übersehen einer Anweisung vor einem Konzept, das zusätzliche Ausführen einer Anweisung nach der korrekten Ausführung des Programms oder das einmal zu seltene oder zu häufige Ausführen einer Wiederholung mit fester Anzahl an Iterationen.

Die entdeckten Fehlvorstellungen und die zugehörigen Items können in der Tab. 12.6 eingesehen werden.

12.7 Diskussion

Die Rasch-Skalierung der neu generierten Items zeigt eine gute Reliabilität und auch die Itemkennwerte weisen darauf hin, dass der Test mit den neu konstruierten Items weiterhin ein eindimensionales latentes Konstrukt misst. Für eine potenzielle, automatische Itemkonstruktion ist das ein wertvolles Indiz, um Items anhand eines Regelsatzes zu erzeugen. Einzig Item I4 zeigt Auffälligkeiten in seinen In- und Outfit-Werten. Häufige Fehler bei diesem Item umfassen die Fehlvorstellung *bedingte Anweisung ohne Alternative wird als Wiederholung durchgeführt* (69 Vorkommen) und zwei Flüchtigkeitsfehler (gesamt 62 Vorkommen). Die Flüchtigkeitsfehler sind *Übersehen einzelner Schritt-Anweisung vor der bedingten Anweisung* und *einzelne Schritt-Anweisung zu viel am Ende des Traces*. Durch diese drei Fehler lassen sich 131 der 151 inkorrekten Traces beschreiben. Eine mögliche Erklärung für die auffälligen Werte könnte also in der hohen Anzahl an Flüchtigkeitsfehlern liegen.

Im Rahmen der Studie sollte eine Forschungsfrage bestehend aus zwei Teilfragen (siehe Abschn. 12.5) überprüft werden. Dafür wurde eine Rangfolge anhand von drei unterschiedlichen Verfahren zur Einschätzung der Itemschwierigkeit aggregiert und basierend darauf neue Items konstruiert. Die Daten bestätigen wie angenommen die Rangfolge der Schwierigkeiten hinsichtlich der zwei Arten von Wiederholungen und der bedingten Anweisung.

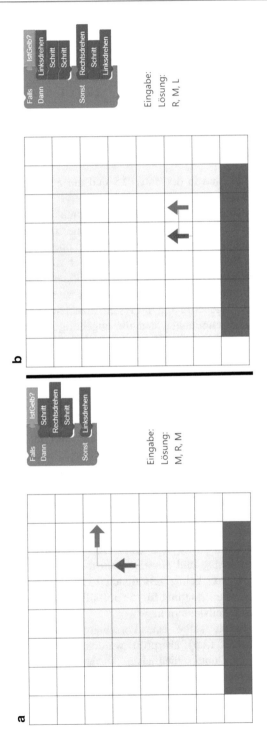

Abb. 12.4 **a** Darstellung des Items I5 mit dem korrekt ausgeführten Trace. **b** Darstellung des Items I6 mit dem korrekt ausgeführten Trace

Tab. 12.6 Übersicht der gefundenen Fehlvorstellung bei den Items

Beschreibung	Vorkommen in falschen Traces bei Item X
Bedingte Anweisung ohne Alternative wird als Wiederholung durchgeführt	I3: 17 von 31 I4: 69 von 151
Alternative wird fälschlicherweise ausgeführt	I5: 135 von 183
Alternative wird als Wiederholung ausgeführt	I5: 17 von 183
Bedingte Anweisung mit Alternative als Wiederholung	I6: 60 von 123
Bedingte Anweisung ignoriert und beide Fälle sequentiell nacheinander	I6: 38 von 123
Vorzeitiges Abbrechen einer Wiederholung mit Abbruchbedingung	I7: 63 von 158 I9: 36 von 158
Abbrechen einer Wiederholung aufgrund von Intentionalität	I7: 11 von 158 I9: 17 von 166
Wiederholung als bedingte Anweisung	I7: 46 von 158 I8: 53 von 90 I9: 74 von 166

Für die zweite Teilfrage, ob leichte Modifikationen von Items in der empirischen Schwierigkeit nachgewiesen werden können, wurden explizit die Paarungen der Items I3 und I4, I5 und I6 sowie I7, I8 und I9 konstruiert.

Für fast alle Paarungen sind die Chi-Quadrat-Tests signifikant. Für Item I5 und I6 bedeutet dies, dass das Hinzufügen von mehr Anweisungen als bei Item I6, die Umpositionierung der Figur und das Ändern der Anweisungen keinen Einfluss auf die Schwierigkeit hatte. Die Umpositionierung der Figur, sodass in Item I5 der Dann-Fall ausgeführt wird und in Item I6 der Sonst-Fall, hatte auch keinen signifikanten Einfluss auf die Schwierigkeit.

I3 und I4 unterscheiden sich darin, dass bei Item I4 vor der *bedingten Anweisung ohne Alternative* eine Anweisung hinzugefügt und die Position der Figur leicht angepasst wurde. Die Daten zeigen, dass der Vergleich der Schwierigkeiten nicht signifikant ist. Eine Erklärung dafür könnte in dem Flüchtigkeitsfehler *bedingte Anweisung ohne Alternative wird als Wiederholung ausgeführt* (Tab. 12.6) und dem Flüchtigkeitsfehler *Übersehen der Anweisung vor der bedingten Anweisung* (27 Vorkommen in I4) liegen. Die Programme der Items I7, I8 und I9 sind alle ähnlich aufgebaut. I7 und I9 wurden so konstruiert, dass eine bestimmte Fehlvorstellung ausgelöst werden soll (siehe Abschn. 12.5), in I8 wurde diese durch den Aufbau des Programms und die Position der Figur bewusst ausgeschlossen. In I8 sollte das *vorzeitige Abbrechen der Wiederholung* explizit keinen Einfluss auf die Schwierigkeit haben. Die Analyse der Fehlvorstellungen zeigt, dass dies wie erwartet umgesetzt werden konnte. In Anbetracht der Daten aus Tab. 12.6 lässt sich schließen, dass die Fehlvorstellung des *vorzeitigen Abbrechens der Wiederholung mit Abbruchbedingung* einen entschiedenen Faktor bei der (in)korrekten Beantwortung von Aufgaben mit Wiederholung mit

Abbruchbedingung darstellt. Eine mögliche Ursache, warum die Vergleiche dennoch signifikant sind, könnte in dem mehrfachen in Erscheinung treten einer zweiten Fehlvorstellung *Wiederholung als bedingte Anweisung* in I8 liegen.

Es zeigt sich, dass leichte Modifizierungen an den Programmen zu keinen statistisch signifikanten Veränderungen der Schwierigkeiten in vier der fünf vorgestellten Fälle führen. Nur in der Paarung I3 und I4 existiert ein signifikanter Unterschied der Schwierigkeiten. Ein möglicher Erklärungsansatz für diese Differenz konnte anhand einer Fehlvorstellung und eines Flüchtigkeitsfehlers gegebenen werden. Das Fehlen eines signifikanten Unterschieds zwischen den Schwierigkeiten von I7, I9 und I8 wirft jedoch eine neue Frage auf. Haben Fehlvorstellungen einen kleineren Einfluss auf die Schwierigkeit eines Items als erwartet? Trotz nicht signifikant unterschiedlicher Schwierigkeiten zwischen I7, I8 und I9 lässt ein detaillierter Blick auf die Traces die Vermutung zu, dass dies nicht der Fall ist.

Zusätzlich war es möglich, Items mit einer vorhersagbaren empirischen Schwierigkeit anhand einer aggregierten Rangfolge zu erzeugen, und es wurden neue Einblicke in die Bearbeitungsprozesse der Testpersonen gewonnen, die für eine automatisierte Generation und Auswertung der Items genutzt werden können.

12.8   Einschränkungen

Die in diesem Beitrag vorgestellte Untersuchung ist an einigen Stellen – zum Beispiel der Auswahl der überprüfenden Items – als prototypisch anzusehen, sodass zunächst weitere Studien folgen müssen, um die Ergebnisse auch im Weiteren zu bestätigen.

Die Bestimmung der Rangfolge durch andere Metriken bzw. mehr Expertinnen und Experten kann andere Ergebnisse aufweisen, jedoch bestätigen unsere empirischen Befunde die von uns angenommene Rangfolge. Bisher nicht untersucht sind dabei aber Einflussfaktoren, wie die Konzentration bzw. die Vorerfahrung im Programmieren, auf die Testdurchführung, das heißt der Vergleich auch komplexerer IRT-Modelle mit dem Rasch-Modell.

12.9   Fazit und Ausblick

Im Rahmen dieses Beitrags wurden zwei Studien behandelt. In der Vorstudie wurden drei Verfahren zum Ermitteln der Schwierigkeit von Testitems untersucht und verglichen. In einem weiteren Schritt wurden die entstandenen Rangfolgen aggregiert, um so eine Rangfolge zu erhalten, die alle drei Verfahren berücksichtigt. Auf dieser Basis wurden neue Items erzeugt, um zu überprüfen, ob die aus der Rangfolge abgeleiteten Regeln als Grundlage der Itemkonstruktion dienen können. Dies konnte in der empirischen Studie bestätigt werden. Darüber hinaus konnte in vier von fünf Fällen gezeigt werden, dass Items, bei denen das Programm als Teil des Items lediglich leichten Modifikationen unterzogen wurde, sich nicht signifikant in ihren Schwierigkeiten unterscheiden. Für einen der vier Fälle ist das Ergebnis unerwartet. Es wurde erwartet, dass sich die Schwierigkeit des Items I8 signifikant von der Schwierigkeit der Items I7 und I9 unterscheidet, da in diesem die Fehlvorstellung *vorzeitigen Abbrechens der Wiederholung mit Abbruchbedingung* nicht erwartet wurde und auch nicht in den Traces vorzufinden ist. Für die fünf Fälle wurden mögliche Erklärungsansätze aufgezeigt und diskutiert.

Die zukünftige Arbeit sieht vor, anhand der gesammelten Ergebnisse aus beiden Studien einen Generator zu entwickeln, der Items mit einer vorhersagbaren empirischen Schwierigkeit generiert. Mit dem Generator soll es möglich sein, auch gezielt Items zu erzeugen, die eine bestimmte Fehlvorstellung überprüfen. Auch die automatisierte Analyse der unbekannten Items und ein qualitatives Feedback für Lehrkräfte sind ein angedachtes zukünftiges Ziel, damit das Testsystem effektiv in den Programmierunterricht integriert werden kann.

Literatur

Bartholomew, D. J., Steele, F., Moustaki, I., & Galbraith, J. I. (2008). *Analysis of multivariate social science data* (2nd Aufl.). Chapman & Hall/CRC; CRC Press.

Bastian, M., Schneider, Y., & Mühling, A. (2021). Diagnose von Fehlvorstellungen bei der Ablaufverfolgung von Programmen in einem webbasierten Testsystem. In T. Reuter, A. Weber, S. Nitz, & M. Leuchter (Hrsg.), *Problemlösen in digitalen Kontexten* (S. 72–92, Bd. 35). Empirische Pädagogik.

Choi, I.-C., & Moon, Y. (2020). Predicting the difficulty of EFL tests based on corpus linguistic features and expert judgment. *Language Assessment Quarterly, 17*(1), 18–42.

Duran, R., Sorva, J., & Leite, S. (2018). Towards an analysis of program complexity from a cognitive perspective. *ICER'18: Proceedings of the 2018 ACM Conference on International Computering Education Research* (S. 21–30). https://doi.org/10.1145/3230977.3230986.

Europäische Union. (2018). Empfehlung des Rates vom 22. Mai 2018 zu Schlüsselkompetenzen für lebenslanges Lernen.: Amtsblatt der Europäischen Union (C189). https://eur-lex.europa.eu/legal-content/EN/TXT/?uri=uriserv:OJ.C_.2018.189.01.0001.01.ENG. Zugegriffen: 21. Juni 2022.

Fraillon, J., Ainley, J., Schulz, W., Friedman, T., & Duckworth, D. (2020). *Preparing for life in a digital world: IEA International computer and information literacy study 2018 international report.* Springer Nature Switzerland AG.

Frey, A. (2012). Adaptives Testen. In H. Moosbrugger & A. Kelava (Hrsg.), *Testtheorie und Fragebogenkonstruktion* (S. 275–293). Springer.

Hughes, R. T. (1996). Expert judgement as an estimating method. *Information and software technology, 38*(2), 67–75.

Keuning, H., Jeuring, J., & Heeren, B. (2019). A systematic literature review of automated feedback generation for programming exercises. *ACM Transactions on Computing Education (TOCE), 19*(1), 1–43. https://doi.org/10.1145/3231711.

Klauer, K. J. (2014). Formative Leistungsdiagnostik. Historischer Hintergrund und Weiterentwicklung zur Lernverlaufsdiagnostik. In M. Hasselhorn, W. Schneider, & U. Trautwein (Hrsg.), *Lernverlaufsdiagnostik* (S. 1–17, Tests und Trends. 12. Jahrbuch der pädagogisch-psychologischen Diagnostik; Neue Folge). Hogrefe.

Lister, R., Adams, E. S., Fitzgerald, S., Fone, W., Hamer, J., Lindholm, M., et al. (2004). A multinational study of reading and tracing skills in novice programmers. *ACM SIGCSE Bulletin, 36*(4), 119–150.

Lopez, M., Whalley, J., Robbins, P., & Lister, R. (2008). Relationships between reading, tracing and writing skills in introductory programming. *ICER' 08: Proceedings of the Fourth international Workshop on Computing Education Research* (S. 101–112). https://doi.org/10.1145/1404520.1404531.

Mühling, A., Ruf, A., & Hubwieser, P. (2015). Design and first results of a psychometric test for measuring basic programming abilities. *WiPSCE '15: Proceedings of the workshop in primary and secondary computing education* (S. 2–10). https://doi.org/10.1145/2818314.2818320.

Moosbrugger, H., & Kelava, A. (Hrsg.). (2012). *Testtheorie und Fragebogenkonstruktion* (2nd Aufl., S. 68). Springer.

Pea, R. D. (1986). Language-independent conceptual „bugs" in novice programming. *Journal of Educational Computing Research, 2*, 25–36. https://doi.org/10.2190/689T-1R2A-X4W4-29J2.

Perkins, D. N., Hancock, C., Hobbs, R., Martin, F., & Simmons, R. (1986). Conditions of learning in novice programmers. *Journal of Educational Computing Research, 2*, 37–55. https://doi.org/10.2190/GUJT-JCBJ-Q6QU-Q9PL.

Resnick, M., Maloney, J., Monroy-Hernández, A., Rusk, N., Eastmond, E., Brennan, K., et al. (2009). Scratch: Programming for all. *Communications of the ACM, 52*(11), 60–67.

Rose, S. (2019). *Developing children's computational thinking using programming games.* Hallam University (United Kingdom).

Sorva, J. (2012). *Visual program simulation in introductory programming education.* Zugl.: Espoo, Aalto Univ. School of Science, Diss., (Aalto University publication series Doctoral dissertations, Bd. 61). Aalto Univ. School of Science.

Weintrop, D., Beheshti, E., Horn, M., Orton, K., Jona, K., Trouille, L., et al. (2016). Defining computational thinking for mathematics and science classrooms. *Journal of Science Education and Technology, 25*, 127–147. https://doi.org/10.1007/s10956-015-9581-5.

Feedbackorientierte Lernumgebungen zur Gestaltung offener Aufgabenstellungen mit Machine Learning, AR und 3D-Druck

13

Tim Lutz

Inhaltsverzeichnis

13.1   Automatisiertes Feedback in der Mathematikdidaktik 211
13.2   Feedback – eine Definition 212
        13.2.1   STACK in der Hochschuldidaktik 213
13.3   Designentscheidungen 214
        13.3.1   Ebene Workflow Feedback 215
        13.3.2   Ebene Workflow Development 217
13.4   Felder mathematikdidaktischer Feedbackforschung für die Zukunft 217
        13.4.1   Machine Learning als Schlüsseltechnologie zur Umsetzung von
               Feedback in offenen Antwortsituationen 217
        13.4.2   Beschäftigungsfelder für die automatisierte Auswertung offener
               Eingabeformate 218
13.5   Fazit 224
Literatur 224

13.1   Automatisiertes Feedback in der Mathematikdidaktik

Die „Zukunft des MINT-Lernens" hält gerade für den Bereich des computer-basierten Feedbacks für Aufgabenbearbeitungen von Aufgabenstellungen mit mathematischen Inhalten Angriffspunkte für mathematikdidaktische Forschung bereit. So ist es bereits jetzt massentauglich möglich, in Forschungsanwendungen deterministische und nicht-deterministische Auswertungssysteme zur ein-schätzenden Bewertung einer großen Anzahl von Aufgabenbearbeitungen ein-zusetzen. Auch die Bewältigung einer zahlenmäßig großen Lernanwendergruppe

T. Lutz (✉)
Institut für Mathematik, Universität Koblenz-Landau, Landau, Deutschland
E-Mail: lutz@uni-landau.de

© Der/die Autor(en) 2023
J. Roth et al. (Hrsg.), *Die Zukunft des MINT-Lernens – Band 1*,
https://doi.org/10.1007/978-3-662-66131-4_13

kann durch geringen Personaleinsatz geleistet werden. Begünstigt wird die Relevanz der Entwicklung durch die voranschreitende Verfügbarkeit von digitalen Endgeräten an Schulen.

Als mögliche Untersuchungsschwerpunkte, wie computerbasiertes Feedback gelingen kann, bieten sich Fragen an, wie:

Welche Aufgaben und Bearbeitungsformen sind besonders geeignet? Wie können verfügbare Eingabeformate optimal genutzt werden? Hilft das erhaltene Feedback dem Aufgabenbearbeitenden sich weiterzuentwickeln?

Zunächst beschäftigt sich dieser Artikel daher damit, dass eine geeignete Definition von Feedback auch das Medium des Feedbacks miteinbeziehen muss. Am Beispiel der Software STACK werden dann Potenziale des Einsatzes von Feedbackbäumen bei der Bearbeitung von Aufgabenstellungen mit mathematischen Anteilen beschrieben.

Ausgehend vom konkreten Beispiel STACK soll abstrahierend der Begriff „Designentscheidung" eingeführt werden. Der Faktor „Designentscheidung" beeinflusst die mathematikdidaktisch ausgerichtete Entwicklung von computergestütztem Feedback an strukturell unterscheidbaren Angriffspunkten.

13.2   Feedback – eine Definition

Um einen Blick auf Konzeptualisierungsversuche des Begriffs „Feedback" zu werfen, wird die beschreibende Definition von Feedback nach Hattie und Timperley herangezogen:

„… feedback is conceptualized as information provided by an agent (e. g. teacher, peer, book, parent, self, experience) regarding aspects of one's performance or understanding. A teacher or parent can provide corrective information, a peer can provide an alternative strategy, a book can provide information to clarify ideas, a parent can provide encouragement, and a learner can look up the answer to evaluate the correctness of a response. Feedback thus is a ‚consequence' of performance" (Hattie & Timperley, 2007, S. 81).

Hattie und Timperley fassen hier in aller Kürze zusammen, dass die Generierung von Feedback zumeist durch Einwirkung von außen erfolgt. Dabei wird offengelegt, dass die Einwirkung von außen bestimmte Zielsetzungen verfolgt.

Je weiter die Konzeption von Feedback über die schlichte Rückmeldung „richtig/falsch" hinausgeht, desto stärker geht „Feedback" in „Anweisung (für nachfolgende Schritte im Lernprozess)" über. Aus der Analyse von Meta-Studien geht hervor, dass insbesondere aufgabenbezogenes Feedback und Feedback, das die Darstellung von Bearbeitungsstrategien miteinbezieht, größere Effektstärken aufweisen als Feedback, welches nur auf negative Rückmeldung oder positive Verstärkung setzt (Hattie & Timperley, 2007, S. 84). So erklärt sich die Beobachtung, dass Feedback sich auch (ungewollt) negativ auf den Lernerfolg auswirken kann (Kluger & DeNisi, 1996).

Im Zitat von Hattie und Timperley findet der „Computer als Feedback-Agent" allerdings noch keine Berücksichtigung. Zur differenzierten Betrachtung computergestützten Feedbacks soll daher Fyfe und Rittle-Johnson (2016) herangezogen werden.

Bei Fyfe und Rittle-Johnson (2016, 2017) finden sich sehr verschiedene Ansätze von Feedback: von unmittelbar gegebenem Feedback, über Feedback am Ende eines Tests, über die strategisch verzögerte Feedbackausgabe bis hin zur partiellen oder gar völligen Vermeidung von Feedback. Die Forschung zur Effizienz von Feedback kommt bei der Eigenschaft „unmittelbar" vs. „verzögert" zu kontroversen Ergebnissen.

Fyfe und Rittle-Johnson schließen aus den Ergebnissen ihrer Studie:

„However, only immediate feedback facilitated mastery for both low- and high-knowledge children. Despite increasing evidence in favor of delaying the presentation of feedback, the current findings indicate that immediate feedback may be more effective for promoting children's mathematics problem solving ..." (Fyfe & Rittle-Johnson, 2016, S. 148).

Die Identifizierung von Gelingensbedingungen bleibt also auch im Bereich der Forschung zu computerbasiertem Feedback Teil der „Zukunft des MINT-Lernens".

Im Folgenden sollen Eigenschaften von automatisiertem Feedback zu mathematischen Aufgabenbearbeitungen, ausgehend von der Software STACK, abstrahiert werden.

13.2.1 STACK in der Hochschuldidaktik

Die Software STACK (Sangwin, 2013) ermöglicht aufgabenbezogenes Feedback zu Aufgaben mit offener Eingabe mathematischer (in der Regel algebraischer) Objekte. Die eingegebenen mathematischen Objekte können dann automatisiert von einem Computer Algebra System (CAS) ausgewertet werden. Ein vordefiniert programmierbarer Feedback-Entscheidungsbaum kann in Echtzeit adaptives Feedback generieren, das beispielsweise in Aufgabenbearbeitungen typische Fehler erkennt und auf diese reagiert.

Am Übergang Schule-Hochschule ist der Einsatz von STACK verbreitet, da automatisiertes Feedback für komplexe Standard-Aufgabenstellungen genutzt werden kann. Außerdem bietet STACK eine langfristig nachhaltige kostenneutrale Alternative unter Bedingungen, bei denen sonst nur statische Musterlösungen als Handreichung ausgegeben werden könnten.

Aufgabenpool und Randomisierung

Mittels STACK können Aufgaben und Aufgabenstellungen (regelbasiert) randomisiert werden. In Verbindung mit der Anlegung umfangreicher Aufgabenpools können so sich wiederholende Lernsequenzen durch immer andere Aufgaben und variierende Aufgabenstellungen an Attraktivität gewinnen (z. B. Aufgabenpool DOMAIN, Link: https://db.ak-mathe-digital.de/).

Unmittelbares und verzögertes Feedback

Schon während der Eingabephase erfolgt eine Reaktion über Feedback: Versteht der Computer die Eingabe? Entspricht die Antwort der erwarteten Syntax? Usw.

Direkt nach der Abgabe der Antwort wird die Auswertung des Feedbackbaums in Gang gesetzt, was die unmittelbare Rückmeldung eines adaptiven Feedbacks an die bearbeitende Person ermöglicht. Diese Adaptivität der Rückmeldung ist sonst nur vergleichbar mit der einer persönlichen Betreuung.

Liegt der Fokus eher auf der Gabe summativen Feedbacks, so kann auch erst nach Abschluss der Bearbeitung aller Testaufgaben ein Gesamt-Feedback ausgegeben werden.

Durch den Einsatz des sogenannten FeedbackKnopfers erhalten STACK-Aufgabenbearbeitende bewusst ein etwas zeitlich verzögertes Feedback, um auch innerhalb der Bearbeitung einer STACK-Aufgabe Zeit für Überdenkphasen zu schaffen (Pinkernell et al., 2019).

Feedback, basierend auf der Analyse typischer Fehler

Die mathematikdidaktische Feedbackforschung rund um die Software STACK arbeitet mit genuin mathematikdidaktischen Interessen, basierend zumeist auf dem Konzept „typischer Fehler". Das Konzept des „typischen Fehlers" wird von den primär hochschuldidaktischen Akteuren in diesem Bereich aufgegriffen. Beispiele für die Konzeption von automatisiert auswertbaren Aufgaben und die dazu angestrebte theoretische Identifizierung typischer Fehler sowie deren empirischer Relevanz für die Praxis finden sich bei Nakamura et al. (2021) oder auch Landenfeld et al. (2021). Ursprünglich entstammen solche Überlegungen der Entwicklung von Distraktoren für Ankreuzaufgaben (Moosbrugger & Kelava, 2012, S. 45).

Feedback zu nicht-algebraischen Eingaben und graphisches Feedback

Das „GeoGebraSTACK_Helpertool" (Lutz, 2019) kann als Hilfsmittel bei der Erstellung graphisch randomisierter Aufgaben eingesetzt werden. Die Eingabe einer Antwort erfolgt durch Manipulation von Objekten in einer GeoGebra-Datei, z. B. durch Drag-and-Drop-Verschiebung eines Punktes auf gewünschte Koordinaten. Auch bei der eigentlichen Feedbackausgabe lassen sich mittels des Tools graphisch interaktive aufgabenbezogene Elemente nutzen.

13.3 Designentscheidungen

Bei den Kriterien zur Auswahl des Designs automatisierten Feedbacks müssen mehrere Umstände berücksichtigt werden: erwarteter Probandenpool, erwartbares technisches Equipment des Probandenpools, aus fachdidaktischer Sicht sinnvolle Interaktionen usw.

Unter Einbeziehung dieser Vorüberlegungen sollen mathematikdidaktische Abwägungen zu technologischen Umsetzungsoptionen vorgenommen werden, im Folgenden als „mathematikdidaktische Designentscheidung" (kurz: „Designentscheidung") bezeichnet.

Die Herausforderungen bei Designkonfigurationen lassen sich aus dem Blickwinkel des Feedbackerstellenden in separate Unteraufgaben zerlegen. Abb. 13.1 zeigt die Prozesse, die bei der Feedbackerstellung zu Designentscheidungen führen.

13.3.1 Ebene Workflow Feedback

„Input to create feedback", „processing input" und „output feedback" beschreiben die Ebene Feedbackworkflow und erfassen die Phasen der Feedbackgenerierung, in Abstraktion des Vorgehens bei der Erstellung von STACK-Aufgaben. Hier verortet sind die Ansatzpunkte der Qualitätssicherung des Feedbackdesignenden in empirischer Untersuchung des Einsatzes. Zur Beschreibung der Vorgehensweise:

„Input to create feedback"
Die Art der Eingabe/Interaktion muss zunächst festlegt werden. Die Auswahl kann z. B. auf Basis von fachdidaktisch-theoretischen Annahmen getroffen werden. Wird in der Eingabeart auf theoretischer Basis ein fachdidaktischer Mehrwert vermutet? Welcher? In welcher Hinsicht sollte das entwickelte Material „intelligentes Material" genannt werden?

Was meint „intelligentes Material"? „Material, das seine Regeln kennt": Intelligent konstruiertes Material weist den interagierenden Menschen sofort auf unerlaubte Materialnutzung hin bzw. lässt Regelverstöße gar nicht erst zu. Als Beispiele aus dem Alltag seien hier genannt: das Kfz, das sich mit penetrantem Piepen bemerkbar macht, sobald mit höherer Geschwindigkeit als Schrittgeschwindigkeit

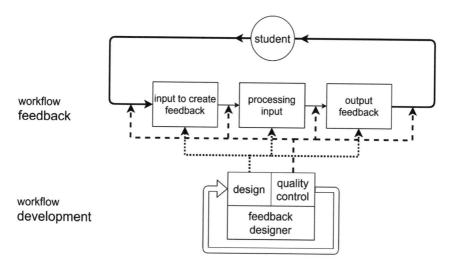

Abb. 13.1 Einflüsse und Untersuchungsansätze für mathematik-aufgabenbezogenes Feedbackdesign

ohne arretierten Sicherheitsgurt gefahren wird, oder der Schachcomputer, der bei einem nicht regelkonformen Zug ablehnt, einen weiteren Spielzug seinerseits vorzunehmen. Die Art der „Intelligenz eines Materials" beeinflusst wesentlich, wie Feedback inhaltlich orientiert werden kann. Ist beispielsweise erwartbar, dass den Lernenden zu viel oder zu wenig abgefordert werden könnte? Die „Intelligenz des Materials" kann die zur Lösung der Aufgabe benötigte Kompetenz verändern. Wie lässt sich die Kompetenz beschreiben, die benötigt wird, um eine korrekte Lösung zu erstellen?

„Processing input"

Der Feedbackdesignende legt fest, wie die eingegebenen Daten zu analysieren sind. Die Suche nach Lösungswegen ist abhängig von Anspruch und Komplexität des Auswertungsverfahrens und des eigenen technischen Könnens. Umgesetzt werden kann dies mathematisch wie informatisch durch den Einsatz fertig verfügbarer Authoring-Tools oder eigens erstellter Programmierung. Wichtige Entscheidungen zur deterministischen oder nicht-deterministischen Auswertung stehen dabei an.

„Output feedback"

Der Feedbackdesignende muss hier Entscheidungen treffen, welche Art von Feedback dem Lernenden zurückgemeldet werden soll und wie das Feedback ausgestaltet sein soll.

Zusammenspiel von „student" und „input to create feedback"

Werden die Anweisungen zur Eingabe durchgeführt, wie vom Designenden geplant? Weist die praktische Durchführung Schwächen auf bei der Erkennung der Probanden-Abgaben? Bringt im Vergleich eine händisch durchgeführte Analyse eindeutigere Ergebnisse?

Zusammenspiel von „input to create feedback" und „processing input"

Gelingt es, reale Abgaben automatisiert korrekt zu verarbeiten in vergleichbarer Qualität einer händisch durchgeführten Analyse? Wäre also eine qualitativ forschende Person zu vergleichbaren Auswertungen gekommen?

Zusammenspiel von „processing input" und „output feedback"

Gelingt es, die Analysen automatisiert in ein Feedback-Output zu überführen, so wie es qualitativ vergleichbar mit einer händisch durchgeführten Analyse möglich wäre? Erweist sich das automatisierte Feedback als zuverlässig: Kommt das automatisierte Feedback also zu Ergebnissen, die aus theoretischer Sicht für Lernzuwächse als dienlich gelten können?

Zusammenspiel von „output feedback" und „student"

Prominenteste Forderung: Trägt das als zuverlässig erkannte automatisierte Feedback tatsächlich zu einem Lernerfolg bei?

13.3.2 Ebene Workflow Development

Im Sinne einer Design-based Research (The Design-Based Research Collective, 2002) muss der Feedbackdesignende in einem Wechselspiel die Elemente Design und Qualitätssicherung vereinen.

Die Wahl des Begriffs „Designentscheidung" verdeutlicht, dass die Mathematikdidaktik zukünftig als agierende Wissenschaft tätig sein soll, die nicht nur auf Softwareprodukte reagiert.

13.4 Felder mathematikdidaktischer Feedbackforschung für die Zukunft

Für die mathematikdidaktische Feedbackforschung in der „Zukunft des MINT-Lernens" werden im Folgenden zuvor dargestellte Aspekte der vielfältigen Nutzungsmöglichkeiten von STACK in der Mathematikdidaktik abstrahiert formuliert, sodass sie nicht nur für die algebraische Eingabe von Ausdrücken in Formularfelder gelten können:

- inhaltliches Konzept des Feedbacks (vgl. Mason & Bruning, 2001 S. 5; Narciss, 2008, S. 132),
- Randomisierung von Aufgaben und Aufgabenstellungen (vgl. Attali, 2015),
- unmittelbares oder bewusst verzögertes Feedback (vgl. Pinkernell et al., 2019; Mason & Bruning, 2001; Attali & van der Kleij, 2017),
- automatisiertes Feedback als Chance für stärker adaptives Feedback, hinausgehend über die Gabe eines allgemein gehaltenen Feedbacks (z. B. nur Bereitstellung von Musterlösungen),
- automatisiertes Feedback zu Aufgabenstellungen mit „offener Eingabe" (vgl. Hoogland & Tout, 2018, S. 682; Tran et al., 2017),
- Feedback, das adaptiv „passend" die Entscheidung für eine nächste Aufgabe trifft (vgl. Götz & Wankerl, 2019).

13.4.1 Machine Learning als Schlüsseltechnologie zur Umsetzung von Feedback in offenen Antwortsituationen

Mit STACK können nur syntaktisch korrekt dargestellte algebraische Eingaben ausgewertet werden. Das Eingabeformat soll nun erweitert werden. Eingabeformat meint hier die aufgabenbearbeitende dokumentierte und analysierte Interaktion.

Trotzdem sollen die Eingabeformate (vgl. wie bei STACK) automatisiert auswertbar bleiben und automatisiert die Gabe von Feedback generieren.

Machine-Learning-Technologien können dazu genutzt werden, um solche Anforderungen an Eingabeformate umzusetzen. Dabei übernimmt ML verschiedene Aufgaben im Auswertungsprozess. Je mehr Kompetenz ML bei der fachdidaktischen Bewertung zugesprochen wird, desto wichtiger wird die fachdidaktische Kontrolle durch eine menschliche Kontrollinstanz. Eine ausführliche Darstellung der Rolle bei der Qualitätssicherung in Auswertungsprozessen, an denen ML beteiligt ist, findet sich bei Lutz (2022c).

Übersicht

Beschäftigungsfelder für die automatisierte Auswertung offener Eingabeformate

- Handschriftliches: handschriftlich erstellte Formulierungen und Skizzen
- Getipptes: eingetippte Formulierungen (mit Wortanteilen und Formeln)
- Händisches: Aufgabenbearbeitungen mittels Manipulation an physischen Materialien
- Bewegungsmuster: Aufgabenbearbeitungen mittels Erfassung von Körperbewegungen des Bearbeitenden

---

13.4.2 Beschäftigungsfelder für die automatisierte Auswertung offener Eingabeformate

Handschriftliche Formulierungen

Die Erfassung handschriftlicher Notizen ist der ursprünglichste Ansatz, Feedback für Lernende in mathematischen Situationen durch Machine Learning nutzbar zu machen (LeCun et al., 1998). Handschriftlich erstellte Zahlen und Buchstaben werden optisch erfasst und computerlesbar umgewandelt an eine (CAS-)Software-Komponente weitergegeben, die daraufhin eine Feedbackausgabe initiiert.

Sehr schnell stößt man dabei an Grenzen, die oft daher rühren, dass z. B. algebraische Formeln international sehr unterschiedlich handschriftlich ausgeführt werden.

Vorhandene ML-Modelle sind meist auf englischsprachigen Standard eingerichtet. Durch die international verschieden ausgeführten Schreibweisen entstehen so oft Probleme bei der Erkennung. Prominentestes Beispiel hierfür dürfte die Problematik der Unterscheidung der Schreibweise der Ziffern „1" und „7" sein. In der MNIST-Datenbank (LeCun et al., 1998), einer frei verfügbaren Datenbank von handschriftlichen Ziffern, findet sich beispielsweise sehr häufig die im deutschsprachigen, jenseits der römischen Schreibweise, vollkommen unübliche Schreibweise der 1 als einzelner vertikaler Strich. Dadurch werden in Deutschland übliche Schreibweisen der Ziffer „1" oft fälschlich als „7" erkannt. Auch die Ziffern 3, 4 und 9 sind anfällig in Bezug auf Verwechslungen. Schon dieses profane Beispiel zeigt die systematische Fehleranfälligkeit bei der Auswertung neuer Daten durch ML-Modelle.

Ursachen für systematische Fehleinschätzungen können längst nicht immer so einfach identifiziert werden, sind aber meist zurückführbar auf die unreflektierte

Verwendung erhobener Daten aus zu divergenten Kontexten. Diese versteckten intransparenten Fehlerquellen zu erkennen, ist Aufgabe der fachdidaktischen Forschung.

Handschriftlich erstellte Skizzen

Spätestens mit der sogenannten Freihandskizze in GeoGebra ist es jedem möglich, Skizzen automatisiert auszuwerten und in mathematische Objekte zu verwandeln. Innerhalb von Forschungsprojekten ist die Funktionalität für spezifische Aufgaben bereits wesentlich ausgereifter als bei den Programmen, die der Allgemeinheit zur Verfügung stehen.

Beispiel: Skizze

Als Erweiterung der Arbeit mit STACK werden auch deterministische Auswertungsstrategien verfolgt. Beim deterministischen Ansatz bei Mai und Meyer (2019) wird automatisiert Feedback zur Skizzierung von Funktionen generiert. Dabei stellen sich gleichzeitig auch immer wieder fachdidaktische Fragen: Was macht eine gute Skizze aus? Wie müssen Kriterien zur Erkennung formal und fehlertolerant ausgelegt sein? ◄

Getipptes: Eingetippte Formulierungen (mit Wortanteilen und Formeln)

Bei entsprechend hohen Teilnehmeranzahlen lohnt es sich, ein Machine-Learning-Modell so zu trainieren, dass auch Eingaben zukünftiger Erhebungen automatisiert ausgewertet werden können.

Vorausschauendes Design hilft dabei, das Spektrum möglicher individueller Eingaben vorausschauend einzubeziehen und abzudecken. Die Herausforderung dabei ist, die Diversität möglicher Abgaben abzuschätzen (Lutz, 2021a, b).

Beispiel: Getipptes: „Was ist größer 2n oder n+2?"

Für Küchemanns (1981) Fragestellung: „Was ist größer 2n oder n+2?", wurde auf Basis der Daten aus den Erhebungen des Projektes aldiff der Pädagogischen Hochschule Heidelberg ein ML-Modell erstellt. Dieses ist in der Lage, eingetippte Antworten von Probanden automatisiert auszuwerten. Das Modell erkennt Küchemanns Kategorie des Variablenverständnisses „letter as a variable" (Lutz, 2022c). ◄

Händisches: Aufgabenbearbeitungen mittels Manipulation an physischen Materialien

Seit Bruner (1964) ist die Verknüpfung von physischen Materialien, ikonischen und symbolischen Darstellungen für die Erarbeitung mathematischer Themengebiete geläufig.

Die zwingende Notwendigkeit der Verwendung physischer Materialien bei Lernprozessen wird von Jackiw und Sinclair (2017) mit Applikationen wie

TouchCounts/TouchTimes infrage gestellt. Die Verwendung von Multitouch-Gesten eröffnet ganz neue Interaktionsformen und Zugänge zum Lernen. Die Entwicklung einer vergleichbaren Entsprechung zur Arbeit mit klassisch physischem Material wird bei Jackiw und Sinclair (2017) nicht angestrebt.

Der nachwirkende Einfluss von Bruner wiederum für die Arbeit in den meisten schulmathematischen Bereichen auf die Lernmaterialgestaltung in Primar- und Sekundarstufe ist nicht zu übersehen.

„Experimentieren" als Forschungsfeld

Forschung, die das Themenfeld „Experimentieren" im Mathematikunterricht (Ludwig & Oldenburg, 2007) in den Fokus nimmt, setzt oft auf die Verwendung physischer Materialien. Verfolgt wird hier eine strukturierte Beschäftigung und Bezugnahme zu Ergebnissen aus den Naturwissenschaftsdidaktiken.

Eine aktuelle Untersuchung über die Wechselwirkung der Arbeit mit physischen Materialien und Simulationen findet sich bei Digel und Roth (2020). Ein weiterer Ansatz beschäftigt sich mit der Verbindung von der Arbeit mit physischen Materialien und automatisiert digitalem Feedback (Lutz, 2021c).

Augmented Reality als Möglichkeit zur Interaktion mit physischen Materialien

Augmented Reality wird in Bildungssettings bislang, zumeist auch aus umsetzungspraktischen Gründen, im engen Sinn gefasst (siehe Definition im Glossar). Die Begrifflichkeit „Augmented Reality" umfasst dabei in der Regel lediglich die visuelle Anreicherung eines Videostreams um virtuelle Objekte, die in die reale Szenerie eingeblendet werden. Für die „Zukunft des MINT-Lernens" sollte auch der Begriff „Augmented Reality" erweitert betrachtet werden im Sinne von Augmentierung der „Realität". Die erweiterte Auslegung von Augmentierung sollte sich dabei nicht nur auf vermeintlich physische Elemente, wie etwa eine in den Raum projizierte Pyramide, beschränken. Die reale Szenerie kann beispielsweise auch mit Elementen auditiver Art erweitert werden: So arbeiten aktuelle Stadtführer schon mit der automatisierten Verbindung von Geodaten zum eigenen Standort, Umrisserkennungen von relevanten Gebäuden und dazugehörigen historischen Informationen in Form eines Audio-Guides.

Begriffe wie Machine Learning und Augmented Reality kommen ursprünglich aus rein technischen Einsatzszenarien.

Eine Übertragung und anwendungsbezogene Anwendung darf daher nicht unadaptiert in die Mathematikdidaktik hineingetragen werden. Initiiert man aus dem speziellen Blickwinkel der Mathematikdidaktik heraus eigens entwickelte Umsetzungen auf Basis vorhandener Frameworks müssen in direkter Konsequenz Designentscheidungen getroffen werden. Nur wenn sich die Mathematikdidaktik auch mit der Konzeption der technischen Umsetzung beschäftigt, kann sie in der praktischen Ausführung ihr volles Potenzial entfalten.

Machine Learning verzahnt mit 3D-Druck

Situation: An einem Tisch sitzend sollen beidhändig Manipulationen an physischem Material vorgenommen werden. Realistischerweise steht dazu in der

Praxis nicht die Möglichkeit eines Head-up-Displays zur Dokumentation in Echtzeit zur Verfügung. Wie also umsetzen? Ein Lösungsweg könnte eine adaptive auditive Rückmeldung generiert mittels populär verbreiteter Webcam sein. Dazu wurden Machine-Learning-Modelle trainiert, die die Lage und Position verschiedener physischer Anschauungsmaterialien erkennen. Anhand vordefinierter Feedbackbäume wird adaptiv audio-visuelles Feedback gegeben. Durch den Autor konzipierte Beispielumsetzungen für den Einsatz in Lehr-Lern-Laboren finden sich in den Abb. 13.2, 13.3 und unter https://tim-lutz.de/die-zukunft-des-mint-lernens.

Unterstützt wird die Standardisierung der zu bewertenden Situation und damit der ML-Modelle durch die Möglichkeit, einen 3D-Druck anzufertigen. Gezielt für Tisch-Material-Situationen trainierte ML-Modelle arbeiten dabei „Hand in Hand" mit den eigens dafür konfigurierten 3D-gedruckten Tools (z. B. iPad-Ständer). Auch die Arbeitsmaterialien selbst können mit der Technik des 3D-Drucks so standardisiert werden, dass sie in großer Stückzahl ubiquitär verfügbar gemacht werden können (z. B. Kreisanteile). Das ML-Modell benötigt den durch von der speziellen Halterung herbeigeführten Winkel, um die Kreisanteile für ein Feedback mit hoher Wahrscheinlichkeit zu erkennen.

Beispiel: Baumdiagramm

Im Themenbereich Wahrscheinlichkeit finden sich bei den „Pfadregeln" wichtige Gesetze wie „Produkt- und Summenregel" zur Bestimmung von Wahrscheinlichkeiten in mehrstufigen Zufallsexperimenten. Lernende müssen bei der schrittweisen Erstellung der Baumdiagramme nacheinander eine Reihe von Regeln einhalten, um erfolgreich konventionstreue Baumdiagramme zu erhalten: keine Doppelungen an Knoten, Markierung und Selektion von Pfaden, das Lesen bis hin zu den „Blättern" usw. ◄

Abb. 13.2 Für den 3D-Drucker entwickeltes Tisch-Material Set: iPad Ständer und Kreisanteile(rot) (mit Referenzgegenstand, gelb)

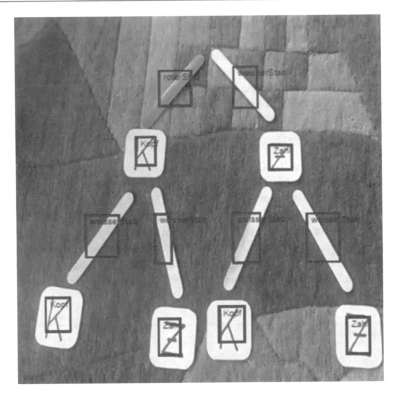

Abb. 13.3 Baumdiagrammerkennung mit ML. Auch unruhige Hintergründe bilden keinen Stör-
faktor bei der Erkennung

Der Einsatz von Elementen der Embodied Cognition (Tran et al., 2017), also
dem Zusammenhang zwischen Kognition, Sensorik und Motorik, kann bei der
Einführung von Baumdiagrammen von Vorteil sein. Die Verwendung von Kopf-
Zahl-Plättchen lässt nur zwei mögliche Zustände zu, gebunden in einem ein-
zigen Gegenstand. So wird aus dem physisch vorhandenen lapidaren Gegenstand
geradezu ein Objekt philosophischer Betrachtung (vgl. Januskopf).

Link: Video zur Arbeit mit Baumdiagrammen: https://tim-lutz.de/die-zukunft-
des-mintlernens/#Baumdiagramm.

Bewegungsmuster: Aufgabenbearbeitungen mittels Erfassung von Körper-
bewegungen

„Force Feedback" ist ein Funktionsprinzip, bei dem ein durch analoge Eingaben
erhaltenes, digital generiertes Feedback mitunter auch wieder analoge Reaktionen
hervorbringt. Force Feedback kommt in Profi-Flugsimulatoren wie Full-Motion-
oder Full-Flight-Simulatoren zum Einsatz. Dabei werden z. B. Witterungsein-
flüsse, wie Seitenwind, und die Notwendigkeit, entsprechend gegenzusteuern,
durch analogen Widerstand am Steuerelement simuliert. Ähnliche Techniken

werden in der nach immer neuen Immersionsansätzen suchenden Spieleindustrie bei Auto-Simulator-Lenkrädern und Gamecontrollern nachgeahmt. Auch Handyhersteller setzen Force-Feedback-Anwendungen ein. Der Vibrationsmotor des Handys „bestätigt" den Empfang einer Benutzereingabe durch physische Reaktion wie Vibrieren.

Durch die, wenn auch digital generierte, physische Rückmeldung soll dem Benutzenden die Empfindung echten sensitiven Feedbacks nahegebracht werden.

Beispiel: „Funktionsgraphen laufen" (Lutz, 2022a, b)

In der App „Funktionenlaufen" können verschiedene Funktionsgraphen durch Laufen vor der Kamera nachempfunden werden: ◀

Ein Messgerät überwacht fortwährend den Abstand einer Person zur Kamera. Die jeweilige Entfernung wird in einem Abstand-Zeit-Diagramm aufgezeichnet. Ziel dabei ist, der sich bewegenden Person einen sensitiven Eindruck über die Dynamik eines Funktionsgraphen zu vermitteln. Faktoren wie Beschleunigung, Geschwindigkeit und absolute Position werden dabei „erfahren" durch „Erlaufen". Durch Rückkopplung der Aufzeichnung des Bewegungsmusters in Echtzeit wird die körperliche Erfahrung mit dem mathematischen Gegenstand verwoben. Man sieht auf dem Bildschirm die unmittelbare Auswirkung des eigenen Tuns, verknüpft mit der Bewegungserfahrung des eigenen Körpers (vgl. Hattie „self"). Das unmittelbare Feedback kann visuell und ergänzend auditiv unterstützt werden, um so „Eigenwahrnehmung" und mathematischen Lerngegenstand in Beziehung zu setzen.

Verschiedene Bewegungsmuster wirken sich unterschiedlich aus: Abruptes Stehenbleiben in Verbindung mit raschem Bewegungsmusterwechsel „fühlt" sich anders an als Gehen mit gleichbleibender Geschwindigkeit oder Gehen mit gleichmäßiger Beschleunigung des Ganges. Die absolute Entfernung von der Kamera ist dabei unabhängig vom Handlungserlebnis.

Die Durchführung solchen Funktionsgraphen-Laufens war bislang nur mit spezieller Ausstattung möglich. Nun steht mit der Web-App „Funktionenlaufen" eine Software zur Verfügung, bei der lediglich eine Webcam oder Tablet-Kamera benötigt wird.

Zur Funktionsweise: Mithilfe von Machine Learning wird die durchführende Person erfasst und nach dem Vornehmen einer Kalibrierung wird deren Abstand zur Kamera berechnet. Der berechnete Abstand dient dazu die y-Koordinate eines Punkts in einer GeoGebra-Datei in Echtzeit zu steuern.

Die App hat verschiedene Optionen, die es ermöglichen, sowohl voreingespeicherte parametrisierte wie auch selbstgezeichnete Graphen nachzulaufen. https://tim-lutz.de/funktionenlaufen

13.5   Fazit

Ausgehend von der Begrifflichkeit „Designentscheidung" wurden Angriffspunkte bei der Entwicklung von computerbasiertem Feedback abstrahiert: „input
to create feedback", „processing input" und „output feedback". Der Begriff
Designentscheidung vereint dabei in sich die Aufgabe der Verschmelzung von
technischer Sachkenntnis und mathematikdidaktischer Entscheidung. Auf Basis
der Unterteilung des Feedbackworkflows entsteht ein Konzept zur partiellen Analyse computerbasierter Feedbacksysteme. Umgesetzte Applikationskonzepte
bilden dabei den aktuellen Stand mathematikdidaktischer Forschung und
technischer Entwicklung ab.

Die dargestellten Feedbackdefinitionen lassen es nicht zu, Unterschiede
zwischen den diversen Eingabemethoden fachdidaktisch zu identifizieren. Die
Angriffspunkte an die Unterteilung der Feedbackentwicklung wurden daher so
gewählt, dass sich Unterscheidungen der Eingabeverfahren strukturell forschungs-
methodisch im Interesse der Mathematikdidaktik beschreiben lassen.

Die systematische Beschäftigung mit der Gabe computerbasierten Feedbacks,
insbesondere neuartiger, noch wenig verbreiteter Eingabeverfahren, wurde in
Praxisbeispielen angedeutet. An einzelnen der vorgestellten Angriffspunkte wurde
anhand der Beispiele die mathematikdidaktisch reflektierte Entwicklung von
computerbasiertem Feedback exemplarisch konkretisiert.

Dieser Artikel und die Praxisbeispiele entstanden an der Universität Koblenz-
Landau während der Tätigkeit in der AG Roth, Didaktik der Mathematik
(Sekundarstufen).

Literatur

Attali, Y. (2015). Effects of multiple-try feedback and question type during mathematics problem
    solving on performance in similar problems. *Computers & Education, 86*, 260–267. https://
    doi.org/10.1016/j.compedu.2015.08.011.
Attali, Y., & van der Kleij, F. (2017). Effects of feedback elaboration and feedback timing during
    computer-based practice in mathematics problem solving. *Computers & Education, 110*,
    154–169. https://doi.org/10.1016/j.compedu.2017.03.012.
Bruner, J. (1964). The course of cognitive growth. *American Psychologist, 19*(1), 1–15.
The Design-Based Research Collective. (2002). Design-Based Research: An emerging paradigm
    for educational inquiry. *Educational Researcher*.
Digel, S., & Roth, J. (2020). Ein qualitativ-experimenteller Zugang zum funktionalen Denken
    mit dem Fokus auf Kovariation. In H.-S. Siller, W. Weigel, & J. F. Wörler (Hrsg.), *Bei-
    träge zum Mathematikunterricht* (S. 1141–1144). WTM-Verlag. https://doi.org/10.37626/
    GA9783959871402.0.
Fyfe, E. R., & Rittle-Johnson, B. (2016). The benefits of computer-generated feedback for
    mathematics problem solving. *Journal of Experimental Child Psychology, 147*, 140–151.
    https://doi.org/10.1016/j.jecp.2016.03.009.
Fyfe, E. R., & Rittle-Johnson, B. (2017). Mathematics practice without feedback: A desirable
    difficulty in a classroom setting. *Instructional Science, 45*(2), 177–194. https://doi.
    org/10.1007/s11251-016-9401-1.

Götz, G., & Wankerl, S. (2019). Adaptives Online-Training für mathematische Übungsaufgaben. In F. Schacht & G. Pinkernell (Hrsg.), *Arbeitskreis Mathematikunterricht und Digitale Werkzeuge: Herbsttagung*, 27.-28.09.2019.

Hattie, J., & Timperley, H. (2007). The Power of feedback. *Review of Educational Research, 77*(1), 81–112. https://doi.org/10.3102/003465430298487.

Hoogland, K., & Tout, D. (2018). Computer-based assessment of mathematics into the twenty-first century: Pressures and tensions. *ZDM, 50*(4), 675–686. https://doi.org/10.1007/s11858-018-0944-2.

Jackiw, N., & Sinclair, N. (2017). TouchCounts and gesture design. In T. Hammond, A. Adler, & M. Prasad (Hrsg.), *Frontiers in pen and touch: Impact of pen and touch technology on education* (S. 51–61). Springer International Publishing.

Kluger, A. N., & DeNisi, A. (1996). The effects of feedback interventions on performance: A historical review, a meta-analysis, and a preliminary feedback intervention theory. *Psychological Bulletin, 119*(2).

Küchemann, D. (1981). Chapter 8: Algebra. In K. M. Hart (Hrsg.), Children's understanding of mathematics: 11–16 (S. 102–119).

Landenfeld, K., Eckhoff, M., & Priebe, J. (2021). Graphical Visualization of STACK Response Analysis. Contributions to the International STACK conference.

LeCun, Y., Bottou, L., Bengio, Y., & Haffner, P. (1998). Gradient-based learning applied to document recognition. *Proceedings of the IEEE, 86*(11), 2278–2324, November 1998.

Ludwig, M., & Oldenburg, R. (2007). Lernen durch Experimentieren: Handlungsorientierte Zugänge zur Mathematik. mathematik lehren, (141), 4–11.

Lutz, T. (2022a). Kamera an und loslegen. Funktionsgraphen erlaufen per Web-App. mathematik lehren (231).

Lutz, T. (2022b). Funktionenlaufen. digital unterrichten Mathematik (4/22).

Lutz, T. (2022c). Machine Learning Modelle zur automatisierten Textklassifikation von mathematischen Aufgabenbearbeitungen. Tagungsband des Arbeitskreises Mathematikunterricht und digitale Werkzeuge zur Herbsttagung 2021.

Lutz, T. (2021a). Entwicklung eines Diagnoseinstrumentes und Vorbereitung eines Förderkonzeptes in der elementaren Algebra.

Lutz, T. (2021b). Automatic evaluable test of the algebra knowledge of first-year students. Contributions to the International STACK conference 2021.

Lutz, T (2021c) Zufallsexperimente „live". zufallsdocu: Simultan protokollieren und Livestatistik führen. Zufälle dokumentieren per App. Digital unterrichten Mathematik, Oktoberausgabe 2021.

Lutz, T. (2019). GeoGebra and STACK. Creating tasks with randomized interactive objects with the GeoGebraSTACK_HelperTool. Contributions to the 1st International STACK conference 2018. https://doi.org/10.5281/zenodo.3369599.

Mai, Tobias, & Meyer, Alexander. (2019). Sketching functions as a digital task with automated feedback. Contributions to the 1st International STACK conference 2018. https://doi.org/10.5281/zenodo.2582427.

Mason, B. J., & Bruning, R. H. (2001). Providing Feedback in Computer-based Instruction: What the Research Tells Us. *CLASS Project Research Report No. 9.*

Moosbrugger, H., & Kelava, A. (Hrsg.). (2012). Testtheorie und Fragebogenkonstruktion.

Nakamura, Y., Higuchi, S., Yoshitomi, K., Miyazaki, Y., Ichikawa, Y., & Takahiro, N. (2021). Automatic classification of incorrect answers to differentiation questions using Potential Response Tree. *Contributions to the International STACK conference.*

Narciss, S. (2008). Feedback strategies for interactive learning tasks. In J. M. Spector, M. D. Merrill, J. van Merriënboer, & M. P. Driscoll (Hrsg.), *Handbook of research on educational communications and technology* (S. 125–143). Erlbaum.

Pinkernell, G., Gulden, L., & Kalz, M. (2019). Automated feedback at task level: Error analysis or worked out examples. Which type is more effective? *In ICTMT 14.*

Sangwin, C. J. (2013). *Computer aided assessment of mathematics* (1. Aufl.). Oxford Univ.
Tran, C., Brandon, S., & Buschkuehl, M. (2017). Support of mathematical thinking through embodied cognition: Nondigital and digital approaches. *Cognitive Research: Principles and Implications*.

Glossar

Augmented Reality Unter Augmented Reality versteht man üblicherweise
Applikationen, die Visualisierungen in eine real vorhandene Räumlich-
keit projizieren. Zum Beispiel können durch die Vermessung einer realen
Umgebung durch eine Kamera virtuelle Objekte auf einem Display über
dieses Realbild verortet und projiziert und dieses dadurch „angereichert"
werden (Milgram et al., 1995).

Computational Thinking Computational Thinking bezieht sich auf die Fähigkeit einer Person, Aspekte realweltlicher Probleme zu identifizieren, die für
eine [informatische] Modellierung geeignet sind, algorithmische Lösungen
für diese (Teil-)Probleme zu bewerten und selbst so zu entwickeln, dass
diese Lösungen mit einem Computer operationalisiert werden können.
Die Modellierungs- und Problemlösungsprozesse sind dabei von einer
Programmiersprache unabhängig (Fraillon et al., 2019).

Critical Thinking Critical Thinking beruht auf einer Haltung, die auf den
„kritischen Rationalismus" zurückgeht. Es wird beschrieben als „reasonable
and reflective thinking focused on deciding what to believe or to do". Neben
Fähigkeiten aus dem Bereich der Logik und der Erkenntnisgewinnung spielen
dabei auch das Bewerten und Gewichten von Informationen und Quellen, das
begründete Urteilen und das Bewusstmachen möglicher eigener kognitiver
Fehlschlüsse eine Rolle (Popper, 1997; Ennis, 2011; Roth et al. (Kap. 1 in
Band 1); Andersen et al. (Kap. 2 in Band 1).

DigCompEdu Der Europäische Rahmen für die digitale Kompetenz von
Lehrenden beschreibt in sechs Bereichen die professionsspezifischen
Kompetenzen, über die Lehrende zum Umgang mit digitalen Technologien
verfügen sollten. Die Bereiche umfassen die Nutzung digitaler Technologien im
beruflichen Umfeld (z. B. zur Zusammenarbeit mit anderen Lehrenden) und die
Förderung der digitalen Kompetenz der Lernenden. Kern des DigCompEdu-
Rahmens bildet der gezielte Einsatz digitaler Technologien zur Vorbereitung,
Durchführung und Nachbereitung von Unterricht (Redecker, 2017).

J. Roth et al. (Hrsg.), *Die Zukunft des MINT-Lernens – Band 1*,
https://doi.org/10.1007/978-3-662-66131-4

Digitale Kompetenz Digitale Kompetenz umfasst die sichere, kritische und verantwortungsvolle Nutzung von und Auseinandersetzung mit digitalen Technologien für die allgemeine und berufliche Bildung, die Arbeit und die Teilhabe an der Gesellschaft. Sie erstreckt sich auf Informations- und Datenkompetenz, Kommunikation und Zusammenarbeit, Medienkompetenz, die Erstellung digitaler Inhalte (einschließlich Programmieren), Sicherheit (einschließlich digitalen Wohlergehens und Kompetenzen in Verbindung mit Cybersicherheit), Urheberrechtsfragen, Problemlösung und kritisches Denken (Rat der Europäischen Union, 2018).

Digitale Lernumgebung Digitale Lernumgebungen bilden eine Teilmenge der Lernumgebungen. Eine digitale Lernumgebung konstituiert sich bereits dann, wenn eine Lernumgebung von Lernenden interaktiv nutzbare computerbasierte Elemente (z. B. Applets) enthält, die aus fachdidaktischer Perspektive einen essenziellen Beitrag zum Lernerfolg liefern (Roth et al. (Kap. 1 in Band 1)).

Digitale Technologien Digitale Technologien werden als Sammelbezeichnung für technische Geräte (Hardware), die darauf befindlichen digitalen Inhalte (Software) sowie für Kombinationen aus beidem verwendet (Roth et al. (Kap. 1 in Band 1)).

Digitale Werkzeuge Digitale Werkzeuge sind im Sinne der MINT-Didaktiken konkrete digitale Anwendungen und technische Geräte, deren interaktive Funktionalität gezielt dazu eingesetzt wird, um den Kompetenzerwerb bei Lernenden zu fördern und den Prozess der Erkenntnisgewinnung zu unterstützen (Roth et al. (Kap. 1 in Band 1)).

Dissemination Mit dem Begriff Dissemination wird eine das Gesamtsystem betreffende, geplante und gesteuerte Maßnahme zur Verbreitung einer Innovation beschrieben (Jäger, 2004).

Flipped Classroom Im Flipped Classroom werden den Schülerinnen und Schülern vor dem Unterricht Videos oder digitale Lernumgebungen zur Verfügung gestellt, um das Lernmaterial kennenzulernen. Darüber hinaus haben die am Flipped Classroom beteiligten Schülerinnen und Schüler die Möglichkeit, vor oder zu Beginn des Unterrichts z. B. Aufgaben oder Quizfragen zu lösen. Im Unterricht werden die Fragen der Schülerinnen und Schüler beantwortet und es wird ihnen die Möglichkeit gegeben, das vor dem Unterricht gelernte Wissen gemeinsam zu üben und anzuwenden (Al-Samarraie et al., 2019).

Forschend-entdeckendes Lernen Forschend-entdeckendes Lernen bezeichnet Vermittlungsansätze, bei denen im Kontext eigenständiger wissenschaftlicher Untersuchungen fachliche Inhalte erarbeitet und zugleich experimentelle Kompetenzen aufgebaut werden. Diese lernendenzentrierten Ansätze werden als förderlich für die Entwicklung komplexer kognitiver Fähigkeiten, wie z. B. Problemlösen, angesehen. Im englischsprachigen und internationalen

Bildungskontext sind sie unter dem Begriff *Inquiry-based Learning* weitverbreitet (Abrams et al., 2008; Roth et al. (Kap. 1 in Band 1)).

Gamification Gamification (bzw. Gamifizierung) bezeichnet den gezielten Einsatz von ursprünglich aus dem Bereich der Videospielindustrie stammenden Elementen in anderen Kontexten (bspw. der Bildung, der Erziehung, dem Gesundheitswesen u.v.m.). Im Bildungskontext wird Gamification im engeren Sinne beschrieben als Satz von Aktivitäten und Prozessen, die unter Nutzung der Charakteristika von "Game"-Elementen zum Lösen von Problemen angewendet werden. Darunter fallen beispielsweise Elemente wie Punkte- und Levelsysteme, virtuelle Belohnungen und Auszeichnungen wie Badges, Tutorials sowie Möglichkeiten zur sozialen Interaktion (Detering et al., 2011; Kim et al., 2018).

Immersion Der Begriff Immersion beschreibt das Eintauchen in mediale Inhalte. Dabei kann sie sowohl mental als auch physikalisch hervorgerufen werden. Die mentale Immersion beschreibt einen Zustand, in dem man sich tief in eine Handlung hineinversetzt und ein tiefes Engagement empfindet, hoch involviert und bereit ist, Fiktion zu akzeptieren. Physikalische Immersion beschreibt das körperliche Eintauchen in einen Inhalt bzw. eine virtuelle Welt. Eine hohe physikalische Immersion entsteht, wenn Ein- und Ausgabegeräte genutzt werden, die möglichst viele Sinne des Anwenders auf eine reale Art und Weise ansprechen (Bowman & McMahan, 2007; Dörner et al., 2014).

Interesse Interesse kennzeichnet allgemein die Beziehung einer Person zu einem Gegenstand. Es wird untergliedert in individuelles bzw. situationales/aktuelles Interesse: *Individuelles Interesse* ist eine zeitlich relativ stabile endogene Gegenstandspräferenz. *Situationales/aktuelles Interesse* bezeichnet einen einmaligen motivationalen Zustand, bei dem es um die anfängliche Zuwendung zu einem Gegenstand geht, der die Aufmerksamkeit der Person durch seine Interessantheit auf sich zieht (Hidi et al., 2004).

Kompetenz Kompetenz bzw. kompetentes Verhalten fußt auf zugrunde liegenden latenten kognitiven und affektiv-motivationalen Dispositionen sowie situationsspezifischen Fähigkeiten und wird sichtbar in domänenspezifischer Performanz, sprich dem beobachtbaren Verhalten (Blömeke et al., 2015).

Künstliche Intelligenz Künstliche Intelligenz (KI) ist eine disruptive Technologie, die unter Rückgriff auf große Datenmengen menschenähnliche Wahrnehmungs- und Verstandesleistungen simulieren kann. Dieses „intelligente" Verhalten drückt sich u. a. in Formen von Mustererkennung, logischem Schlussfolgern, selbstständigem Lernen und eigenständiger Problemlösung aus (Zawacki-Richter et al., 2019; de Witt & Leineweber, 2020).

Künstliches neuronales Netz Ein künstliches neuronales Netzwerk beschreibt eine Struktur von verknüpften Knoten. In dieser Struktur werden drei verschiedene Schichten unterschieden. Es gibt den *Input Layer,* darauffolgend

einen oder mehrere *Hidden Layer* und abschließend einen *Output Layer.* Jede
Einheit besitzt verschiedene Gewichte, mit denen die Daten verarbeitet werden.
Die Gewichte der Knoten werden durch ein Training mit menschen- oder
computergenerierten Daten ermittelt (Kröse & van der Smagt, 1996).

Lernumgebung Lernumgebungen bilden den Rahmen für das selbstständige
Arbeiten von Lerngruppen oder individuell Lernenden. Sie organisieren und
regulieren den Lernprozess über Impulse, wie z. B. Arbeitsanweisungen (Roth
et al. (Kap. 1 in Band 1)).

Maschinelles Lernen Maschinelles Lernen ist ein interdisziplinäres Teilgebiet
der künstlichen Intelligenz. Es beschäftigt sich mit der Entwicklung von (oft
statistischen) Modellen und Algorithmen, die mithilfe von menschen- oder
computergenerierten Daten erzeugt (trainiert) werden. Die Modelle, etwa
ein künstliches neuronales Netz, können dann in konkreten Situationen auf
unbekannte Daten angewendet werden. Man unterscheidet zwischen über-
wachtem, unüberwachtem und Verstärkungslernen (Russel & Norvig, 2016).

Open Educational Resources (OER) Open Educational Resources (OER) sind
Lehr-, Lern- und Forschungsressourcen in Form jedes Mediums, digital oder
anderweitig, die gemeinfrei sind oder unter einer offenen Lizenz veröffentlicht wurden, welche den kostenlosen Zugang sowie die kostenlose Nutzung,
Bearbeitung und Weiterverbreitung durch andere ohne oder mit geringfügigen
Einschränkungen erlaubt. Das Prinzip der offenen Lizenzierung bewegt sich
innerhalb des bestehenden Rahmens des Urheberrechts, wie er durch ein-
schlägige internationale Abkommen festgelegt ist, und respektiert die Urheber-
schaft an einem Werk (UNESCO, 2012).

Präsenz Präsenz in virtuellen Welten beschreibt die subjektive Illusion einer
Person, sich direkt innerhalb einer virtuellen Umgebung zu befinden, obwohl
sie sich selbst in einem komplett anderen realen Raum befindet. Der Eindruck
der Präsenz hängt vom Grad der Immersion ab und lässt sich als Anzeichen für
die Echtheit der Simulation sehen (Slater et al., 1996; Skarbez et al.,2017).

Problem Ein *Problem* beschreibt eine Situation, in der eine Person einen
angestrebten Zielzustand nicht mithilfe routinierter Denk- oder Handlungs-
prozesse erreichen kann. Es besteht eine sogenannte Barriere bzw. ein Hinder-
nis für die Erreichung des Ziels (Mayer, 2011; Betsch et al., 2007).

Problemlösen Als *Problemlösen* beschreibt man die kognitive Aktivität, die zum
Überwinden eines Hindernisses und damit zum erfolgreichen Erreichen des
angestrebten Ziels nötig ist (Betsch et al., 2007; Mayer, 2011).

Räumliches Präsenzerleben Räumliche Präsenz kann als die subjektive
Erfahrung eines Nutzers oder Betrachters definiert werden, sich physisch in
einem vermittelten Raum zu befinden, obwohl es sich nur um eine Illusion
handelt (Hartmann et al., 2015).

Selbstkonzept Selbstkonzept ist die Wahrnehmung und Einschätzung eigener Fähigkeiten und Eigenschaften. Das Selbstkonzept stellt eine subjektive mentale Repräsentation der eigenen Fähigkeiten dar (Hasselhorn & Gold, 2017).

Selbstwirksamkeitserwartung Selbstwirksamkeitserwartung ist die subjektiv empfundene Wahrscheinlichkeit, eine neue oder schwierige Situation aufgrund eigener Fähigkeiten meistern zu können (Bandura, 1997).

TPACK-Modell Das TPACK-Modell ("technological pedagogical content knowledge") ist ein Ordnungsrahmen für das seitens einer Lehrkraft benötigte Professionswissen, um digitale Technologien lernzielorientiert, effizient und didaktisch begründet in den Unterricht zu integrieren. Das Modell basiert auf einer Ergänzung des Professionswissens nach 1986 um das technologische Wissen (TK) und die drei dadurch resultierenden Schnittmengen mit pädagogischem (PK), fachlichem (CK) und fachdidaktischem (PCK) Wissen. Anstelle einer Fokussierung auf rein technologisches Wissen gehen die Autoren davon aus, dass alle drei Wissensbereiche (PK, CK, TK) in Verbindung gebracht werden müssen, um zielgerichtetes Lernen mit digitalen Technologien zu ermöglichen (TPACK; Mishra & Koehler, 2006; Shulman, 1986).

Tracing Tracing beschreibt eine schrittweise, gedankliche Ausführung eines konkreten Programmablaufs und die Fähigkeit, die Auswirkung eines Programmschritts, insbesondere den nächsten auszuführenden Schritt, bestimmen zu können (Perkins et al.,1986).

Usability-Evaluation Bewertung von Systemen hinsichtlich ihrer Gebrauchstauglichkeit. Es wird unterschieden in formative und summative Usability-Evaluation: Die *formative Usability-Evaluation* erfolgt prozessbegleitend (z. B. das Testen von Prototypen) und dient der Verbesserung der Entwicklung. Die *summative Usability-Evaluation* bezeichnet eine finale Evaluation am Ende und soll die gesamte Entwicklung bewerten (Sarodnick & Brau, 2016, S. 20).

Usability Usability ist nach der DIN EN ISO 9241 das Ausmaß, in dem ein technisches System durch bestimmte Nutzerinnen und Nutzer in einem bestimmten Nutzungskontext verwendet werden kann, um bestimmte Ziele effektiv, effizient und zufriedenstellend zu erreichen (Sarodnick & Brau, 2016, S. 20).

Virtual Reality Virtuelle Realität ist eine computergenerierte, interaktive Welt, die den Nutzer vollständig umgibt und durch die Ansprache eines oder mehrerer Sinne mittels geeigneter Systeme besonders immersiv erlebt werden kann (Bormann, 1994; Sherman & Craig, 2003).

Virtuelle Welt Eine virtuelle Welt ist ein künstlich erzeugter Raum. Dieser Raum umfasst eine Sammlung von Objekten, die Beziehungen dieser Objekte untereinander sowie die Regeln und Gesetze, die für diese Objekte gelten (Sherman & Craig, 2003).

Literaturverzeichnis zum Glossar

Abrams, E., Southerland, S. A., & Silva, P. C. (2008). *Inquiry in the classroom: Realities and opportunities*. IAP.

Al-Samarraie, H., Shamsuddin, A., & Alzahrani, A. I. (2019). A flipped classroom model in higher education: A review of the evidence across disciplines. *Educational Technology Research and Development, 1–35*.

Bandura, A. (1997). *Self-efficacy: The exercise of control*. W.H. Freeman and Company.

Betsch, T., Funke, J., & Plessner, H. (2011). *Denken – Urteilen, Entscheiden, Problemlösen*. Springer.

Blömeke, S., Gustafsson, J.-E., & Shavelson, R. J. (2015). Beyond dichotomies – Competence viewed as a continuum. *Zeitschrift für Psychologie, 223*(1), 3–13.

Bormann, S. (1994). *Virtuelle Realität*. Addison-Wesley.

Bowman, D. A., & McMahan, R. P. (2007). Virtual Reality: How Much Immersion Is Enough? *Computer, 40*(7), 36–43.

Deterding, S., Dixon, D., Khaled, R., & Nacke, L. (2011). *From Game Design Elements to Gamefulness: Defining "Gamification"*. MindTrek '11 Proceedings of the 15th International Academic MindTrek Conference: Envisioning Future Media Environments, Tampere, Finland, ACM New York, NY, USA.

de Witt, C., & Leineweber, C. (2020). Zur Bedeutung des Nichtwissens und die Suche nach Problemlösungen. Bildungstheoretische Überlegungen zur Künstlichen Intelligenz. MedienPädagogik 39 (Orientierungen): 32–47. https://doi.org/10.21240/mpaed/39/2020.12.03.X.

Dörner, R., Broll, W., Grimm, P., & Jung, B. (Hrsg.). (2014). *Virtuelle und Augmented Reality (VR/AR)*. Springer.

Ennis, R. H. (2011b). The nature of critical thinking: An outline of critical thinking dispositions and abilities. In Sixth International Conference on Thinking, Cambridge, MA (S. 1- 8). https://education.illinois.edu/docs/default-source/faculty-documents/robert-ennis/thenatureof criticalthinking_51711_000.pdf. Zugegriffen: 22. Nov. 2021.

Fraillon J., Ainley J., Schulz W., Duckworth D., & Friedman T. (2019) *Computational thinking framework*. In: IEA International Computer and Information Literacy Study 2018 Assessment Framework. Springer, Cham. https://doi.org/10.1007/978-3-030-19389-8_3.

Hartmann, T., Wirth, W., Vorderer, P., Klimmt, C., Schramm, H., & Böcking, S. (2015). Spatial presence theory: State of the art and challenges ahead. In M. Lombard, F. Biocca, J. Freeman, W. A. Ijsselsteijn, & R. J. Schaevitz (Hrsg.), *Immersed in media. Telepresence theory, measurement & technology* (S. 115–135). Springer.

Hasselhorn, M., & Gold, A. (2017). *Pädagogische Psychologie: Erfolgreiches Lernen und Lehren* (4. Aufl.). Verlag W. Kohlhammer.

Hidi, S., Renninger, K. A., & Krapp, A. (2004). Interest, a motivational variable that combines affective and cognitive functioning. In D. Y. Dai & R. J. Sternberg (Hrsg.), *Motivation, emotion, and cognition: Integrative perspectives on intellectual functioning and development* (S. 89–115). Lawrence Erlbaum Associates Publishers.

© Der/die Herausgeber bzw. der/die Autor(en) 2023
J. Roth et al. (Hrsg.), *Die Zukunft des MINT-Lernens – Band 1*,
https://doi.org/10.1007/978-3-662-66131-4

Jäger, M. (2004). *Transfer in Schulentwicklungsprojekten*. VS. https://doi.org/10.1007/978-3-322-83388-4.

Kim, S., Song, K., Lockee, B., & Burton, J. (2018). *Gamification in learning and education*. Enjoy Learning Like Gaming, Springer: 164.

Kröse, B., & van der Smagt, P. (1996). An introduction to neural networks (8th edition). The University of Amsterdam.

Mayer, J. (2007). Erkenntnisgewinnung als wissenschaftliches Problemlösen. In D. Krüger & H. Vogt (Hrsg.), *Theorien in der biologiedidaktischen Forschung: Ein Handbuch für Lehramtsstudenten und Doktoranden* (S. 177–186). Springer.

Milgram, P., Takemura, H., Utsumi, A., & Kishino, F. (1995). Augmented reality: A class of displays on the reality-virtuality continuum. Telemanipulator and telepresence technologies (Vol. 2351, S. 282–292). International Society for Optics and Photonics.

Mishra, P., & Koehler, M. J. (2006). Technological pedagogical content knowledge: A framework for teacher knowledge. *Teachers College Record 108*(6), 1017–1054.

Perkins, D. N., Hancock, C., Hobbs, R., Martin, F., & Simmons, R. (1986). Conditions of Learning in Novice Programmers. *Journal of Educational Computing Research, 2*(1), 37–55. https://doi.org/10.2190/GUJT-JCBJ-Q6QU-Q9PL.

Popper, K.R. (1997). *Karl Popper Lesebuch: Ausgewählte Texte zur Erkenntnistheorie, Philosophie der Naturwissenschaften, Metaphysik, Sozialphilosophie* (2. Aufl.). UTB.

Rat der Europäischen Union. (2018). Empfehlung zu Schlüsselkompetenzen für lebenslanges Lernen. Amtsblatt der Europäischen Union C 189/1–13; https://eur-lex.europa.eu/legal-content/DE/TXT/PDF/?uri=CELEX:32018H0604(01). Zugegriffen: 27. Juni. 2022.

Redecker, C. (2017). European Framework for the Digital Competence of Educators: DigCompEdu. Punie, Y. (ed). EUR 28775 EN. Publications Office of the European Union, Luxembourg, ISBN 978–92–79–73494–6. https://doi.org/10.2760/159770, JRC107466.

Russell, S. J., & Norvig, P. (2016). *Artificial intelligence. A modern approach* (3. Aufl.). Upper Saddle River, N.J: Prentice Hall (Prentice Hall series in artificial intelligence).

Sarodnick, F., & Brau, H. (2016). *Methoden der Usability Evaluation. Wissenschaftliche Grundlagen und praktische Anwendung* (3. Aufl.). Hogrefe.

Sherman, W. R., & Craig, A. B. (2003). *Understanding Virtual Reality*. Morgan Kaufmann.

Shulman, L. S. (1986). Those who understand: Knowledge growth in teaching. *Educational Researcher, 15*(2), 4–14.

Skarbez, R., Brooks, F. P. Jr., & Whitton, M. C. (2017). A survey of presence and related concepts. *ACM Computing Surveys, 50*(6). https://doi.org/10.1145/3134301

Slater, M., Linakis, V., Usoh, M., & Kooper, R. (1996). *Immersion, presence, and performance in virtual environments: an experiment with tridimensional chess. In acm virtual reality software and technology (vrst)* (S. 163–172). https://doi.org/10.1145/3304181.3304216.

UNESCO 2012 Paris OER Declaration. (http://www.unesco.org/new/fileadmin/MULTIMEDIA/HQ/CI/CI/pdf/Events/Paris%20OER%20Declaration_01.pdf); Zugegriffen: 22. Nov. 2021

Zawacki-Richter, O., Marín, V. I., Bond, M., & Gouverneur, F. (2019). Systematic review of research on artificial intelligence applications in higher education – where are the educators? *International Journal of Educational Technology in Higher Education, 16*, 39. https://doi.org/10.1186/s41239-019-0171-0.

Stichwortverzeichnis

21st Century Skills, 2, 6, 8, 9, 11, 12, 18, 20, 34, 44
3D-Druck, 35, 220
4K, 6, 8, 20
4K-Modell, 6, 8

A
Abstrahieren, 11
Abstraktionsniveau, 22
Actionbound, 158
Adaptivität, 33
Adressatenspezifisch, 173
ALACT-Modell, 17
ALACT-Reflexionsmodell, 17, 18, 21
Aldiff, 219
Analyse des Blickverhaltens, 190
Animation, 22
Anwendung, digitale, 22
Applet, 24, 29–31
Arbeitsanweisung, 27, 28
Artefakt, 30
Assessment, 63
Asynchron, 160
Augmented Reality, 35, 36, 220
Augmented-Reality-Applikation, 36
Ausbildung von Lehrkräften, 92
Automatisierte Auswertung offener Eingabe-
        formate, 218

B
Barriere, 10
Baumdiagramm, 221
Benutzeroberfläche, 118
Beobachten, 10, 12
Bewertung, 20, 35
Bewertungsform, 68

Bildschirmgröße, 113
Bildung, 2, 6, 9, 12
Bildung für nachhaltige Entwicklung, 48
Bildungsstandard, 47
Binnendifferenzierung, 67
Blickverhalten, 190

C
Co-agency, 7
Cognitive Theory of Multimedia Learning, 142
Computational Thinking, 11, 74, 175, 194
Computer-Algebra-System, 23
Control-Value Theory, 94
Critical Thinking, 8, 34, 36, 44
Curriculum, 50

D
Dekomposition, 11
Denken, algorithmisches, 11
Denken, kritisches, 6, 8, 9
Denken, lautes, 147
Design-based Research, 174
Designentscheidung, 214, 224
Design Science, 29
Diagnose von Lernprozessen, 20
Diagnostik, 34
DigCompEdu, 13, 16, 34, 35, 125, 129, 131, 132
DigCompEdu-Referenzrahmen, 62
Digitale Kompetenz, 123, 131
Digitale Lernumgebung, 30, 32
Digitales Werkzeug, 22, 23, 31
Digitale Technologie, 21, 24, 26
Digitalisierung, 2, 3, 6, 7, 12, 19
Disposition, 6, 9, 18–20

© Der/die Herausgeber bzw. der/die Autor(en) 2023
J. Roth et al. (Hrsg.), *Die Zukunft des MINT-Lernens – Band 1*,
https://doi.org/10.1007/978-3-662-66131-4

Disposition, affektiv-motivationale, 6, 19, 20
Disposition, kognitive, 19
Dokumentation, 26, 28
Durchführung, 16, 20, 22, 23, 35

E
Educational Robotics, 78
Einsatz digitaler Technologien im
    Mathematikunterricht, 95
Embodied Cognition, 222
Emotion, 94
Enhancement, 25
Ergebnisbewertung, 10
Erkenntnisgewinnung, 3, 9, 11, 12, 22, 30
Erkenntnisinstrument, 22
Erkenntnisprozess, 12, 22
Europäischer Referenzrahmen für die digitale
    Kompetenz von Lehrenden, 125
Experiment, ferngesteuertes, 23
Experiment, virtuelles, 23, 35, 36
Experimentieren, 10, 12, 23
Eyetracking, 182
Eyetracking-Studie, 190

F
Fächerübergreifend, 67
Fachwissen, 5, 9, 11, 12, 14
Fachwissen, technologiebezogenes, 170
Feedback, 25, 32, 33, 211
    Feedback, computerbasiertes, 212
Feedback, automatisiertes, 33
Feedbackdesign, 214
Feedbackworkflow, 215
Fehlermuster, 32
Fehlerursache, 203
    Fehlvorstellung, 205, 207
    Flüchtigkeitsfehler, 205, 207
Fehlursache, 197
    Fehlvorstellung, 201–203, 205, 208
    Flüchtigkeitsfehler, 199, 205, 207
Fehlvorstellung, 33, 208
    Fehlursache, 194, 196
Fertigkeit, 2, 5, 9, 18–20, 23
Flipped Classroom, 171
Fokussierungshilfe, 143
Force Feedback, 222
Forschen, selbstständiges, 23
Forschend-entdeckendes Lernen, 11, 12
Fortbildung, 77
Fortbildungsdesign, 74
Fortbildung von Lehrkräften, 92

Freude, 93
    beim Einsatz digitaler Technologien, 92
Funktionenlaufen, 223
Funktionsgraph, 190
Future Skills, 44

G
Gamification, 163
Generalisieren, 11
GeoGebra, 219
GeoGebraSTACK_Helpertool, 214
Geometrie-System, dynamisches, 23
Gerät, technisches, 21, 22
Graph, linearer, 190
Grundschule, 74

H
Handeln, professionelles, 2
Handlungsoption, 17
Handlungsplanung, 20
Handlungsrepertoire, 17
Hardware, 14, 21
Heatmap, 116
Heurismus des Problemlösens, 10
Humboldt-Universität zu Berlin, 95
HyperDocSystems, 36

I
Inhalt, digitaler, 21
Inhaltsanalyse, qualitative, 148
Inhaltswissen, technologisches, 14
Inhaltswissen, technologisch-pädagogisches,
    14
Inquiry, 12
Inquiry-based Learning, 11, 12
Instrument, 30
Instrumental Genesis, 5, 30, 31
Instrumentalisierung, 31
Instrumentierung, 31
Interaktives Arbeitsblatt, 140
Interdisziplinär, 55
Interpretation, 20, 24, 35
Itemkonstruktion, 195, 205, 208
Itemschwierigkeit, 196, 199, 205
    Cognitiv Complexity of Computer
        Programs (CCCP) Framework, 199
    Expertenrating, 198, 199
    Rasch-Modell, 198, 203, 208

K

KI-Labor, 36
Kollaboration, 6, 8, 20, 62
Kommunikation, 3, 6, 8, 9, 20–22, 28
Kompetenz, 2, 4–10, 12, 13, 15–21, 23, 32,
    34, 35
Kompetenz, digitale, 2, 23, 35, 92, 124, 130,
    170, 176, 178, 179
Kompetenz, professionelle, 4, 13
Kompetenzmodell, 2, 4–6, 18, 19, 21
Kompetenzmodell der Zukunft des MINT-
    Lernens für Lehrende, 2, 18
Konnektivismus, 157, 164
Kontrolle, 93
Kooperation, 8, 34
Kreativität, 6, 8, 20
Künstliche Intelligenz, 33
Kursangebot, 156

L

Learning Compass, 6–8
Learning Environment, 27
Lebenslanges Lernen, 28
Lehramtsstudierende, 124–126, 128–130
Lehramtsstudium, 124–126, 134
Lehrendenrolle, 67
Lehrkräftebildung, 4, 5, 10, 17, 34, 35, 47,
    124, 135
Lehrkräftefortbildung, 77
Lehr-Lern-Labor, 4
Lehr-Lern-Labor-Seminar, 146
Lehr-Lern-Prozess, 14, 19
Lehrperson, 2, 8, 23, 31
Lernangebot, 162
Lernbegleitung, 70
Lernen, forschend-entdeckendes, 7, 12
Lernen, interaktives, 22
Lernen, kollaboratives, 23
Lernen, lebenslanges, 10
Lernhürden, 182
Lernpfad, 7, 36, 163
Lernprozess, 7, 22, 28
Lernroboter, 78
Lernumgebung, 4, 8, 15, 27–36, 50, 74, 76,
    77, 157
Lernumgebung, digitale, 3, 27, 29, 33, 34
Lernweg, 33
Literalität, 7
Lösungshilfe, gestufte, 33

M

Machine Learning, 35, 217
Maschinelles Lernen, 33
Material, intelligentes, 215
Mathematik-System, dynamisches, 14, 23
Mathematik und Kinematik, 182
Mathematikunterricht, 74
Mathematisierung, 22
Messsensor, digitaler, 24
Meta-Reflexion, 21
Meta-Reflexionskreislauf, 21
MINT-Fach, 2, 3, 8, 22
MINT-Lernen, 3, 4, 6, 7, 9, 13, 17, 27, 28,
    31, 32
Modellierung, 22, 24
MOOC, 156
Multirepräsentationssystem, 23, 141, 143

N

Netz, künstliches neuronales, 36
Nutzer-Feedback, 107

O

Offenheit, 158

P

Peer-Prinzip, 160
Performanz, 5, 6, 9, 18–21
Planausführung, 10
Planerstellung, 10
Planung, 15, 20
Plattform, digitale, 23
Praxis, 50
Problem, 10, 30
Problemidentifikation, 10
Problemlösefähigkeit, 2
Problemlösekompetenz, 11
Problemlösen, 9–12, 30, 36
Problemlöseprozess, 9, 10, 12
Problemlösestrategie, 11
Professionswissen, 13, 15, 16, 170
Professionswissen von Lehrkräften, 13, 16
Programmierkenntnis, 170
Programmierung, 194
Projektarbeit, 173
Protokollieren von Arbeitsergebnissen und
    Vorgehensweisen, 28
Prozess der Erkenntnisgewinnung, 2
Prozess, kognitiver, 147

Q

Qualitätskriterium für Lernumgebung, 5
Querschnittsthema, 49

R

Räumliches Präsenzerleben, 37
Reflexion, 2, 4, 7, 12, 13, 17, 18, 20, 21, 26, 28
Reflexionskompetenz, 17, 18
Reflexionskreislauf, 21
Reflexionsprozess, 13, 17, 18
Relevanz, wahrgenommene, 173

S

SAMR-Modell, 25
Schlüsselkompetenz, 6, 11
Selbstregulierung, 8
Selbstwirksamkeitserwartung, 19, 92, 93, 173, 177
    bezogen auf den Einsatz digitaler Technologien, 92
Sensor, digitaler, 23
Simulation, 22–24, 36
Software, 14, 21, 24
Spielumgebung, 36
STACK, 213
Strategie, visuelle, 190
Student Agency, 7
Substitution, 24, 25

T

Tabellenkalkulationsprogramm, 23
Technologie, digitale, 2–4, 9, 13–16, 21–26, 29, 32, 171, 172, 174, 176–179
Technology Acceptance Model, 94
Theorie-Praxis-Verzahnung, 18
TPACK, 2, 13–16, 18, 19, 21
TPACK-Modell, 2, 13–16, 18, 170, 172, 179
Tracing, 195
    Trace, 195, 198, 205
Trackingtool, 109
Transferschwierigkeit, 190
Transformation, 5, 24, 26, 30

U

Universal Design for Learning, 22
Unterricht, 4, 5, 7, 8, 12, 13, 15–18, 21–24, 26, 27, 30, 31, 34
Unterrichtsentwicklung, 2, 22
Unterrichtsgestaltung, 66
Unterrichtshandeln, 17–20
Unterrichtsmaterial, 18, 22, 24
Unterrichtsziel, 44
Usability, 35, 36
Usability-Evaluation, 107, 120
Usability-Fehler, 107
Usability-Problem, 111
User-Perceived Quality, 107

V

Vergleichen, 12
Verhalten, beobachtbares, 20
Video-Analysetool, 106
Video-Vignette, 111
Vision, 60
Vorgehen, hypothetisch-deduktives, 12
Vorstellung, 60, 63–65, 69, 70
VR-Lernumgebung, 37

W

Wahrnehmung, 18, 20
Wandel, 44
Werkzeug, 22, 24, 27, 30, 31, 36
Werkzeug, digitales, 4, 22–24
Wert, 93
Will-Skill-Tool-Modell, 94
Wissen, 3–5, 7, 8, 12–16, 20, 29, 32
Wissen, allgemeinpädagogisches, 5
Wissen, fachdidaktisches, 5, 14, 15
Wissen, technologisches, 13, 14, 170
Wissen, technologisch-pädagogisches, 14
Wissenskonstruktion, aktive, 28

Z

Zerlegen in Teilprobleme, 11
Ziel- und Situationsanalyse, 10
Zugang, multimodaler, 22
Zukunft, 60
Zukunft des MINT-Lernens, 2–5, 18, 19, 34, 37

Printed in the United States
by Baker & Taylor Publisher Services